100% Charged

100% Charged

개념 연결 고등수학사전

빠르고 정확하게 개념을 연결한다!
69개 질문과 개념으로
고1 과정 수학 완전 정복!

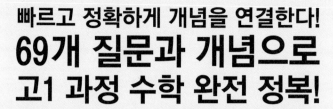

개념연결 고등
수학사전

최수일 지음 | 김재훈 그림

ViaEducation

100%

머리말

문제 풀이가 수학의 전부가 아닙니다

수학을 개념적으로 이해하는 것과 문제 푸는 연습을 하는 것. 수학 공부는 이 2가지로 나눌 수 있습니다. 수학 공부를 어렵고 힘들어 하는 학생들의 공부 방법을 살펴보면 비슷한 패턴이 있습니다. 당장 시험을 봐야 하니 문제집을 들고 열심히 문제 풀이에 매달립니다. 하지만 점수는 오르지 않습니다. 공식을 외우고, 오답 노트에 손이 아프도록 해설을 베껴 적지만 다음 문제로 넘어가는 순간 머리가 하얘집니다. 그래도 최대한 많은 문제를 풀다 보면 어떻게든 이 정체기가 해결될 것 같다는 생각에 문제집을 놓기가 어렵습니다. 점수와 상관없이, 문제 푼 흔적이 가득한 문제집을 보고 있으면 '공부를 했다'라는 생각에 불안감이 덜어지기도 합니다.

이제라도 바로잡아야 합니다. 개념 공부 따로, 문제 푸는 방법 따로인 공부는 더 이상 안 됩니다. 개념적인 이해를 문제를 푸는 데 연결하는 공부, 이것이 수학 공부의 기본입니다. 개념 하나하나를 집요하게, 완전히 이해한 뒤 다음 단계로 넘어가는 방식의 공부는 느리고 비효율적인 것처럼 보일 수 있습니다. 특히 늘 시간이 부족한 고등학생이라면 더욱 그렇습니다. 하지만 수학은 마라톤처럼 장기적으로 공부해야 하는 과목입니다. 일분일초 내딛는 걸음이 쌓여 기록이 되는 것처럼, 모든 수학 개념은 유기적으로 연결되어 다음 단계로 이어집니다. 사소해 보이는 개념이라도 충분한 이해가 이루어지지 않으면 학년이 올라갈수록 그 공백은 점점 커질 수밖에 없습니다.

고1 수학이면 충분합니다!

고등학교 2, 3학년이 되면 미적분, 확률과 통계 등 여러 가지 선택과목을 공부하게 됩니다. 이런 선택과목의 기초가 고등학교 1학년 이전의 수학이 되는 것은 당연합니다. 이 책은 중학교 수학과 고등학교 2, 3학년 수학의 선택과목을 이어 주는 다리 역할을 합니다. 고1 수학은 중학교 수학 개념을 완성하고 고등학교 2, 3학년에서 배우는 다양한 선택과목을 공부하기 위한 기초가 되기 때문에 매우 중요한 단계라고 할 수 있습니다. 고1 수학까지의 개념을 정확히 이해한다면 이후 선택과목을 공부하기 위한 충분한 준비가 되는 것입니다.

개념의 연결이 왜 중요한가요?

수학을 공부할 때 가장 중요한 것은 개념의 연결입니다. 모든 수학 개념은 그 이전에 배운 개념에서 확장됩니다. 그러므로 이전 개념과 연결하지 않으면 매번 새로운 개념을 처음부터 공부하게 됩니다. 낯선 개념을 공부하는 것은 쉽지 않습니다. 하지만 그 개념이 이전에 배운, 내가 이미 아는 개념과 연결되어 있다면 새로 공부하는 개념이 낯선 것이 아니라 이전 것을 약간 변형한 개념임을 체감할 수 있습니다. 즉, 오늘 새로운 개념을 익히는 데 힘이 많이 들지 않기 때문에 공부가 그만큼 쉬워집니다. 고등학교 수학 개념은 중학교나 초등학교 수학 개념으로부터 연결됩니다. 그 고리를 찾는다면 고등학교 수학 개념의 절반 이상을 알고 있는 것이나 다름이 없습니다. 『개념연결 고등수학사전』은 『개념연결 유아수학사전』, 『개념연결 초등수학사전』, 『개념연결 중학수학사전』으로 이어지는 개념의 고리를 가지고 있습니다. 우리 수학사전의 목적은 개념연결입니다.

개념 중심의 학습은 강하고 오래갑니다

개념 중심의 수학 공부를 통해 얻은 지식은 장기기억화되기 때문에 어떤 문제 상황에서도 기억해 내어 응용할 수 있습니다. 개념을 연결하는 수학 공부는 연결하고 응용하는 능력을 길러 주기 때문에 여러 개념이 복잡하게 꼬인 문제를 해결하는 실마리를 잡는 시간을 줄여 주고 결과적으로 문제 푸는 데 걸리는 시간을 단축시킵니다. 시간이 부족하여 정해진 시간에 주어진 문제를 모두 풀지 못한 채 연필을 놓아야 하는 일이 발생하는 이유는 문제 풀이 연습이 부족해서가 아니라 개념적인 이해와 개념연결 공부가 부족한 탓입니다. 아직 늦지 않았습니다. 『개념연결 고등수학사전』으로 초등학교, 중학교에서 고1 수학 개념까지 완전히 연결하면 어떤 선택과목을 공부하더라도 아무런 걱정이 없습니다.

수학을 공부하는 데 꼭 필요한 사전

수학 개념 공부에 가장 중요한 책은 교과서입니다. 그렇지만 교과서는 정해진 지면 관계상 개념연결을 충분하게 설명할 수 없다는 단점을 가지고 있습니다. 『개념연결 고등수학사전』은 교과서를 보완하여 개념연결을 완벽하게 구현한 책입니다. 모든 수학 공부에 필수적인 책이라고 할 수 있습니다.

어떤 학생이 읽으면 좋을까요?

이 책은 수학을 잘하는 학생이나 수학이 어려워 포기하려는 학생 모두에게 필요합니다. 수학을 잘하는 학생은 개념연결 상태를 반복적으로 점검해야 합니다. 수학을 잘하는 학생이라도 취약한 연결고리가 있습니다. 약점을 쉽게 찾아 필요한 부분을 즉시 보완할 수 있습니다. 수학이 어려워 포기하려는 학생은 수학 개념을 천천히, 확실하게 익히면서 그 개념의 힘으로 문제를 푸는 경험을 늘려야 합니다. 하루 한두 문제라도, 문제 풀이 공식을 암기해서 푸는 것이 아니라 개념적인 이해를 바탕으로 스스로 문제를 풀어내는 경험을 해야 수학 공부를 지속할 수 있습니다. 이렇게 시작한 공부는 언젠가 여러분을 정상 궤도에 올려놓을 것입니다.

얼마 전 여름방학이 시작되었을 때, 수학 공부를 제대로 하고자 찾아온 고등학교 1학년 학생에게 2학기 공부를 선행하기 전 1학기에 배운 수학 개념을 정확히 정리할 것을 권했습니다. 실제로 그 학생은 짧은 방학 기간에 1학기 개념을 정확히 연결하여 정리했고, 2학기 들어서는 학교 수업 진도에 맞춰 그날그날 배운 개념을 정리하고 이전 개념과 연결하며 공부해 나갔습니다. 그 결과, 1학년 2학기 모의평가에서 가장 어려운 한 문제만 틀려 1등급을 받았습니다. 1학년 1학기까지 가장 높은 등급이 3등급이었던 학생은 스스로 놀랐습니다.

개념을 정리하니 항상 헷갈렸던 부분이 명확해져서 쉽게 문제를 풀 수 있었다는 소감을 전해 왔습니다. 어려운 문제가 잘 안 풀리는 것은 난이도 때문이 아니라 그 문제에 얽힌 개념의 실타래를 풀 실마리를 찾는 데 시간이 많이 걸리기 때문입니다. 개념을 잘 정리하는 것만이 수학 공부의 비결이며, 그 과정에서 수학사전은 많은 도움이 될 것입니다.

2015년 『개념연결 초등수학사전』을 펴낸 이후 중학생에게도 수학사전이 필요하다는 독자들의 빗발치는 요청에 『개념연결 중학수학사전』을 펴냈고, 2021년 개념연결의 완성을 위해 『개념연결 고등수학사전』을 펴내게 되었습니다. 그리고 '2022 개정 교육과정'이 2025년 고1부터 적용됨에 따라 '행렬'이 새로 교육과정에 들어가게 되었습니다. 그래서 기존 내용과 더불어 변화된 교육과정의 새로운 내용을 담은 『개념연결 고등수학사전』 개정판을 펴내게 되었습니다. 한층 더 업그레이드된 개념연결의 힘을 느낄 수 있을 것입니다. 그동안 수많은 연구와 회의, 수정과 점검을 담당해 준 수학교육연구소 연구원들에게 감사의 말씀을 드립니다.

초판 2021년 9월

개정판 2024년 7월

최수일

공통수학 1

Ⅰ 다항식

Ⅱ 방정식과 부등식

Ⅲ 경우의 수

Ⅳ 행렬

공통수학 **2**

Ⅰ 도형의 방정식

Ⅱ 집합과 명제

Ⅲ 함수

주제어 학습 내용입니다. 교육과정과 교과서의 주제를 제시했습니다.
수학 개념의 핵심이라고 할 수 있습니다.

핵심적인 고민

단원별로 수학을 공부할 때
핵심적이면서 헷갈리는 질문
69가지를 엄선했습니다. 개념을
정확히 이해하지
못하면 문제를 풀 때
오답을 내게 되고,
문제가 잘 풀리지 않으면
수학이 싫어집니다.
오개념의 벽을 넘어서야
수학을 제대로
이해할 수 있으며,
수학이 재밌어집니다.

다항식의 정리, 다항식의 덧셈과 뺄셈

꼭 내림차순이나 오름차순으로 정리해야 하나요?

아! 그렇구나

다항식을 쓸 때 항의 순서가 따로 정해져 있는 것은 아닙니다. '다항식'에는 항이 여러 개라는 뜻만 있습니다. 그렇지만 각 항의 차수를 고려하여 내림차순이나 오름차순으로 쓰면 여러 가지 편리한 점이 많답니다. (나)의 경우 이차항이 맨 앞에 있지만 중간에 삼차항이 있으므로 이 다항식은 이차식이 아니라 삼차식입니다. 다항식의 차수는 특정한 문자에 대하여 각 항의 차수 중 가장 높은 것으로 정하기 때문이지요.

30초 정리

• **다항식의 정리 방법**
다항식 $10x^3-8x^3+7x^4-5+3x$를
① 내림차순으로 정리하면
   $7x^4-8x^3+10x^2+3x-5$
② 오름차순으로 정리하면
   $-5+3x+10x^2-8x^3+7x^4$

• **다항식의 덧셈**
다항식의 덧셈은 동류항끼리 모아서 정리한다.

• **다항식의 뺄셈**
다항식의 뺄셈은 빼는 식의 각 항의 부호를 바꾸어서 더한다.

020 고등수학사전

◆ 다항식의 정리 ◆

다음 두 이차식의 덧셈을 해 볼까요?

$$(5x+4x^2-2)+(3-2x+x^2)$$

다항식의 덧셈은 동류항끼리 계산합니다. 그런데 두 식의 동류항의 위치가 다르므로 계산이 쉽지 않습니다. 이때 다항식을 계산하기 편리하게 정리하는 두 가지 방법을 알아보겠습니다.

다항식을 한 문자에 대하여 차수가 높은 항부터 낮은 항의 순서로 나타내는 것을 내림차순으로 정리한다고 하고, 차수가 낮은 항부터 높은 항의 순서로 나타내는 것을 오름차순으로 정리한다고 합니다.

일반적으로 다항식은 내림차순으로 정리합니다. 위의 두 이차식을 내림차순으로 정리하여 계산하면 다음과 같습니다.

$$(4x^2+5x-2)+(x^2-2x+3)=(4+1)x^2+(5-2)x+(-2+3)$$
$$=5x^2+3x+1$$

> **동류항**
> 동류항이란 문자와 차수가 모두 똑같은 항을 말한다. x^2과 x는 문자는 같지만 차수가 달라서 동류항이 될 수 없고, x^2과 y^2은 차수는 같지만 문자가 다르기 때문에 동류항이 아니다.

◆ 다항식의 덧셈과 뺄셈 ◆

다항식의 덧셈과 뺄셈은 동류항끼리 모아서 정리하여 계산합니다. 이때 분배법칙을 사용하지요.

두 다항식 $A=2x^2+3xy-y^2$, $B=x^2-xy+2y^2$의 덧셈은 다음과 같이 계산합니다. 오른쪽과 같이 세로로 계산할 수도 있지만 대부분 가로로 계산합니다.

$$A+B=(2x^2+3xy-y^2)+(x^2-xy+2y^2)$$
$$=(2+1)x^2+(3-1)xy+(-1+2)y^2$$
$$=3x^2+2xy+y^2$$

> **덧셈에 대한 곱셈의 분배법칙**
> 분배법칙은 덧셈과 곱셈이 섞인 경우에 계산하는 방법이다.
> $2\times4+2\times6=2\times(4+6)$
> $ab+ac=a(b+c)$

$$\begin{array}{r} 2x^2+3xy-\ y^2 \\ +\ )\ x^2-\ xy+2y^2 \\ \hline 3x^2+2xy+\ y^2 \end{array}$$

두 다항식 A, B의 뺄셈 $A-B$는 다음과 같이 덧셈으로 바꾸어 계산합니다.

$$A-B=(2x^2+3xy-y^2)-(x^2-xy+2y^2)$$
$$=(2x^2+3xy-y^2)+(-x^2+xy-2y^2)$$
$$=(2-1)x^2+(3+1)xy+(-1-2)y^2$$
$$=x^2+4xy-3y^2$$

$$\begin{array}{r} 2x^2+3xy-\ y^2 \\ -\ )\ x^2-\ xy+2y^2 \\ \hline x^2+4xy-3y^2 \end{array}$$

개념의 발견

이전에 배운 수학 개념과
연결 지어 이해함으로써
기초를 다시 다지고, 놓친 개념을
복습할 수 있습니다.
'30초 정리'로 핵심 개념을 익히고,
좀 더 친절한 설명인
'개념의 발견'을 통해
개념이 몸에 밸 수 있도록
활용하기 바랍니다.

아! 그렇구나

오개념의 원인을 짚어 봅니다. 오개념은 개념을 익히는 과정에서
충분한 이해가 부족했기 때문에 생깁니다. 어디서 개념의 결손이 발생했는지를
정확히 알아야 오개념의 벽을 넘을 수 있습니다.

30초 정리

대표적인 오개념에 대한 정답을 제공합니다.
시간이 없거나 빨리 정리해야 할 때 활용할 수 있습니다.
'30초 정리'를 읽고 추가로 '개념의 발견'을 읽으면
해당 개념에 대한 오개념을 바로잡고 몰랐던 것을 알게 되는 데
도움이 됩니다. 만약 '30초 정리'로 이해가 충분히 되었다면
다음에 나오는 '개념의 발견'은 뛰어넘어도 됩니다.

동류항

동류항이란 문자와 차수가 모두 똑같은 항을 말한다. x^3과 x는 문자는 같지만 차수가 달라서 동류항이 될 수 없고, x^2과 y^2은 차수는 같지만 문자가 다르기 때문에 동류항이 아니다.

팁 본문 내용 중 추가적인 해설이 필요한 전문용어나 수학 개념을 설명하고, 알아 두면 도움이 될 만한 수학적 사고를 설명합니다. 읽지 않고 건너뛰어도 됩니다.

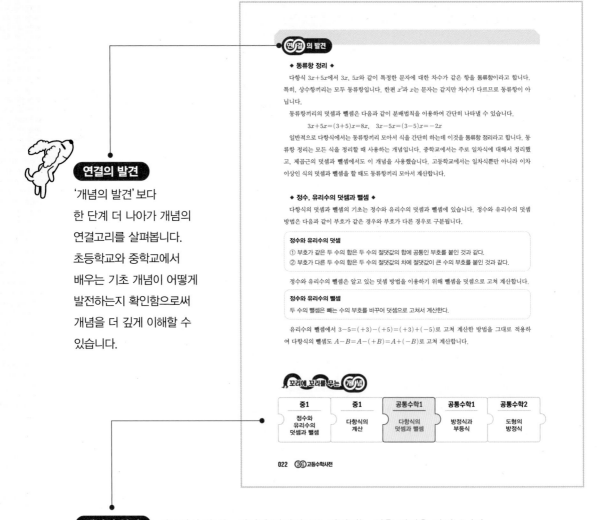

연결의 발견

'개념의 발견'보다 한 단계 더 나아가 개념의 연결고리를 살펴봅니다. 초등학교와 중학교에서 배우는 기초 개념이 어떻게 발전하는지 확인함으로써 개념을 더 깊게 이해할 수 있습니다.

연결의 발견

◆ 동류항 정리 ◆

다항식 $3x+5x$에서 $3x$, $5x$와 같이 특정한 문자에 대한 차수가 같은 항을 동류항이라고 합니다. 특히, 상수항끼리는 모두 동류항입니다. 한편 x^2과 x는 문자는 같지만 차수가 다르므로 동류항이 아닙니다.

동류항끼리의 덧셈과 뺄셈은 다음과 같이 분배법칙을 이용하여 간단히 나타낼 수 있습니다.

$$3x+5x=(3+5)x=8x, \quad 3x-5x=(3-5)x=-2x$$

일반적으로 다항식에서는 동류항끼리 모아서 식을 간단히 하는데 이것을 동류항 정리라고 합니다. 동류항 정리는 모든 식을 정리할 때 사용하는 개념입니다. 중학교에서는 주로 일차식에 대해서 정리했고, 제곱근의 덧셈과 뺄셈에서도 이 개념을 사용했습니다. 고등학교에서는 일차식뿐만 아니라 이차 이상인 식의 덧셈과 뺄셈을 할 때도 동류항끼리 모아서 계산합니다.

◆ 정수, 유리수의 덧셈과 뺄셈 ◆

다항식의 덧셈과 뺄셈의 기초는 정수와 유리수의 덧셈과 뺄셈에 있습니다. 정수와 유리수의 덧셈 방법은 다음과 같이 부호가 같은 경우와 부호가 다른 경우로 구분됩니다.

정수와 유리수의 덧셈
① 부호가 같은 두 수의 합은 두 수의 절댓값의 합에 공통인 부호를 붙인 것과 같다.
② 부호가 다른 두 수의 합은 두 수의 절댓값의 차에 절댓값이 큰 수의 부호를 붙인 것과 같다.

정수와 유리수의 뺄셈은 알고 있는 덧셈 방법을 이용하기 위해 뺄셈을 덧셈으로 고쳐 계산합니다.

정수와 유리수의 뺄셈
두 수의 뺄셈은 빼는 수의 부호를 바꾸어 덧셈으로 고쳐서 계산한다.

유리수의 뺄셈에서 $3-5=(+3)-(+5)=(+3)+(-5)$로 고쳐 계산한 방법을 그대로 적용하여 다항식의 뺄셈도 $A-B=A-(+B)=A+(-B)$로 고쳐 계산합니다.

꼬리에 꼬리를 무는 개념

중1	중1	공통수학1	공통수학1	공통수학2
정수와 유리수의 덧셈과 뺄셈	다항식의 계산	다항식의 덧셈과 뺄셈	방정식과 부등식	도형의 방정식

개념의 연결

질문에서 다루는 개념과 직접적으로 연결되는 선후 개념을 살펴봅니다. 수학은 모든 개념이 연결된 과목인 만큼 연결성이 굉장히 중요합니다. 개념 간 연결이 잘 이루어지면 새롭게 이해해야 하는 분량도 줄어듭니다. 이전에 배운 개념들을 연결하는 경험을 통해 새로 배울 개념에 대한 이해도를 높일 수 있습니다.

무엇이든 물어보세요

고등학교 수학 개념은 어려운 내용도 다소 포함하고 있습니다.
그래서 추가적인 설명이 필요한 경우 이 부분에 넣었습니다.
그리고 고등학교 수학에 필수적인 문제를 넣었습니다.
잘 이해되지 않으면 여러 번 반복해서 익히기 바랍니다.

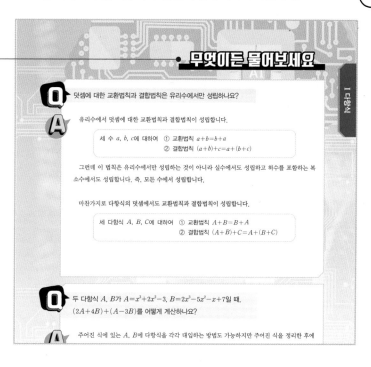

무엇이든 물어보세요

Q 덧셈에 대한 교환법칙과 결합법칙은 유리수에서만 성립하나요?

A 유리수에서 덧셈에 대한 교환법칙과 결합법칙이 성립합니다.

> 세 수 a, b, c에 대하여 ① 교환법칙 $a+b=b+a$
> ② 결합법칙 $(a+b)+c=a+(b+c)$

그런데 이 법칙은 유리수에서만 성립하는 것이 아니라 실수에서도 성립하고 허수를 포함하는 복소수에서도 성립합니다. 즉, 모든 수에서 성립합니다.

마찬가지로 다항식의 덧셈에서도 교환법칙과 결합법칙이 성립합니다.

> 세 다항식 A, B, C에 대하여 ① 교환법칙 $A+B=B+A$
> ② 결합법칙 $(A+B)+C=A+(B+C)$

Q 두 다항식 A, B가 $A=x^3+2x^2-3$, $B=2x^3-5x^2-x+7$일 때,
$(2A+4B)+(A-3B)$를 어떻게 계산하나요?

A 주어진 식에 있는 A, B에 다항식을 각각 대입하는 방법도 가능하지만 주어진 식을 정리한 후에

I 다항식

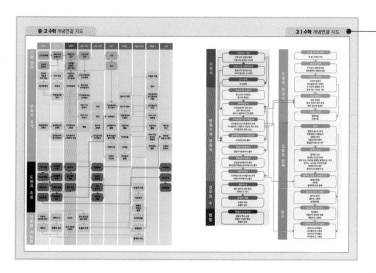

개념연결 지도

자신의 약점을 쉽게 찾아,
유용하게 활용할 수 있는
지도입니다.
중학교 이후 연결되는 개념을
한눈에 확인할 수 있습니다.
스스로 부족한 부분은 메꾸고,
자신 있는 부분은 한발 앞서
공부할 수 있는 실마리를
제공합니다.

I 다항식

학습목표

문자를 포함한 식의 사칙연산과 인수분해는 복잡한 다항식으로 확장되어 적용된다.
다항식의 연산은 방정식과 부등식은 물론 수학의 여러 분야 학습의 기초가 되고
문제를 해결하는 중요한 도구가 된다.

꼬리에 꼬리를 무는 개념 연결

중1   문자와 식

문자의 사용과 식의 값
일차식의 사칙연산
등식과 방정식
일차방정식의 풀이

중3   다항식의 곱셈과 인수분해

다항식의 곱셈
인수분해의 뜻
다항식의 인수분해

공통수학 1-Ⅰ   다항식

다항식의 연산
항등식과 나머지정리
인수분해

공통수학 1-Ⅱ   방정식과 부등식

복소수와 그 연산
이차방정식
이차방정식과 이차함수의 관계
삼차방정식과 사차방정식
이차부등식
연립방정식과 연립부등식

꼭 내림차순이나 오름차순으로 정리해야 하나요?

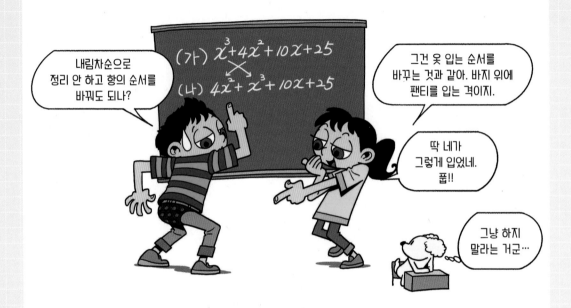

아! 그렇구나

다항식을 쓸 때 항의 순서가 따로 정해져 있는 것은 아닙니다. '다항식'에는 항이 여러 개라는 뜻만 있습니다. 그렇지만 각 항의 차수를 고려하여 내림차순이나 오름차순으로 쓰면 여러 가지 편리한 점이 많답니다. (나)의 경우 이차항이 맨 앞에 있지만 중간에 삼차항이 있으므로 이 다항식은 이차식이 아니라 삼차식입니다. 다항식의 차수는 특정한 문자에 대하여 각 항의 차수 중 가장 높은 것으로 정하기 때문이지요.

30초 정리

- **다항식의 정리 방법**

  다항식 $10x^2-8x^3+7x^4-5+3x$를

  ① 내림차순으로 정리하면

  $7x^4-8x^3+10x^2+3x-5$

  ② 오름차순으로 정리하면

  $-5+3x+10x^2-8x^3+7x^4$

- **다항식의 덧셈**

  다항식의 덧셈은 동류항끼리 모아서 정리한다.

- **다항식의 뺄셈**

  다항식의 뺄셈은 빼는 식의 각 항의 부호를 바꾸어서 더한다.

◆ 다항식의 정리 ◆

다음 두 이차식의 덧셈을 해 볼까요?

$$(5x+4x^2-2)+(3-2x+x^2)$$

다항식의 덧셈은 동류항끼리 계산합니다. 그런데 두 식의 동류항의 위치가 다르므로 계산이 쉽지 않습니다. 이때 다항식을 계산하기 편리하게 정리하는 두 가지 방법을 알아보겠습니다.

다항식을 한 문자에 대하여 차수가 높은 항부터 낮은 항의 순서로 나타내는 것을 **내림차순**으로 정리한다고 하고, 차수가 낮은 항부터 높은 항의 순서로 나타내는 것을 **오름차순**으로 정리한다고 합니다.

일반적으로 다항식은 내림차순으로 정리합니다. 위의 두 이차식을 내림차순으로 정리하여 계산하면 다음과 같습니다.

$$(4x^2+5x-2)+(x^2-2x+3)=(4+1)x^2+(5-2)x+(-2+3)$$
$$=5x^2+3x+1$$

> **동류항**
>
> 동류항이란 문자와 차수가 모두 똑같은 항을 말한다. x^2과 x는 문자는 같지만 차수가 달라서 동류항이 될 수 없고, x^2과 y^2은 차수는 같지만 문자가 다르기 때문에 동류항이 아니다.

◆ 다항식의 덧셈과 뺄셈 ◆

다항식의 덧셈과 뺄셈은 동류항끼리 모아서 정리하여 계산합니다. 이때 분배법칙을 사용하지요.

두 다항식 $A=2x^2+3xy-y^2$, $B=x^2-xy+2y^2$의 덧셈은 다음과 같이 계산합니다. 오른쪽과 같이 세로로 계산할 수도 있지만 대부분 가로로 계산합니다.

$$A+B=(2x^2+3xy-y^2)+(x^2-xy+2y^2)$$
$$=(2+1)x^2+(3-1)xy+(-1+2)y^2$$
$$=3x^2+2xy+y^2$$

> **덧셈에 대한 곱셈의 분배법칙**
>
> 분배법칙은 덧셈과 곱셈이 섞인 경우에 계산하는 방법이다.
> $$2\times4+2\times6=2\times(4+6)$$
> $$ab+ac=a(b+c)$$

$$\begin{array}{r} 2x^2+3xy-y^2 \\ + x^2-xy+2y^2 \\ \hline 3x^2+2xy+y^2 \end{array}$$

두 다항식 A, B의 뺄셈 $A-B$는 다음과 같이 덧셈으로 바꾸어 계산합니다.

$$A-B=(2x^2+3xy-y^2)-(x^2-xy+2y^2)$$
$$=(2x^2+3xy-y^2)+(-x^2+xy-2y^2)$$
$$=(2-1)x^2+(3+1)xy+(-1-2)y^2$$
$$=x^2+4xy-3y^2$$

$$\begin{array}{r} 2x^2+3xy-y^2 \\ - x^2-xy+2y^2 \\ \hline x^2+4xy-3y^2 \end{array}$$

◆ 동류항 정리 ◆

다항식 $3x+5x$에서 $3x$, $5x$와 같이 특정한 문자에 대한 차수가 같은 항을 **동류항**이라고 합니다. 특히, 상수항끼리는 모두 동류항입니다. 한편 x^2과 x는 문자는 같지만 차수가 다르므로 동류항이 아닙니다.

동류항끼리의 덧셈과 뺄셈은 다음과 같이 분배법칙을 이용하여 간단히 나타낼 수 있습니다.

$$3x+5x=(3+5)x=8x, \quad 3x-5x=(3-5)x=-2x$$

일반적으로 다항식에서는 동류항끼리 모아서 식을 간단히 하는데 이것을 **동류항 정리**라고 합니다. 동류항 정리는 모든 식을 정리할 때 사용하는 개념입니다. 중학교에서는 주로 일차식에 대해서 정리했고, 제곱근의 덧셈과 뺄셈에서도 이 개념을 사용했습니다. 고등학교에서는 일차식뿐만 아니라 이차 이상인 식의 덧셈과 뺄셈을 할 때도 동류항끼리 모아서 계산합니다.

◆ 정수, 유리수의 덧셈과 뺄셈 ◆

다항식의 덧셈과 뺄셈의 기초는 정수와 유리수의 덧셈과 뺄셈에 있습니다. 정수와 유리수의 덧셈 방법은 다음과 같이 부호가 같은 경우와 부호가 다른 경우로 구분됩니다.

정수와 유리수의 덧셈
① 부호가 같은 두 수의 합은 두 수의 절댓값의 합에 공통인 부호를 붙인 것과 같다.
② 부호가 다른 두 수의 합은 두 수의 절댓값의 차에 절댓값이 큰 수의 부호를 붙인 것과 같다.

정수와 유리수의 뺄셈은 알고 있는 덧셈 방법을 이용하기 위해 뺄셈을 덧셈으로 고쳐 계산합니다.

정수와 유리수의 뺄셈
두 수의 뺄셈은 빼는 수의 부호를 바꾸어 덧셈으로 고쳐서 계산한다.

유리수의 뺄셈에서 $3-5=(+3)-(+5)=(+3)+(-5)$로 고쳐 계산한 방법을 그대로 적용하여 다항식의 뺄셈도 $A-B=A-(+B)=A+(-B)$로 고쳐 계산합니다.

중1	중1	공통수학1	공통수학1	공통수학2
정수와 유리수의 덧셈과 뺄셈	다항식의 계산	다항식의 덧셈과 뺄셈	방정식과 부등식	도형의 방정식

덧셈에 대한 교환법칙과 결합법칙은 유리수에서만 성립하나요?

 유리수에서 덧셈에 대한 교환법칙과 결합법칙이 성립합니다.

> 세 수 a, b, c에 대하여 ① 교환법칙 $a+b=b+a$
> ② 결합법칙 $(a+b)+c=a+(b+c)$

그런데 이 법칙은 유리수에서만 성립하는 것이 아니라 실수에서도 성립하고 허수를 포함하는 복소수에서도 성립합니다. 즉, 모든 수에서 성립합니다.

마찬가지로 다항식의 덧셈에서도 교환법칙과 결합법칙이 성립합니다.

> 세 다항식 A, B, C에 대하여 ① 교환법칙 $A+B=B+A$
> ② 결합법칙 $(A+B)+C=A+(B+C)$

 두 다항식 A, B가 $A=x^3+2x^2-3$, $B=2x^3-5x^2-x+7$일 때, $(2A+4B)+(A-3B)$를 어떻게 계산하나요?

 주어진 식에 있는 A, B에 다항식을 각각 대입하는 방법도 가능하지만 주어진 식을 정리한 후에 A, B를 대입하는 것이 간편합니다.

$$(2A+4B)+(A-3B)=2A+\underline{4B+A}-3B \quad\text{교환법칙}$$
$$=2A+\underline{A+4B}-3B \quad\text{결합법칙}$$
$$=(2A+A)+(4B-3B)$$
$$=3A+B$$
$$=3(x^3+2x^2-3)+(2x^3-5x^2-x+7)$$
$$=(3x^3+6x^2-9)+(2x^3-5x^2-x+7)$$
$$=(3+2)x^3+(6-5)x^2-x+(-9+7)$$
$$=5x^3+x^2-x-2$$

수의 곱셈은 세로로 하는데 문자식의 곱셈은 왜 가로로 하나요?

아! 그렇구나

초등에서 (두 자리 수)×(두 자리 수)의 계산을 할 때 다양한 방법이 있었습니다. 다만, 세로로 계산하는 방법이 가장 쉽고 빠른 방법이기 때문에 표준이 된 것입니다. 수의 곱셈도 문자식의 곱셈과 같이 가로로 계산할 수 있고, 문자식의 곱셈도 수의 곱셈과 같이 세로로 계산할 수 있습니다. 가로로 계산하느냐, 세로로 계산하느냐의 문제는 형식과 방법의 차이일 뿐입니다.

30초 정리

• 다항식의 곱셈

다항식의 곱셈은 분배법칙을 이용하여 식을 전개한 다음 동류항끼리 모아서 정리한다.

• 곱셈 공식

① $(a+b+c)^2 = a^2 + b^2 + c^2 + 2ab + 2bc + 2ca$

② $(a+b)^3 = a^3 + 3a^2b + 3ab^2 + b^3$

③ $(a-b)^3 = a^3 - 3a^2b + 3ab^2 - b^3$

④ $(a+b)(a^2 - ab + b^2) = a^3 + b^3$

⑤ $(a-b)(a^2 + ab + b^2) = a^3 - b^3$

◆ **곱셈 공식과 인수분해** ◆

곱셈 공식과 인수분해 공식은 서로 역관계입니다. 전개로 곱셈 공식이 만들어지고, 양변을 반대로 쓰면 인수분해 공식이 됩니다. 그런데 곱셈 공식은 만들거나 증명하는 것이 쉽지만 인수분해 공식은 그렇지 못합니다. 그래서 곱셈 공식을 먼저 다룹니다.

전개와 인수분해

$$x^2+3x+2 \xrightarrow[\text{전개}]{\text{인수분해}} \underbrace{(x+1)(x+2)}_{\text{인수}}$$

다항식의 곱셈에서 기본이 분배법칙이듯이 곱셈 공식을 만드는 기본 원리도 분배법칙만 있으면 알 수 있습니다. 예를 들어 $(x+2)(x^2+x+3)$을 전개하는 것은 곱셈 공식을 이용할 필요 없이 다음과 같이 전개하면 됩니다.

$$(x+2)(x^2+x+3)=x^3+x^2+3x+2x^2+2x+6$$
$$=x^3+3x^2+5x+6$$

다만 자주 반복되는 형태의 경우 공식을 통해 더 쉽고 정확한 결과를 얻을 수 있으므로 대표적인 몇 가지 공식들을 배웁니다. 중학교에서는 주로 다음과 같이 5가지를 다루었습니다.

중학교 곱셈 공식	
①	$(a+b)^2=a^2+2ab+b^2$
②	$(a-b)^2=a^2-2ab+b^2$
③	$(a+b)(a-b)=a^2-b^2$
④	$(x+a)(x+b)=x^2+(a+b)x+ab$
⑤	$(ax+b)(cx+d)=acx^2+(ad+bc)x+bd$

고등학교에서 새로 나오는 곱셈 공식을 정리하면 다음과 같습니다.

고등학교 곱셈 공식	
①	$(a+b+c)^2=a^2+b^2+c^2+2ab+2bc+2ca$
②	$(a+b)^3=a^3+3a^2b+3ab^2+b^3$
③	$(a-b)^3=a^3-3a^2b+3ab^2-b^3$
④	$(a+b)(a^2-ab+b^2)=a^3+b^3$
⑤	$(a-b)(a^2+ab+b^2)=a^3-b^3$

각 공식은 분배법칙을 이용하여 전개하면 확인할 수 있습니다. 예를 들어 ④를 확인해 보겠습니다.

$$(a+b)(a^2-ab+b^2)=a^3-a^2b+ab^2+a^2b-ab^2+b^3$$
$$=a^3+b^3$$

◆ 중학교에서 배운 개념과 연결하기 ◆

고등학교에서 다루는 곱셈 공식은 중학교에서 다룬 곱셈 공식의 연장입니다. 따라서 기본적으로 분배법칙을 이용하지만 중학교에서 익힌 공식을 이용하면 편리한 점이 많습니다.

예를 들어 $(a+b+c)^2$을 전개하는 과정에 중학교 곱셈 공식 ①이 사용됩니다.

$$(a+b+c)^2 = \{(a+b)+c\}^2$$
$$= (a+b)^2 + 2(a+b)c + c^2$$
$$= a^2 + 2ab + b^2 + 2ac + 2bc + c^2$$
$$= a^2 + b^2 + c^2 + 2ab + 2bc + 2ca$$

$(a+b+c)^2$은 한 변의 길이가 $a+b+c$인 정사각형의 넓이로도 생각할 수 있습니다. 오른쪽 그림에서 각 변을 a, b, c로 쪼개어 9개의 직사각형을 만들면 그 넓이는 $a^2+b^2+c^2+2ab+2bc+2ca$와 같으므로

$$(a+b+c)^2 = a^2+b^2+c^2+2ab+2bc+2ca$$

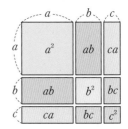

◆ 곱셈과 거듭제곱 ◆

다항식을 계산하다 보면 여러 가지 기호를 사용하게 됩니다. 똑같은 수를 거듭 더하는 것(동수누가)이나 똑같은 수를 거듭 곱하는 것(거듭제곱)은 다음과 같이 간단하게 나타낼 수 있습니다.

$$2+2+2+2+2+2+2 = 2\times7\,(\text{곱셈}) \quad 2\times2\times2\times2\times2\times2\times2 = 2^7\,(\text{거듭제곱})$$

곱셈과 거듭제곱의 개념은 다항식의 덧셈과 곱셈에서 기본 계산으로 사용됩니다.

예를 들어, $(x^2+2x+3)(4x+5)$를 전개해 보겠습니다.

$$(x^2+2x+3)(4x+5) = (4x^3+8x^2+12x) + (5x^2+10x+15)$$
$$= 4x^3 + (8+5)x^2 + (12+10)x + 15$$
$$= 4x^3 + 13x^2 + 22x + 15$$

여기서 곱셈을 할 때 지수는 거듭제곱의 계산 방법을, 동류항 정리를 할 때 분배법칙은 곱셈을 이용한 것입니다.

중1	중3	공통수학1	공통수학1	공통수학2
정수와 유리수의 곱셈	다항식의 곱셈	다항식의 곱셈	방정식과 부등식	도형의 방정식

무엇이든 물어보세요

Q $a+b+c=6$, $ab+bc+ca=4$일 때, $a^2+b^2+c^2$의 값을 어떻게 구하나요?

A 다항식의 곱셈 공식을 변형하면 다양한 문제를 해결할 수 있습니다.

곱셈 공식 $(a+b+c)^2=a^2+b^2+c^2+2ab+2bc+2ca$에서 $a+b+c$의 값과 $ab+bc+ca$의 값이 주어졌기 때문에 나머지 $a^2+b^2+c^2$의 값을 구할 수 있습니다.

곱셈 공식에 주어진 값을 대입해 보겠습니다.

$$6^2=a^2+b^2+c^2+2\times4$$
$$\therefore \ a^2+b^2+c^2=36-8=28$$

Q 곱셈 공식을 이용하여 11^3의 값을 어떻게 구하나요?

A 곱셈 공식을 이용하면 복잡한 수의 계산을 보다 편리하게 할 수 있습니다.

11^3을 그냥 계산하려면 곱셈을 거듭해야 합니다. 하지만 11을 $10+1$로 보고 곱셈 공식 $(x+y)^3=x^3+3x^2y+3xy^2+y^3$을 이용하면

$$11^3=(10+1)^3$$
$$=10^3+3\times10^2\times1+3\times10\times1^2+1^3$$
$$=1000+300+30+1=1331$$

Q 곱셈 공식을 이용하여 $101^3-(100+1)(10001-100)$의 값을 어떻게 구하나요?

A $a=100$이라 하면 $10001=10000+1=a^2+1$

$$101^3-(100+1)(10001-100)=\underline{(a+1)^3}-\underline{(a+1)(a^2+1-a)}$$

그런데 $\underline{(a+1)^3}=a^3+3a^2+3a+1$, $\underline{(a+1)(a^2-a+1)}=a^3+1$이므로

$$101^3-(100+1)(10001-100)=(a+1)^3-(a+1)(a^2+1-a)$$
$$=a^3+3a^2+3a+1-(a^3+1)$$
$$=3a^2+3a$$
$$=3\times100^2+3\times100$$
$$=30000+300=30300$$

나눗셈의 몫을 어디까지 계산해야 하나요?

아! 그렇구나

다항식의 나눗셈은 수의 나눗셈과 마찬가지로 정해진 규칙이 있습니다. 몫과 나머지가 모두 다항식이어야 하며, 특히 나머지는 나누는 식보다 차수가 낮아야 하지요. 위의 계산에서는 일단 몫에 다항식이 아닌 분수식 $\dfrac{1}{x}$ 이나 $\dfrac{1}{x^2}$ 이 포함된 것이 문제입니다. 몫이 x이고 나머지가 $x+1$인 상태에서 나눗셈을 멈춰야 하는 것이지요.

30초 정리

● **다항식의 나눗셈**

① 각 다항식을 내림차순으로 정리한 다음 자연수의 나눗셈과 같은 방법으로 계산한다.

② 다항식 A를 다항식 $B(B \neq 0)$로 나누었을 때의 몫을 Q, 나머지를 R이라 하면 다음이 성립한다.

$$A = BQ + R \text{ (단, } Q \text{와 } R \text{도 다항식이고 } R \text{의 차수는 } B \text{의 차수보다 낮다.)}$$

특히 $R = 0$, 즉 $A = BQ$일 때 A는 B로 나누어떨어진다고 한다.

 **의 발견**

◆ 다항식의 나눗셈 ◆

다항식의 나눗셈을 하기 위해서는 차수가 높은 항부터 나눠야 하므로 반드시 내림차순으로 써야 합니다. 차수가 낮은 항부터 나누면 몫을 어림하기 어렵습니다.

예를 들어 $(2x^3-4x^2+5x-2)÷(x-2)$는 다음과 같이 계산합니다.

$$
\begin{array}{r}
2x^2 \qquad +5 \\
x-2 \overline{)\ 2x^3-4x^2+5x-\ 2\ } \\
\underline{2x^3-4x^2\qquad\quad} \\
5x-\ 2 \\
\underline{5x-10} \\
8
\end{array}
$$

따라서 $2x^3-4x^2+5x-2$를 $x-2$로 나눈 몫은 $2x^2+5$, 나머지는 8입니다.

일반적으로 다항식 A를 다항식 $B(B≠0)$로 나누었을 때의 몫을 Q, 나머지를 R이라 하면 다음이 성립합니다.

$$A=BQ+R$$

단, Q와 R도 다항식이고 R의 차수는 B의 차수보다 낮습니다.

특히 $R=0$, 즉 $A=BQ$일 때 A는 B로 나누어떨어진다고 합니다. 이를 이용하여 위의 나눗셈을 식으로 표현하면

$$2x^3-4x^2+5x-2=(x-2)(2x^2+5)+8$$

과 같이 나타낼 수 있습니다.

> $A=BQ+R$
>
> $A=BQ+R$에서 Q는 몫을 뜻하는 *quotient*의 첫 글자이고, R은 나머지를 뜻하는 *remainder*의 첫 글자이다.

◆ 조립제법 ◆

다항식 $P(x)$를 일차식으로 나눈 몫과 나머지는 $P(x)$의 계수만 이용하여 간단하게 구할 수 있습니다. 다음과 같이 다항식을 일차식으로 나눈 몫과 나머지를 구하는 방법을 **조립제법**이라고 합니다.

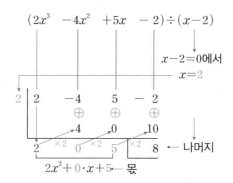

◆ 자연수의 나눗셈과 다항식의 나눗셈 ◆

다항식의 나눗셈의 계산 원리는 자연수의 나눗셈과 동일합니다.

$$
\begin{array}{r}
\boxed{4}\boxed{6} \quad \leftarrow \boxed{40} + \boxed{6} \quad \leftarrow \text{몫} \\
21 \overline{\smash{)}\,9\ 8\ 3} \\
8\ 4\ 0 \quad \leftarrow \quad 21 \times \boxed{40} \\
\hline
1\ 4\ 3 \quad \leftarrow \quad 983 - 840 \\
1\ 2\ 6 \quad \leftarrow \quad 21 \times \boxed{6} \\
\hline
1\ 7 \quad \leftarrow \quad 143 - 126 \quad \leftarrow \text{나머지}
\end{array}
$$

　수를 자릿값에 맞춰 쓰는 것은 다항식을 내림차순으로 정리하는 것과 같은 원리입니다. 수에서 큰 자리인 앞에서부터 나누는 것과 마찬가지로 다항식도 최고차항부터 나눗셈을 합니다. 나머지가 17에서 멈춘 것은 나머지가 나누는 수 21보다 작고 몫이 자연수여야 하기 때문이며, 이것은 다항식의 나눗셈에서 나머지의 차수가 나누는 수의 차수보다 낮고 몫이 다항식이라는 조건과 일치합니다. 그리고 계산 결과를 확인하는 식 $21 \times 46 + 17 = 983$은 고등학교 나눗셈식 $A = BQ + R$과 일치합니다.

◆ 중학교에서 배운 개념과 연결하기 ◆

지수법칙은 다항식의 곱셈과 나눗셈을 하는 과정과 밀접한 관련이 있습니다.

> $a \neq 0$이고, m, n이 자연수일 때
>
> ① $a^m \times a^n = a^{m+n}$　　② $(a^m)^n = a^{mn}$　　③ $a^m \div a^n = a^{m-n}$　(단, $m > n$)

　다항식의 곱셈에서는 주로 ①, ②가, 다항식의 나눗셈에서는 주로 ①, ③이 사용되지요.

　중학교에서 다음과 같이 다항식을 단항식으로 나누는 데까지 다루었으므로 다항식을 다항식으로 나누는 것은 고등학교에서 처음 다루는 내용입니다.

$$
(6x^3 + 4x^2y) \div 2x = \frac{6x^3 + 4x^2y}{2x} = \frac{6x^3}{2x} + \frac{4x^2y}{2x} = 3x^2 + 2xy
$$

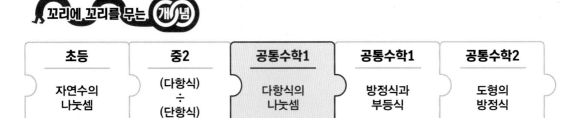

Q 조립제법의 원리를 꼭 알아야 하나요?

A 교육과정의 '교수·학습 방법 및 유의 사항'에 "조립제법은 다항식을 단항식으로 나누는 연산과 연계하여 지도하고, 구체적인 예를 통하여 그 방법을 간단히 다룬다"고 되어 있으므로 원리를 꼭 알아야 하는 것은 아닙니다. 여기서도 예를 통하여 간단히 살펴보겠습니다.

다항식 $2x^3-4x^2+5x-2$를 일차식 $x-2$로 나누면 다음과 같다.

$$\begin{array}{r} 2x^2 +5 \\ x-2 \overline{\smash{)}2x^3-4x^2+5x-2} \\ \underline{2x^3-4x^2} \\ 5x-2 \\ \underline{5x-10} \\ 8 \end{array}$$

왼쪽의 나눗셈에서 계수만 이용하여 다음과 같이 몫과 나머지를 구할 수 있다.

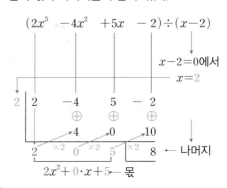

Q 조립제법에서는 나누는 일차식의 계수가 1인 경우를 주로 다루는데, 일차식의 계수가 1이 아니면 어떤 부분이 달라지나요?

A 다항식 A를 일차식 $x-\dfrac{b}{a}$로 나눈 몫과 나머지를 각각 Q, R이라 하면

$$A=\left(x-\frac{b}{a}\right)Q+R \quad \cdots\cdots \ \bigcirc$$

일차식이 $ax-b$일 때 몫과 나머지를 각각 Q', R'이라 하면 이들은 Q, R과 어떤 관계일까요?
$\bigcirc$을 변형하여 $A=(ax-b)Q'+R'$과 같이 만들면

$$A=\left(x-\frac{b}{a}\right)Q+R=\frac{1}{a}\times(ax-b)Q+R \quad \therefore \ Q'=\frac{1}{a}Q, \quad R'=R$$

$ax-b$로 나누었을 때의 몫은 $x-\dfrac{b}{a}$로 나눈 몫에 $\dfrac{1}{a}$을 곱한 값이며, 나머지는 그대로입니다. 따라서 나누는 일차식의 계수가 1이 아니면 조립제법을 통해 구한 몫은 일차식의 계수로 한 번 나누어 주고 나머지는 그대로 사용하면 됩니다.

왜 x가 사라지나요?

이 방정식을 풀면…
0=0이네? 뭐지?

그건 방정식이 아니라
항등식이야.

$4x + x - 2 = 6 + 5x - 8$

아! 그렇구나

x가 포함된 등식이라고 해서 항상 x의 값을 구해야 하는 것은 아닙니다. 등식은 방정식과 항등식으로 구분되는데, 방정식은 x의 값에 따라 등식의 참, 거짓이 달라지므로 등식을 참이 되게 하는 x의 값을 찾는 것이 목적이지만 항등식은 x의 값에 관계없이 항상 성립하는 등식이므로 x를 구할 필요가 없습니다. 등식은 두 종류가 있다는 것을 기억해 두어야 합니다.

30초 정리

• 항등식의 정의

주어진 식의 문자에 어떤 값을 대입해도 항상 성립하는 등식을 그 문자에 대한 항등식이라 한다.

• 항등식의 성질

① $ax^2 + bx + c = 0$이 x에 대한 항등식 $\Longleftrightarrow a = 0,\ b = 0,\ c = 0$

② $ax^2 + bx + c = a'x^2 + b'x + c'$이 x에 대한 항등식 $\Longleftrightarrow a = a',\ b = b',\ c = c'$

◆ 항등식의 정의와 성질 ◆

주어진 식의 문자에 어떤 값을 대입해도 항상 성립하는 등식을 그 문자에 대한 항등식이라고 합니다. 이 정의를 이용하여 등식 $ax^2+bx+c=0$이 항등식이 되기 위한 조건을 알아보겠습니다.

등식 $ax^2+bx+c=0$이 x에 대한 항등식이면 x에 어떤 값을 대입해도 항상 성립하므로

$x=0$을 대입하면 $c=0$

$x=1$을 대입하면 $a+b=0$ ······ ㉠

$x=-1$을 대입하면 $a-b=0$ ······ ㉡

이고, ㉠, ㉡을 연립하여 풀면 $a=0$, $b=0$입니다.

따라서 등식 $ax^2+bx+c=0$이 x에 대한 항등식이면

$a=0$, $b=0$, $c=0$

거꾸로 $a=0$, $b=0$, $c=0$이면 x에 어떤 값을 대입하더라도 항상 $ax^2+bx+c=0$이므로 등식 $ax^2+bx+c=0$은 x에 대한 항등식입니다.

항등식의 성질

① $ax^2+bx+c=0$이 x에 대한 항등식이면 $a=0$, $b=0$, $c=0$이다.

또 $a=0$, $b=0$, $c=0$이면 $ax^2+bx+c=0$은 x에 대한 항등식이다.

② $ax^2+bx+c=a'x^2+b'x+c'$이 x에 대한 항등식이면 $a=a'$, $b=b'$, $c=c'$이다.

또 $a=a'$, $b=b'$, $c=c'$이면 $ax^2+bx+c=a'x^2+b'x+c'$은 x에 대한 항등식이다.

---

②의 성질은 ①에서 만들어집니다.

등식 $ax^2+bx+c=a'x^2+b'x+c'$을 ①과 같이 모든 항을 좌변으로 옮겨 우변을 0으로 만듭니다.

$(a-a')x^2+(b-b')x+(c-c')=0$

①에서 이 식이 x에 대한 항등식이면 계수가 모두 0이라고 했으므로

$a-a'=0$, $b-b'=0$, $c-c'=0$

$\therefore a=a'$, $b=b'$, $c=c'$

항등식의 정의에 따라 식의 문자에 어떤 값을 대입해도 항상 성립하고, 항등식의 성질에 따라 좌변, 우변의 동류항의 계수가 같다는 것을 이용할 수 있습니다.

◆ 등식과 식 ◆

문자를 사용하다 보면 헷갈리는 경우가 많습니다. 따라서 내용을 정확히 이해하여 차이점을 확실히 알아야 합니다. 문자가 사용된 식에서 제일 중요한 것은 식과 등식을 구분하는 것입니다. 이 둘을 구분하는 기준은 등호($=$)의 존재 여부입니다. 즉, 주어진 식에 등호가 있으면 등식, 등호가 없으면 식입니다.

왜 이 둘을 구분해야 할까요? 그것은 목적이 다르기 때문입니다. 식은 그것을 정리하여 간단히 하는 것이 목적입니다. 등호가 없는 단순한 식을 정리하는 과정에서 등호와 0을 임의로 붙여 (식)$=0$ 형태의 등식을 만드는 오류를 범하지 않도록 주의해야 합니다.

일차식 $(5x-21)+(2x+7)$을 동류항을 정리하여 간단히 해 보겠습니다.
$$(5x-21)+(2x+7)=5x-21+2x+7=(5+2)x+(-21+7)=7x-14$$
그런데 여기서 멈추지 않고 $7x-14=0$이므로 $x=2$라는 답을 내는 경우가 종종 나타납니다. 항상 답은 $x=$(수)의 형태로 주어진다고 생각하고 있기 때문입니다. 이렇게 결과가 x의 값으로 나타나는 경우는 등식 중에서도 방정식의 결과입니다.

◆ 항등식과 방정식 ◆

등호가 있는 등식도 방정식과 항등식으로 나뉩니다. 방정식은 변수의 값에 따라 참, 거짓이 변하는 등식입니다. 따라서 등식을 참이 되게 하는 값을 찾는 것이 목적이지요. 이때 참이 되게 하는 변수값을 근 또는 해라고 부릅니다. 반면 항등식은 변수값에 관계없이 항상 성립하는 등식입니다. 등호가 없는 식은 항등식과 아무런 관련이 없습니다. 등호가 있는 등식 중 일부가 항등식입니다. 특히, 문자에 관한 식의 사칙연산 결과와 곱셈 공식 등 모든 공식은 항등식입니다.

꼬리에 꼬리를 무는 개념

초등	중1	공통수학1	공통수학1	공통수학2
등식과 등호의 의미	항등식의 정의	항등식의 정의와 성질	방정식과 부등식	도형의 방정식

항등식을 푸는 미정계수법은 어떤 원리에서 만들어진 것인가요?

항등식에서 문자 x의 값은 관심의 대상이 아닙니다. 왜냐하면 x가 어떤 값을 갖더라도 식이 항상 성립해서 그 값을 구하는 과정은 의미가 없습니다. 대신 식에 나오는 계수를 미지수로 주고 그 값을 구하는 문제가 주어집니다. 이른바 **미정계수**를 구하는 작업이지요.

미정계수를 구하는 방법은 2가지입니다.

① 수치대입법: 항등식의 정의가 x가 어떤 값을 갖더라도 항상 성립하는 등식이므로 x에 적당한 수치를 대입하여 미정계수를 구합니다. 이때 대입하는 수치는 무엇이든 가능하지만 되도록 계산이 간단한 수치를 택하는 것이 유용합니다.

㉫ 다음 등식이 x에 대한 항등식이 되게 하는 상수 a, b의 값을 구해 봅시다.

$$a(x-1)^2+b(x-1)-1=x^2+3x-5$$

양변에 $x=0$을 대입하면 $\quad a-b-1=-5, \quad \therefore a-b=-4 \qquad \cdots\cdots ㉠$

양변에 $x=2$를 대입하면 $\quad a+b-1=5, \quad \therefore a+b=6 \qquad \cdots\cdots ㉡$

㉠, ㉡을 연립하여 풀면 $\quad a=1, b=5$

이때 $x=1$을 대입하면 왼쪽의 값이 -1로 간단해지기는 하지만 미정계수 a, b가 사라지기 때문에 유용하지 않습니다.

② 계수비교법: 항등식의 성질이 양쪽에 있는 동류항끼리 계수가 같다는 것이므로 양쪽 식을 정리하여 계수를 비교함으로써 미정계수를 구합니다.

㉫ 다음 등식이 x에 대한 항등식이 되게 하는 상수 a, b, c의 값을 구해 봅시다.

$$x^2-2x+3=a(x-1)(x+2)-b(x-1)+c$$

등식의 우변을 정리하면

$$x^2-2x+3=ax^2+(a-b)x-2a+b+c$$

항등식의 성질을 이용하여 양변의 동류항을 비교하면

$$a=1, \quad a-b=-2, \quad -2a+b+c=3$$

$$\therefore a=1, \quad b=3, \quad c=2$$

나눗셈을 하지 않고
어떻게 나머지를 구하나요?

x^3-2x^2+4x-3을 $x-2$로 나눈 나머지를 구하라.

나는 나눗셈을
해서 구했어! 그랬더니
5가 나왔네!

항상
그런 거야?
우연의 일치
아니야?

나는 삼차식에
$x=2$를 대입했어.
그러면 5가 나오지.

$x^3-2x^2+4x-3=5$

아! 그렇구나

삼차식에 $x=2$를 대입하여 나머지 5를 구한 방법이 나머지정리입니다. 나머지정리는 직접 나눗셈을 하는 것이 아니라 나눗셈식이 항등식임을 이용하여 수치를 대입하는 과정에서 만들어지지요. 나머지정리는 일차식으로 나눌 경우 한 번에 나머지를 구할 수 있어 효과적이라고 볼 수 있습니다. 하지만 이차 이상의 식으로 나눌 경우 수치를 차수만큼 대입해야 나머지를 구할 수 있으므로 나눗셈을 직접 하는 것보다 크게 효율적이라고 말하기는 어렵습니다.

30초 정리

- **나머지정리**

  다항식 $f(x)$를 일차식 $x-a$로 나누었을 때의 나머지를 R이라 하면 $R=f(a)$이다.

- **인수정리**

  다항식 $f(x)$에 대해 $f(a)=0$이면 $f(x)$는 $x-a$로 나누어떨어진다. 즉, $x-a$는 $f(x)$의 인수이다.

◆ 나머지정리와 인수정리 ◆

다항식 A를 다항식 $B(B\neq 0)$로 나누었을 때의 몫을 Q, 나머지를 R이라 하면, $A=BQ+R$이라는 나눗셈식이 만들어집니다.

이를 적용하여 다항식 $P(x)$를 일차식 $x-a$로 나누었을 때의 몫을 $Q(x)$, 나머지를 R이라 하면

$$P(x)=(x-a)Q(x)+R \ (R은 상수)$$

과 같이 나타낼 수 있습니다. 이 등식은 x에 대한 항등식이므로 양변에 $x=a$를 대입하면

$$P(a)=(a-a)Q(a)+R$$

에서 $R=P(a)$가 됩니다. 나머지 R이 $P(a)$로 계산되는 것입니다. 이처럼 다항식을 일차식으로 나눈 나머지는 직접 나눗셈을 하지 않고도 쉽게 구할 수 있는데, 이를 나머지정리라고 합니다.

> **나머지정리**
>
> 다항식 $P(x)$를 일차식 $x-a$로 나누었을 때의 나머지를 R이라 하면
> $$R=P(a)$$

이때, $P(a)=0$이면 다항식 $P(x)$는 일차식 $x-a$로 나누어떨어집니다. 즉, $x-a$는 다항식 $P(x)$의 인수가 됩니다. 거꾸로 $x-a$가 다항식 $P(x)$의 인수이면, 즉 $P(x)$가 $x-a$로 나누어떨어지면

$$P(x)=(x-a)Q(x)$$

로 인수분해할 수 있으므로 $P(a)=0$임을 알 수 있습니다. 이를 인수정리라고 합니다.

> **인수정리**
>
> 다항식 $P(x)$에 대하여
> ① $P(a)=0$이면 $P(x)$는 일차식 $x-a$로 나누어떨어진다.
> ② $P(x)$가 일차식 $x-a$로 나누어떨어지면 $P(a)=0$이다.

따라서 다항식 $P(x)$에 대하여 다음 4가지는 모두 $P(a)=0$임을 나타냅니다.

> ① $P(x)$를 $x-a$로 나눈 나머지가 0이다.
> ② $P(x)$는 $x-a$로 나누어떨어진다.
> ③ $P(x)$는 $x-a$를 인수로 갖는다.
> ④ $P(x)=(x-a)Q(x)$

◆ 배수판정법 ◆

인수정리나 나머지정리와 같이 수에서도 나눗셈을 하지 않고 나누어떨어지는지 알아볼 수 있습니다. 이른바 배수판정법이지요.

> ① 2[5]의 배수: 일의 자리 수가 2[5]의 배수이면 그 수는 2[5]의 배수이다.
>   → 10이 2[5]의 배수이기 때문에 10으로 나눈 나머지인 일의 자리 수만 조사하면 된다.
> ② 4[8]의 배수: 십[백] 이하의 자리 수가 4[8]의 배수이면 그 수는 4[8]의 배수이다.
>   → 100[1000]이 4[8]의 배수이기 때문에 십[백] 이하의 자리 수만 조사하면 된다.
> ③ 3[9]의 배수: 각 자리 수의 합이 3[9]의 배수이면 그 수는 3[9]의 배수이다.
>   → $100a+10b+c=(99+1)a+(9+1)b+c=(99a+9b)+(a+b+c)$에서 $99a+9b$가 3[9]
>   의 배수이기 때문에 $a+b+c$만 조사하면 된다.

수 전체를 조사하지 않고 일의 자리 수나 십 이하의 자리 수만 조사해도 배수를 판정할 수 있는 원리와 마찬가지로 다항식의 나눗셈에서도 일차식으로 나누는 경우는 직접 나눗셈을 하지 않고도 나누어떨어지는지, 나머지가 있다면 얼마인지를 구할 수 있습니다.

◆ 인수와 인수분해 ◆

인수정리라고 할 때 인수(因數)는 무엇일까요? 비슷한 말로 약수와 소인수가 있습니다. 중1에서 소수를 배울 때 소인수분해라는 개념이 나왔습니다. 또한 중3에서는 인수분해를 다루었습니다. 소인수는 소인수분해에서, 인수는 인수분해에서 정의됩니다.

어떤 자연수의 소인수는 그 자연수의 약수 중 소수인 것을 뜻하며, 그 자연수를 소인수만의 곱으로 나타내는 것을 소인수분해라고 했습니다. 또한 어떤 다항식을 2개 이상의 다항식의 곱으로 나타낼 때, 각각의 다항식을 처음 다항식의 인수라고 합니다. 또, 어떤 다항식을 2개 이상의 인수의 곱으로 나타내는 것을 그 다항식을 인수분해한다고 합니다.

$$x^2+3x+2 \xrightleftharpoons[\text{전개}]{\text{인수분해}} \underbrace{(x+1)(x+2)}_{\text{인수}}$$

중3	공통수학1	공통수학1	공통수학1	공통수학2
인수분해	다항식의 나눗셈과 항등식	나머지정리와 인수정리	방정식과 부등식	도형의 방정식

무엇이든 물어보세요

나머지를 구하는 방법이 다양한데, 간단히 정리해 볼 수 있을까요?

나머지를 구하는 방법이 헷갈리지요? 크게 3가지로 정리할 수 있습니다.

① 직접 나눗셈을 하면 몫과 나머지를 구할 수 있습니다.

② 일차식으로 나눈 몫과 나머지를 구할 때는 조립제법을 이용하는 것이 편리합니다.

③ 일차식으로 나눈 나머지만 구할 때는 나머지정리를 이용하는 것이 편리합니다.

예를 들어 $(2x^3-6x^2+7x-1)\div(x-2)$를 다음과 같이 계산할 수 있습니다.

① 직접 나눗셈

$$
\begin{array}{r}
2x^2-2x+3 \\
x-2 \overline{)\, 2x^3-6x^2+7x-1} \\
\underline{2x^3-4x^2} \\
-2x^2+7x \\
\underline{-2x^2+4x} \\
3x-1 \\
\underline{3x-6} \\
5
\end{array}
$$

② 조립제법

$$
\begin{array}{r|rrrr}
2 & 2 & -6 & 7 & -1 \\
 & & 4 & -4 & 6 \\
\hline
 & 2 & -2 & 3 & \boxed{5}
\end{array}
$$

몫: $2x^2-2x+3$

나머지: 5

③ 나머지정리

$P(x)=2x^3-6x^2+7x-1$이라 하면 $P(x)$를 일차식 $x-2$로 나눈 나머지는

$$
\begin{aligned}
P(2)&=2\times2^3-6\times2^2+7\times2-1 \\
&=16-24+14-1 \\
&=5
\end{aligned}
$$

나머지정리를 활용해서 2029^{99}을 2030으로 나눈 나머지를 어떻게 구할 수 있나요?

$2029=x$라 하면 $2030=x+1$이 되어 이 문제는 x^{99}을 $x+1$로 나누는 문제로 바뀝니다.

다항식 x^{99}을 $x+1$로 나눈 몫을 $Q(x)$, 나머지를 R (R은 상수)이라 하면

$$x^{99}=(x+1)Q(x)+R \cdots\cdots \text{㉠}$$

이 성립하고, 나머지를 구하기 위해 나머지정리를 이용합니다.

㉠의 양쪽에 $x=-1$을 대입하면 $\quad(-1)^{99}=(-1+1)Q(-1)+R$에서 $R=-1$

이를 ㉠에 대입하면 $\quad x^{99}=(x+1)Q(x)-1$

이 식의 양쪽에 $x=2029$을 대입하면 $\quad 2029^{99}=2030\times Q(2029)-1$

자연수의 나눗셈에서 나머지는 0 또는 자연수이므로 식을 고치면

$$2030\times Q(2029)-1=2030\times\{Q(2029)-1+1\}-1$$

$$=2030\times\{Q(2029)-1\}+2029$$

따라서 2029^{99}을 2030으로 나눈 나머지는 -1이 아닌 2029가 됩니다.

인수분해

인수분해는
공식만 외우면 되지 않나요?

아! 그렇구나

　많은 학생들이 공식만을 암기하여 문제를 해결하려고 합니다. 공식보다 중요한 것은 그 공식이 만들어진 원리입니다. 인수분해는 분배법칙이 기본이고, 공통인수가 있으면 그것을 묶은 후에 인수분해 공식을 적용해야 합니다. 공통인수를 찾아 묶는 것까지 공식으로 분류하지 않기 때문에 이 부분을 놓치는 학생들이 많습니다. 항이 많아서 공식을 직접적으로 적용하기 어렵다면 공통인수를 찾아 묶는 작업을 먼저 해야 합니다.

30초 정리

- **인수분해 공식**

① $a^2+b^2+c^2+2ab+2bc+2ca=(a+b+c)^2$

② $a^3+3a^2b+3ab^2+b^3=(a+b)^3$

③ $a^3-3a^2b+3ab^2-b^3=(a-b)^3$

④ $a^3+b^3=(a+b)(a^2-ab+b^2)$

⑤ $a^3-b^3=(a-b)(a^2+ab+b^2)$

◆ **인수분해 공식** ◆

인수분해의 기본은 중학교에서 이미 다루었습니다. 하나의 다항식을 2개 이상의 다항식의 곱으로 나타내는 것을 그 다항식을 인수분해한다고 합니다. 이때 각각의 다항식을 처음 다항식의 인수라고 합니다. 이러한 인수분해는 다항식의 전개 과정을 거꾸로 한 것입니다.

$$x^3+3x^2+3x+1 \xrightleftharpoons[\text{전개}]{\text{인수분해}} (x+1)^3$$

따라서 다항식의 곱셈 공식의 좌우를 바꾸면 다음과 같은 인수분해 공식을 얻을 수 있습니다.

인수분해 공식	
	① $a^2+b^2+c^2+2ab+2bc+2ca=(a+b+c)^2$
	② $a^3+3a^2b+3ab^2+b^3=(a+b)^3$
	③ $a^3-3a^2b+3ab^2-b^3=(a-b)^3$
	④ $a^3+b^3=(a+b)(a^2-ab+b^2)$
	⑤ $a^3-b^3=(a-b)(a^2+ab+b^2)$

블록을 이용하여 인수분해 공식을 만들어 볼 수 있습니다.

다음 그림은 직육면체 모양의 블록 8개를 맞추어 한 모서리의 길이가 $a+b$인 정육면체를 만든 것입니다.

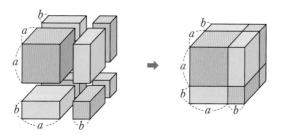

정육면체는 부피가 a^3인 블록 1개, 부피가 a^2b인 블록 3개, 부피가 ab^2인 블록 3개, 부피가 b^3인 블록 1개가 모인 것이며 총 부피는 $(a+b)^3$이므로 여기서 인수분해 공식 ②가 만들어집니다.

$$a^3+3a^2b+3ab^2+b^3=(a+b)^3$$

◆ 소인수분해와 인수분해 ◆

어떤 자연수를 소수들만의 곱으로 나타내는 것을 소인수분해라고 합니다. 예를 들어 12를 소인수분해하면 $12=2\times2\times3$입니다.

소인수분해 과정에서 소수들만의 곱으로 나타날 때까지 분해한 것과 같이 인수분해도 더 이상 인수분해되는 것이 없을 때까지 진행해야 합니다. $2xy-8y^2$을 $2(xy-4y^2)$으로 고치는 것은 인수분해의 한 과정이며 이것으로 인수분해를 다 했다고 할 수는 없습니다. 아직 인수분해할 것이 남아 있기 때문입니다. $2y(x-4y)$로 고쳐야 비로소 인수분해를 한 것입니다. 이런 의미에서 자연수의 소인수분해와 다항식의 인수분해 개념은 서로 연결된다고 볼 수 있습니다.

◆ 중학교에서 배운 개념과 연결하기 ◆

중학교에서 배운 곱셈 공식과 인수분해 공식을 정리하면 다음과 같습니다.

곱셈 공식
① $(a+b)^2=a^2+2ab+b^2$
② $(a-b)^2=a^2-2ab+b^2$
③ $(a+b)(a-b)=a^2-b^2$
④ $(x+a)(x+b)=x^2+(a+b)x+ab$
⑤ $(ax+b)(cx+d)=acx^2+(ad+bc)x+bd$

인수분해 공식
① $a^2+2ab+b^2=(a+b)^2$
② $a^2-2ab+b^2=(a-b)^2$
③ $a^2-b^2=(a+b)(a-b)$
④ $x^2+(a+b)x+ab=(x+a)(x+b)$
⑤ $acx^2+(ad+bc)x+bd=(ax+b)(cx+d)$

곱셈 공식과 인수분해 공식은 좌우만 바뀔 뿐 같은 공식입니다. 그런데 곱셈 공식은 분배법칙을 이용해 유도하기가 쉽지만, 인수분해 공식은 그렇지 않습니다. 따라서 인수분해 공식은 곱셈 공식을 이용하여 설명하는 것이 편리합니다.

고등학교에서 다루는 인수분해 개념은 중학교 때와 같습니다. 다만 중학교에서는 이차식을 주로 다루었고, 고등학교에서는 삼차 이상의 식을 다룬다는 점이 다릅니다.

중3	공통수학1	공통수학1	공통수학1	공통수학2
인수분해	다항식의 곱셈	인수분해	방정식과 부등식	도형의 방정식

다항식에 공통부분이 있는 식은 인수분해를 어떻게 하나요?

다항식에 공통부분이 있으면 공통부분을 하나의 문자로 치환하여 인수분해합니다. 예를 들어 x^4+2x^2-24를 인수분해해 보겠습니다.

공통부분인 x^2을 X로 치환하여 인수분해하면

$$x^4+2x^2-24=X^2+2X-24$$
$$=(X-4)(X+6)$$

X에 x^2을 넣고 식을 다시 정리하면

$$(X-4)(X+6)=(x^2-4)(x^2+6)$$
$$=(x-2)(x+2)(x^2+6)$$

$\dfrac{102^3-8}{102\times104+4}$의 값을 어떻게 구하나요?

인수분해 공식을 이용하면 복잡한 수의 계산을 보다 편리하게 할 수 있습니다.

$102=x$라 하면 $104=x+2$이므로 주어진 식은 $\dfrac{x^3-8}{x(x+2)+4}$로 표현됩니다.

분자를 인수분해하면 $x^3-8=(x-2)(x^2+2x+4)$이고 분모 $x(x+2)+4=x^2+2x+4$이므로

$\dfrac{x^3-8}{x(x+2)+4}=\dfrac{(x-2)(x^2+2x+4)}{x^2+2x+4}=x-2$이고 $x=102$이므로 $\dfrac{102^3-8}{102\times104+4}=100$입니다.

8027이 소수인지 아닌지 판정할 수 있나요?

큰 수가 소수인지 아닌지 판정하는 것은 쉽지 않습니다. 하지만 인수분해 공식을 이용할 수 있다면 보다 쉽게 해결할 수 있습니다.

$8027=8000+27=20^3+3^3$이고, 이때는 삼차식의 인수분해 공식을 적용할 수 있습니다.

인수분해 공식을 이용하면 $20^3+3^3=(20+3)(20^2-20\times3+3^2)=23\times349$이므로 8027을 두 수의 곱으로 나타낼 수 있고 이때 23과 349는 8027의 약수가 되므로 8027은 소수가 아니라고 판정할 수 있습니다.

Ⅱ 방정식과 부등식

학습목표

방정식과 부등식은 적절한 절차에 따라 이를 만족시키는 해를 구할 수 있다.

방정식과 부등식은 다항식의 연산과 더불어 수학의 여러 분야 학습의 기초가 되고

문제를 해결하는 중요한 도구가 된다.

꼬리에 꼬리를 무는 개념 연결

중3   이차방정식과 이차함수

이차방정식의 뜻
이차방정식의 풀이
이차함수의 뜻
이차함수의 그래프

공통수학 1-Ⅰ   다항식

다항식의 연산
항등식과 나머지정리
인수분해

공통수학 1-Ⅱ   방정식과 부등식

복소수와 그 연산
이차방정식
이차방정식과 이차함수의 관계
삼차방정식과 사차방정식
이차부등식
연립방정식과 연립부등식

공통수학 2-Ⅰ   도형의 방정식

내분
직선의 방정식
원의 방정식
도형의 이동

제곱해서 음수가 되는 수가 있어요?

아! 그렇구나

허수를 배우기 전까지 우리가 아는 수는 실수뿐이지요. 실수는 음수와 양수, 그리고 0으로 분류할 수 있고 음수도 제곱하면 양수가 되므로 실수 중 제곱해서 음이 되는 수는 하나도 없습니다. 고등학교에 와서야 비로소 제곱해서 음수가 되는 수를 처음 배우게 된답니다.

30초 정리

- **허수단위**

  제곱해서 -1이 되는 수를 허수단위 i로 나타낸다.
  $$i^2 = -1, \ i = \sqrt{-1}$$

- **복소수**

  실수 a, b에 대하여 $a+bi$ 꼴의 수를 복소수라 하고, a를 실수부분, b를 허수부분이라 한다.

- **복소수가 서로 같을 조건**

  두 복소수 $a+bi$, $c+di$ (a, b, c, d는 실수)에 대하여 $a+bi=c+di$이면
  $$a=c, \ b=d$$이다.

◆ 허수단위 i와 복소수 체계 ◆

실수를 제곱하면 0 또는 양수가 됩니다. 즉, x가 실수라면 $x^2 \geq 0$이지요. 그렇다면 이차방정식 $x^2 = -1$과 같이 제곱해서 음이 되는 수는 실수의 범위에 존재하지 않으므로 이 이차방정식이 해를 갖도록 하기 위해서는 수의 범위를 실수보다 확장해야 합니다.

제곱해서 -1이 되는 새로운 수를 기호 i로 나타내기로 정했습니다. 즉,

$$i^2 = -1, \quad i = \sqrt{-1}$$

과 같이 나타내고, 이때 i를 허수단위라고 합니다.

허수단위에 실수가 곱해진 i, $2i$, $-3i$ 꼴 또는 실수가 결합된 $1+i$, $3-2i$ 꼴 등 허수단위 i를 포함한 수들을 허수라고 부릅니다. 그리고 허수와 실수를 모두 합쳐 복소수라고 부릅니다.

허수단위 i

i는 *imaginary*의 첫 글자이다. 허수의 허(虛)는 '비어 있다', '없다'는 뜻으로 허수는 실존하지 않는 수라고 생각할 수 있다.

임의의 실수 a, b에 대하여 $a+bi$의 꼴로 나타내어지는 수를 복소수라 하고, 이때 a를 이 복소수의 실수부분, b를 이 복소수의 허수부분이라고 합니다.

$$a+bi$$
실수부분 ↑ 허수부분 ↑

$3+4i$ ┌ 실수부분: 3 └ 허수부분: 4

-7 ┌ 실수부분: -7 └ 허수부분: 0

$5i$ ┌ 실수부분: 0 └ 허수부분: 5

한편, $0i = 0$이고 임의의 실수 a는 $a = a + 0i$로 나타낼 수 있으므로 실수도 복소수에 포함된다고 할 수 있습니다. 또 실수가 아닌 복소수 $a+bi$ ($b \neq 0$)를 허수라고 합니다.

a, b가 실수일 때
복소수 $a+bi$ ┌ 실수 ($b=0$) └ 허수 ($b \neq 0$)

◆ 서로 같은 복소수 ◆

두 복소수 $a+bi$, $c+di$ (a, b, c, d는 실수)가 있고 이들의 실수부분과 허수부분이 각각 같을 때, 즉 $a=c$, $b=d$일 때 두 복소수는 서로 같다고 하며

$$a+bi = c+di$$

와 같이 나타낼 수 있습니다.

또한 $a+bi = c+di$이면 $a=c$, $b=d$입니다.

특히, $a+bi = 0$이면 $a=0$, $b=0$입니다.

┌ 같다 ┐
$a+bi = c+di$
└ 같다 ┘

◆ 수 체계 ◆

허수와 복소수라는 새로운 수를 접했으니 그동안 배운 수를 정리해 보겠습니다.

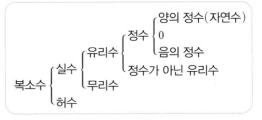

맨 처음 배운 수는 **자연수**입니다. 자연수는 1을 단위로 하는 수 세기나 덧셈을 통해서 2, 3, 4, 5, ……가 되는 것이지요.

자연수 다음은 0입니다. 0은 1보다 1 작은 수 세기나 뺄셈 $1-1=0$을 통해서 2가지 방법으로 만들어집니다.

그다음 수의 분류는 정수이지만 정수에는 음수가 포함되기 때문에 바로 배우지 않고 분수, 즉 유리수를 배우게 됩니다. 전체를 똑같이 n개로 나눈 것, 즉 n등분한 것 중 1개를 $\frac{1}{n}$이라는 단위분수로 나타내고, 이를 확장해서 $\frac{b}{a}$ (a, b는 자연수)와 같은 분수를 만듭니다.

이제 음수를 도입해서 -1, -2, ……와 같은 음의 정수를 만들면 양의 정수(자연수)와 0, 음의 정수를 통틀어 정수가 완성됩니다. 그리고 유리수도 $\frac{b}{a}$ (a, b는 정수)로 표현하여 완성합니다.

유리수까지 만들어지면 정수 계수의 일차방정식 $ax+b=0$의 해를 구할 수 있습니다.

무리수부터는 이차방정식이 개입됩니다. 이차방정식 $x^2=2$의 해, 즉 제곱해서 2가 되는 정수나 유리수는 없습니다. 이때 필요한 새로운 수가 $x=\pm\sqrt{2}$ 라는 무리수입니다. 무리수까지 만들어지면 수직선 위의 점에 대응하는 모든 수가 완성된 셈입니다. 유리수와 무리수를 통틀어 실수라고 합니다.

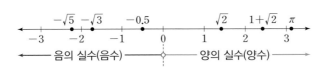

그런데 이차방정식 $x^2=-1$의 해, 즉 제곱하여 음수가 되는 실수는 없으므로 새로운 수가 필요합니다. 이때 등장한 것이 허수단위 i입니다. 이 허수단위 i를 포함하는 수를 허수라고 합니다. 그리고 허수와 실수를 모두 포함하는 복소수라는 개념이 등장하게 됩니다.

중2	중3	공통수학1	공통수학1	공통수학1
유리수	무리수	허수단위	복소수의 사칙연산	이차방정식의 실근과 허근

무엇이든 물어보세요

Q a, b가 유리수일 때, $a+b\sqrt{2}=0$이면 a, b의 값을 어떻게 구하나요?

A $a+b\sqrt{2}=0$의 양변에서 a를 뺍니다.

$$b\sqrt{2}=-a$$

만일 $b\neq0$이면 양변을 b로 나눌 수 있고, $\sqrt{2}=-\dfrac{a}{b}$ 가 됩니다. 이때 우변 $-\dfrac{a}{b}$ 는 유리수의 나눗셈이므로 유리수가 되는데, 좌변 $\sqrt{2}$ 는 무리수이므로 (무리수)=(유리수)라는 모순이 발생합니다. 따라서 $b=0$이어야 합니다. $b=0$을 $a+b\sqrt{2}=0$에 대입하면 $a=0$입니다.

결론적으로 $a+b\sqrt{2}=0$ (a, b는 유리수)이면 $a=0$, $b=0$입니다.

참고로 복소수의 경우도 마찬가지로 $a+bi=0$ (a, b는 실수)이면 $a=0$, $b=0$입니다.

Q $2i$는 양수, $-3i$는 음수인가요?

A 허수의 큰 특징 중 하나는 실수와 달리 대소 관계가 정의되지 않는다는 것입니다. 이를 다음 두 성질을 이용하여 확인해 보겠습니다.

두 실수 a, b에 대하여 반드시 다음 3가지 중 어느 하나만 성립한다. $a>b$, $a=b$, $a<b$	세 실수 a, b, c에 대하여 ① $a>b$이고 $c>0$이면 $ac>bc$ ② $a>b$이고 $c<0$이면 $ac<bc$

만약 실수와 허수, 허수와 허수 사이에 대소 관계가 정의된다면 허수단위 i에 대하여 $i>0$, $i=0$, $i<0$ 중 어느 하나가 성립해야 합니다.

(i) $i>0$인 경우: 양변에 i를 곱하면 부등식의 성질 ①에 따라

$i\times i>0\times i$, $\therefore -1>0$ (모순)

(ii) $i=0$인 경우: 양변에 i를 곱하면

$i\times i=0\times i$, $\therefore -1=0$ (모순)

(iii) $i<0$인 경우: 양변에 i를 곱하면 부등식의 성질 ②에 따라

$i\times i>0\times i$, $\therefore -1>0$ (모순)

(i), (ii), (iii)에 의하여 $i>0$, $i=0$, $i<0$ 중 어느 하나도 성립하지 않습니다.

따라서 실수와 허수, 허수와 허수 사이에서는 대소를 비교할 수 없습니다.

II 방정식과 부등식

$5i-3i$를 계산하면 2만 남는 것 아닌가요?

아! 그렇구나

수학에서 연산에 관한 법칙을 무조건 암기만 하는 방식으로 공부하면 안 됩니다. 그 법칙이 만들어지는 과정을 설명할 수 있는 능력을 갖추는 것이 진정한 공부입니다. $5i$는 5와 i의 곱셈 $5 \times i$에서 곱셈 기호가 생략된 것입니다. 곱셈은 똑같은 것을 계속 더하는 것이므로 $5i$는 i를 5번 더한 것입니다. i가 5개 있었는데 3개를 빼면 i가 2개 남아 $2i$가 되는 것을 이해할 수 있지요.

30초 정리

- **켤레복소수**

  a, b가 실수일 때, $\overline{a+bi} = a-bi$

- **복소수의 사칙연산**

  a, b, c, d가 실수일 때,

  ① $(a+bi)+(c+di)=(a+c)+(b+d)i$ ② $(a+bi)-(c+di)=(a-c)+(b-d)i$

  ③ $(a+bi)(c+di)=(ac-bd)+(ad+bc)i$ ④ $\dfrac{a+bi}{c+di}=\dfrac{ac+bd}{c^2+d^2}+\dfrac{bc-ad}{c^2+d^2}i$ (단, $c+di \neq 0$)

 **의 발견**

◆ 복소수의 사칙연산 ◆

복소수에서도 사칙연산이 가능합니다. 하지만 그 전에 먼저 켤레복소수에 대해서 알아보겠습니다.

복소수 $a+bi$(a, b는 실수)의 허수부분의 부호를 바꾼 복소수 $a-bi$를 $a+bi$의 **켤레복소수**라 하고, 기호로 $\overline{a+bi}$와 같이 나타냅니다. 즉,

$$\overline{a+bi}=a-bi$$

입니다. 또

$$\overline{a-bi}=a+bi$$

이므로 두 복소수 $a+bi$와 $a-bi$는 서로 켤레복소수입니다.

> **켤레복소수**
> 한 켤레의 신발이나 장갑처럼 서로 짝이 되는 복소수를 켤레복소수라 한다.

복소수의 덧셈과 뺄셈은 허수단위 i를 문자로 생각하여 다항식의 덧셈, 뺄셈과 같은 방법으로 계산합니다. 즉 실수부분은 실수부분끼리, 허수부분은 허수부분끼리 계산하여 (실수부분)+(허수부분)i 꼴로 정리합니다. 그리고 복소수의 곱셈도 다항식의 곱셈과 같이 분배법칙을 이용해서 전개하고 그 과정에서 $i^2=-1$을 이용합니다.

> a, b, c, d가 실수일 때
> ① $(a+bi)+(c+di)=(a+c)+(b+d)i$
> ② $(a+bi)-(c+di)=(a-c)+(b-d)i$
> ③ $(a+bi)(c+di)=ac+adi+bci+bdi^2$
> $\qquad\qquad\qquad=ac+(ad+bc)i-bd$
> $\qquad\qquad\qquad=(ac-bd)+(ad+bc)i$

복소수의 나눗셈은 분모의 켤레복소수를 분모, 분자에 각각 곱하여 분모를 실수로 고쳐서 계산합니다.

> a, b, c, d가 실수이고 $c+di\neq0$일 때
> ④ $\dfrac{a+bi}{c+di}=\dfrac{(a+bi)(c-di)}{(c+di)(c-di)}$
> $\qquad\quad\;=\dfrac{(ac+bd)+(bc-ad)i}{c^2+d^2}$
> $\qquad\quad\;=\dfrac{ac+bd}{c^2+d^2}+\dfrac{bc-ad}{c^2+d^2}i$

◆ 여러 가지 연산의 연결 ◆

수와 문자, 그리고 허수단위를 통틀어 덧셈과 뺄셈을 연결해서 생각해 보는 것이 중요합니다.
$\frac{5}{7} - \frac{3}{7} = \frac{2}{7}$ 가 되는 이유를 학생들에게 물어보면 공식만 외워서 '분모가 같은 분수의 뺄셈은 분자
끼리만 빼면 된다.'고 설명하는 학생이 많습니다.

또 $5x - 3x = 2x$ 가 되는 이유는 분배법칙만으로 설명하여 '$5x - 3x = (5-3)x = 2x$'라고 하지요.

$5\sqrt{2} - 3\sqrt{2} = 2\sqrt{2}$ 가 되는 이유 역시 '$\sqrt{2}$를 문자로 취급하여 분배법칙을 썼다.'고 설명하며, 마찬
가지로 $5i - 3i = 2i$ 가 되는 이유를 'i를 문자로 취급하여 분배법칙을 썼다.'고 하지요.

이와 같은 방식의 설명에는 2가지 문제점이 있습니다.

첫째, 분배법칙이 분수의 계산과 문자의 계산 사이를 연결하지 못합니다.

둘째, 분배법칙이 왜 성립하는지 모르면서 제곱근이나 허수단위를 분배법칙에 연결합니다.

$4(n+1)$, 즉 $4 \times (n+1)$에 분배법칙을 쓰면 그 결과는 $4n+4$가 되는데, 이때 곱셈의 뜻을 이용
해서 설명할 수 있어야 모든 계산이 연결됩니다. $4 \times (n+1)$은 $n+1$을 4번 더한 것이므로

$$4 \times (n+1) = (n+1) + (n+1) + (n+1) + (n+1) = n \times 4 + 4 = 4n + 4$$

위의 4가지 경우도 마찬가지로 설명할 수 있습니다.

한편 복소수의 나눗셈은 제곱근의 나눗셈에서 분모의 유리화를 연결해야 합니다.

$$\frac{6}{3 - \sqrt{7}} = \frac{6(3 + \sqrt{7})}{(3 - \sqrt{7})(3 + \sqrt{7})} = \frac{6(3 + \sqrt{7})}{3^2 - (\sqrt{7})^2} = 3(3 + \sqrt{7})$$

제곱근의 나눗셈에서 분모를 유리화하기 위해 다항식의 곱셈 공식인 $(a+b)(a-b) = a^2 - b^2$을 이
용했습니다. 여기서 $a+b$와 $a-b$는 켤레의 개념과 연결됩니다. 가운데 부호만 다른 두 식을 곱하면
각각 제곱이 되는 공식이 '제곱근의 나눗셈에서 분모를 유리화하는 과정'과 '복소수의 나눗셈에서 분
모를 실수화하는 과정'에 똑같이 사용되는 것이 신기하지 않나요?

중3	공통수학1	공통수학1	공통수학1	공통수학1
무리수	허수단위	복소수의 사칙연산	이차방정식의 실근과 허근	이차방정식의 근과 계수의 관계

무엇이든 물어보세요

어떤 복소수와 그 켤레복소수가 같을 수 있나요?

켤레복소수는 허수부분의 부호가 바뀌는 것이기 때문에 원래 복소수와 달라진다고 볼 수 있지만 허수부분이 없는 경우를 한번 생각해 보겠습니다.

예를 들어 $3=3+0i$이므로 $\overline{3}=\overline{3+0i}=3-0i=3$이 되는군요. 3의 켤레복소수는 여전히 3으로 같습니다.

일반적으로 복소수 $a+bi$(a, b는 실수)의 켤레복소수는 $a-bi$이므로 이 둘이 같다면

$$a+bi=a-bi$$
$$2bi=0$$

여기서 $i\neq0$이므로 $b=0$입니다. $b=0$인 복소수는 실수이므로 실수의 켤레복소수는 자기 자신과 같다는 결론을 내릴 수 있습니다.

참고로 어떤 복소수 $z=a+bi$ (a, b는 실수)와 그 켤레복소수 $\overline{z}=a-bi$에 대하여

$$z+\overline{z}=(a+bi)+(a-bi)=2a \text{ (실수)}, \quad z\overline{z}=(a+bi)\times(a-bi)=a^2+b^2 \text{ (실수)}$$

이므로, 어떤 복소수와 그 켤레복소수의 합과 곱은 항상 실수가 된다는 것도 알 수 있답니다.

$i+i^2+i^3+\cdots+i^{100}$의 값을 어떻게 구하나요?

다음 표를 이용하여 i의 거듭제곱에 관한 규칙을 찾아보겠습니다.

n	1	2	3	4	5	6	7	8	$\cdots$
i^n	i	-1	$-i$	1	i	-1	$-i$	1	$\cdots$

일치

표에서 보면 $i^4=1$이고 i의 거듭제곱은 4를 주기로 일정하게 바뀐다는 것을 발견할 수 있지요. 이를 식으로 표현하면 다음과 같습니다.

$$i=i^5=i^9=\cdots=i^{4n+1}, \quad i^2=i^6=i^{10}=\cdots=i^{4n+2}$$
$$i^3=i^7=i^{11}=\cdots=i^{4n+3}, \quad i^4=i^8=i^{12}=\cdots=i^{4n} \,(n\text{은 정수})$$

이를 이용하면 $i+i^2+i^3+\cdots i^{100}=25(i+i^2+i^3+i^4)$이고

$i+i^2+i^3+i^4=i+(-1)+(-i)+1=0$이므로

$25(i+i^2+i^3+i^4)=0$입니다.

Ⅱ 방정식과 부등식

$a<0$일 때 $(\sqrt{a}\,)^2=-a$가 맞나요?

아! 그렇구나

　중학교 때부터 제곱근과 음수가 섞여 있으면 헷갈려하는 학생이 많습니다. 제곱근의 성질을 충분히 소화하지 못한 탓이지요. 교과서는 제곱근의 성질을 $a>0$일 때에 한해서 딱 2가지만 제시하고 있습니다. 이를 충분히 이해해서 $a<0$일 경우를 처리할 수 있어야 하는데, 이런저런 경우를 잔뜩 나눠서 외우다 보니 암기력에 한계가 나타나는 것입니다. 충분히 이해하지 못한 지식은 장기기억이 되기 어렵습니다.

30초 정리

● **음수의 제곱근**

$a>0$일 때,

① $\sqrt{-a}=\sqrt{a}\,i$

② $-a$의 제곱근: $\sqrt{a}\,i$와 $-\sqrt{a}\,i$

● **제곱근의 성질**

① $\sqrt{a}\,\sqrt{b}=\sqrt{ab}$

　단, $a<0$이고 $b<0$이면 $\sqrt{a}\,\sqrt{b}=-\sqrt{ab}$

② $\dfrac{\sqrt{b}}{\sqrt{a}}=\sqrt{\dfrac{b}{a}}$

　단, $a<0$이고 $b>0$이면 $\dfrac{\sqrt{b}}{\sqrt{a}}=-\sqrt{\dfrac{b}{a}}$

◆ 음수의 제곱근 ◆

중학교까지는 양수에 대한 제곱근만을 구했습니다. 하지만 이제는 복소수를 배웠기 때문에 제곱근을 구하는 범위를 넓혀서 음수에 대한 제곱근을 생각해 볼 수 있습니다.

제곱근이라는 개념은 제곱해서 어떤 수가 되는 수라는 것에서
출발합니다.

> **제곱근**
>
> 어떤 수를 제곱해서 a가 나오면 그 수를 a의 제곱근이라 한다.

두 수 $\sqrt{2}i$와 $-\sqrt{2}i$를 제곱해 보겠습니다.

$$(\sqrt{2}i)^2 = 2i^2 = 2 \times (-1) = -2$$
$$(-\sqrt{2}i)^2 = 2i^2 = 2 \times (-1) = -2$$

두 수 $\sqrt{2}i$와 $-\sqrt{2}i$를 제곱해서 모두 -2가 나왔으므로 두 수 $\sqrt{2}i$와 $-\sqrt{2}i$는 -2의 제곱근입니다.

일반적으로 $a > 0$일 때

$$(\sqrt{a}i)^2 = ai^2 = -a, \quad (-\sqrt{a}i)^2 = ai^2 = -a$$

이므로 $\sqrt{a}i$와 $-\sqrt{a}i$는 음수 $-a$의 제곱근입니다.

한편, $\sqrt{-1} = i$이듯이 $\sqrt{-a} = \sqrt{a}i$로 나타냅니다.

> **-1의 제곱근**
>
> $x^2 = -1$을 만족하는 x의 값은 $x = \pm\sqrt{-1}$이고 $\sqrt{-1} = i$로 나타내기로 했으므로 -1의 제곱근은 $\pm i$이다.

◆ 음수의 제곱근의 성질 ◆

$a > 0$일 때, $-a$의 제곱근, 즉 $x^2 = -a$를 만족하는 x의 값은 $x = \pm\sqrt{-a} = \pm\sqrt{a}i$입니다.
이를 이용하면 다음 계산을 간단히 할 수 있습니다.

$$\sqrt{-8} + \sqrt{-2} = \sqrt{8}i + \sqrt{2}i = 2\sqrt{2}i + \sqrt{2}i = 3\sqrt{2}i$$
$$\sqrt{-16} - \sqrt{-9} = \sqrt{16}i - \sqrt{9}i = 4i - 3i = i$$
$$\sqrt{-2}\sqrt{-18} = \sqrt{2}i\sqrt{18}i = \sqrt{2} \times 3\sqrt{2}i^2 = 6 \times (-1) = -6$$
$$\frac{\sqrt{20}}{\sqrt{-5}} = \frac{2\sqrt{5}}{\sqrt{5}i} = \frac{2}{i} = \frac{2i}{i^2} = -2i$$

한편 $a < 0$일 때는 $\sqrt{-a}$를 $\sqrt{a}i$로 나타낼 수 없습니다. 예를 들어 $a = -2$일 때 $\sqrt{2} = \sqrt{-(-2)} = \sqrt{-a}$이고 $\sqrt{-a} = \sqrt{a}i$라고 하면 $\sqrt{a}i = \sqrt{-2}i = \sqrt{2}i^2 = -\sqrt{2}$이므로 $\sqrt{2} = -\sqrt{2}$가 되어 모순이 생깁니다.

◆ 제곱근의 성질 ◆

양수 a의 제곱근은 $\pm\sqrt{a}$ 입니다. a의 제곱근이라는 것은 제곱해서 a가 되는 모든 수를 뜻하지요. 그리고 이것은 이차방정식 $x^2=a$의 해와 일치합니다. 다르게 생각하면, $(\sqrt{a})^2=a$이고, $(-\sqrt{a})^2=a$ 이므로 제곱해서 a가 되는 수는 $\pm\sqrt{a}$라는 두 수입니다. 이 두 수를 양수 a의 제곱근이라고 합니다.

a가 음수여도 제곱근은 $\pm\sqrt{a}$일까요? 대부분 a가 양수일 때와 음수일 때 제곱근이 다를 것이라고 생각하는데, a가 양수이든 음수이든 a의 제곱근은 항상 $\pm\sqrt{a}$입니다. 이때 a가 음수이면 $\sqrt{a}$는 허수 이므로 $\sqrt{a}$를 a의 양의 제곱근, $-\sqrt{a}$를 a의 음의 제곱근이라고 하지 않습니다. 허수는 대소 관계가 없기 때문에 0보다 크다고도 작다고도 할 수 없답니다.

제곱근의 성질을 되돌아보겠습니다. 중학교에서는 다음 2가지 성질을 다루었습니다.

> $a>0$일 때
> ① $(\sqrt{a})^2=a,\ (-\sqrt{a})^2=a$　　　　② $\sqrt{a^2}=a,\ \sqrt{(-a)^2}=a$

$a<0$일 때 이 2가지 성질은 어떻게 변할까요? 제곱근의 성질을 $a<0$일 경우에서 새로 만들 필요 는 없습니다. 중학교에서 이미 학습한 $a>0$일 경우로 고쳐서 확인하는 것으로 충분합니다.

$a=-2$인 경우로 위의 성질들을 살펴보겠습니다.

① $(\sqrt{a})^2=(\sqrt{-2})^2=(\sqrt{2}i)^2=2i^2=-2=a$이므로 변함이 없습니다.

또 $(-\sqrt{a})^2=(-\sqrt{-2})^2=(-\sqrt{2}i)^2=2i^2=-2=a$이므로 변함이 없습니다.

② $\sqrt{a^2}=\sqrt{(-2)^2}=\sqrt{4}=2=-a$이므로 부호가 바뀌었습니다.

또 $\sqrt{(-a)^2}=\sqrt{\{-(-2)\}^2}=\sqrt{2^2}=\sqrt{4}=2=-a$이므로 부호가 바뀌었습니다.

따라서 $a<0$일 때 성질 ①은 그대로이고 성질 ②에서는 부호가 바뀝니다. 이러한 사실을 공식처 럼 외우는 학생들도 많지만 어떤 과정을 통해 만들어지는지 이해하는 것이 훨씬 중요합니다.

무엇이든 물어보세요

Q $-a$의 제곱근은 $\sqrt{-a}$ 아닌가요?

A 많은 학생들이 헷갈려 하는 질문이지요. 이번 기회에 정확하게 개념을 정리하기 바랍니다.

$-a$의 제곱근은 a가 양수이든 음수이든 상관없이 항상 $\pm\sqrt{-a}$로 2개입니다. 물론 $a=0$일 때는 0 하나뿐입니다. 또 $\pm\sqrt{-a}$는 $\sqrt{-a}$와 $-\sqrt{-a}$로 나눠 쓸 수 있습니다.

정리하면 $-a$의 제곱근은 항상 $\pm\sqrt{-a}$로 2개이고, $\sqrt{-a}$는 그중 하나입니다. 즉, "$\sqrt{-a}$는 $-a$의 제곱근이다."는 맞는 말이지만 $-a$의 제곱근은 $\pm\sqrt{-a}$로 2개이므로 "$-a$의 제곱근은 $\sqrt{-a}$이다."는 틀린 말입니다.

Q $a<0$, $b<0$일 때는 왜 $\sqrt{a}\sqrt{b}=\sqrt{ab}$가 성립하지 않나요?

A 중학교에서 배운 제곱근의 성질은 $a>0$, $b>0$일 때 $\sqrt{a}\sqrt{b}=\sqrt{ab}$가 성립한다는 것이었습니다. 이를 이용해 $a<0$, $b<0$일 때도 성립하는지 알아보겠습니다.

$a<0$, $b<0$이면 $\sqrt{a}=\sqrt{-a}\,i$, $\sqrt{b}=\sqrt{-b}\,i$로 고칠 수 있으므로

$$\sqrt{a}\sqrt{b}=\sqrt{-a}\,i\times\sqrt{-b}\,i=\sqrt{-a}\sqrt{-b}\,i^2$$

이고, 여기서 $-a>0$, $-b>0$이므로, $\sqrt{-a}\sqrt{-b}=\sqrt{(-a)\times(-b)}=\sqrt{ab}$이고, $i^2=-1$이므로

$$\sqrt{a}\sqrt{b}=-\sqrt{ab}$$

가 되는 것을 확인할 수 있습니다.

한 가지 더 생각하면 중학교에서 배운 제곱근의 계산 법칙 중 $\dfrac{\sqrt{b}}{\sqrt{a}}=\sqrt{\dfrac{b}{a}}$는 $a<0$, $b>0$일 때는 성립하지 않는다는 것입니다.

$a<0$이므로 $\sqrt{a}=\sqrt{-a}\,i$로 고칠 수 있고

$$\frac{\sqrt{b}}{\sqrt{a}}=\frac{\sqrt{b}}{\sqrt{-a}\,i}=\sqrt{\frac{b}{-a}}\,\frac{i}{i^2}=-\sqrt{\frac{b}{-a}}\,i=-\sqrt{\frac{b}{a}}$$

가 됩니다. 이를 정리하면

> **제곱근의 성질**
>
> ① $\sqrt{a}\sqrt{b}=\sqrt{ab}$ 단, $a<0$이고 $b<0$이면 $\sqrt{a}\sqrt{b}=-\sqrt{ab}$
>
> ② $\dfrac{\sqrt{b}}{\sqrt{a}}=\sqrt{\dfrac{b}{a}}$ 단, $a<0$이고 $b>0$이면 $\dfrac{\sqrt{b}}{\sqrt{a}}=-\sqrt{\dfrac{b}{a}}$

근을 구하지 않고
실근인지 허근인지 어떻게 아나요?

아! 그렇구나

　이차방정식에는 근을 구하는 근의 공식이라는 것이 있지만 다소 복잡하게 느껴지고 외우는 것 자체가 힘들기도 하지요. 대신 이차방정식에는 판별식이라는 개념과 근과 계수의 관계라는 개념이 있어서 필요할 때 적절히 사용하면 근의 공식을 이용하여 직접 근을 구하지 않고도 판단할 수 있는 정보가 있답니다. 지금 상황은 근을 구하는 것이 아니고 근이 실수인지 허수인지 판단하는 것이지요. 이럴 때 판별식을 사용하면 편리합니다.

30초 정리

● **이차방정식의 근의 공식**

　이차방정식 $ax^2+bx+c=0$의
　근은 다음과 같다.

$$x=\frac{-b\pm\sqrt{b^2-4ac}}{2a}$$

● **이차방정식의 판별식**

　계수가 실수인 이차방정식 $ax^2+bx+c=0$에서
　판별식 $D=b^2-4ac$라 할 때,

　① $D>0$이면 서로 다른 두 실근을 갖는다.
　② $D=0$이면 서로 같은 두 실근(중근)을 갖는다.
　③ $D<0$이면 서로 다른 두 허근을 갖는다.

◆ **이차방정식의 판별식 D** ◆

이차방정식 $ax^2+bx+c=0$은 중학교 때부터 나오기 시작했고, 근의 공식도 이미 다루었습니다. 그런데 중학교에서 다룬 근의 공식에는 이상한 단서가 붙어 있습니다.

중학교 근의 공식	고등학교 근의 공식
$x=\dfrac{-b\pm\sqrt{b^2-4ac}}{2a}$ (단, $b^2-4ac\geq0$)	$x=\dfrac{-b\pm\sqrt{b^2-4ac}}{2a}$

당시 이 부분을 민감하게 생각했다면 고등학교에 와서 그 단서가 사라졌다는 것을 눈치챘을 것입니다. 수의 범위를 복소수까지 확장하면 근호 안에 음수가 들어갈 수 있기 때문에 단서가 사라진 것입니다. 근호 안의 식 b^2-4ac의 값의 부호에 따라 이차방정식 $ax^2+bx+c=0$의 근은 다음과 같이 달라집니다.

$$b^2-4ac\geq0 \quad\rightarrow\quad \boxed{\sqrt{b^2-4ac}\text{는 실수}} \quad\rightarrow\quad \text{근은 실수}$$

$$b^2-4ac<0 \quad\rightarrow\quad \boxed{\sqrt{b^2-4ac}\text{는 허수}} \quad\rightarrow\quad \text{근은 허수}$$

이때 실수인 근을 **실근**, 허수인 근을 **허근**이라고 합니다. 이차방정식의 판별식이라는 것은 바로 이 부분에서 만들어진 개념입니다. 이차방정식 $ax^2+bx+c=0$의 근을 직접 구하지 않아도 근호 안의 값이 0이나 양수, 음수인지에 따라 실근인지 허근인지 판단할 수 있습니다.

즉, 계수가 실수인 이차방정식 $ax^2+bx+c=0$의 근

$$x=\dfrac{-b\pm\sqrt{b^2-4ac}}{2a}$$는 근호 안의 식 b^2-4ac의 값의 부호에 따라

다음과 같이 실근인지 허근인지 결정됩니다.

> **실근과 허근, 중근**
> 실근과 허근은 각각 '실수인 근', '허수인 근'을 간단히 쓴 것이다. 중근(重根)은 똑같은 근이 중복 되었다는 뜻이다.

① $b^2-4ac>0$이면 서로 다른 두 실근	② $b^2-4ac=0$이면 서로 같은 두 실근(중근)	③ $b^2-4ac<0$이면 서로 다른 두 허근

이때 b^2-4ac를 이차방정식 $ax^2+bx+c=0$의 **판별식**이라 하고, 기호 D로 나타냅니다. 즉,

$$D=b^2-4ac$$

입니다.

> **판별식 D**
> D는 판별식을 뜻하는 *Discriminant*의 첫 글자이다.

◆ 이차방정식의 근의 공식의 확장 ◆

중학교에서는 이차방정식 $ax^2+bx+c=0$의 근의 공식이 다음과 같이 주어졌습니다.

$$x=\frac{-b\pm\sqrt{b^2-4ac}}{2a} \qquad \text{단, } b^2-4ac\geq0$$

$b^2-4ac\geq0$이라는 단서는 왜 붙었을까요? 반대로 생각해서 $b^2-4ac<0$이면 어떻게 될까요?

중학교에서는 근호 안에 음수가 들어가는 경우는 생각하지 않았습니다. $\sqrt{x}$ 는 이미 $x\geq0$임을 전제한 표현이었지요. 왜냐하면 중학교 때까지 알고 있는 수의 최대 범위는 실수였기 때문입니다.

그러나 고등학교에 와서 허수를 배우고 수의 범위가 복소수로 넓어짐에 따라 근호 안에 음수가 들어가는 것을 허용할 수 있게 되었고, 이차방정식의 근의 공식에도 제한이 사라져 허근을 다룰 수 있게 되었습니다.

이차방정식을 푸는 기본적인 방식은 중학교 때와 다를 것이 없습니다. 기본적으로 이차방정식의 근을 구할 때 가장 먼저 해야 하는 일은 이차식이 인수분해가 되는지 판단하는 것입니다.

예를 들어 이차방정식 $x^2+x-6=0$은 $x^2+x-6=(x+3)(x-2)$로 인수분해가 되므로 바로 $x=-3$ 또는 $x=2$라는 근을 구할 수 있습니다.

그런데 이차식 x^2+x-5는 인수분해가 되지 않기 때문에 이차방정식 $x^2+x-5=0$의 근을 구하려면 근의 공식을 사용할 수밖에 없습니다.

$$x=\frac{-1\pm\sqrt{1^2-4\times1\times(-5)}}{2\times1}=\frac{-1\pm\sqrt{21}}{2}$$

고등학교에서 다루는 이차방정식도 똑같습니다. 다만 근의 공식을 사용할 때 근호 안의 값이 음수일 수 있다는 것 정도의 차이가 있습니다.

중3	공통수학1	공통수학1	공통수학1	공통수학1
이차방정식의 근의 공식	복소수	이차방정식의 실근과 허근	이차방정식의 근과 계수의 관계	삼차방정식과 사차방정식

이차방정식 $ax^2+bx+c=0$에서 계수 a, b, c가 실수라는 단서가 꼭 필요한가요?

보통 이차방정식 $ax^2+bx+c=0$이라 할 때 계수 a, b, c는 허수여도 됩니다. 그런데 판별식을 사용할 때에 한해서는 계수가 실수라는 제한이 필요합니다.

$x=\dfrac{-b\pm\sqrt{b^2-4ac}}{2a}$에서 근호 안에 있는 식이 판별식입니다. 판별식을 가지고 어떻게 실근/허근을 판단 할 수 있을까요? 근의 공식을 조금 정리해 보겠습니다.

$x=\dfrac{-b\pm\sqrt{b^2-4ac}}{2a}=\dfrac{-b}{2a}\pm\dfrac{\sqrt{b^2-4ac}}{2a}$ 이고, 이때 이차방정식의 계수 a, b, c가 실수이면 $\dfrac{-b}{2a}$는 항상 실수입니다. 하지만 $\pm\dfrac{\sqrt{b^2-4ac}}{2a}$는 근호 안의 b^2-4ac의 부호에 따라 실수인지 허수인지 결정됩니다. 따라서 판별식을 가지고 실근인지 허근인지 판단할 수 있는 것입니다. 하지만 이차방정식의 계수 a, b, c가 복소수이면 $\dfrac{-b}{2a}$도 허수가 될 수 있기 때문에 $\pm\dfrac{\sqrt{b^2-4ac}}{2a}$가 실수인지 허수인지만 가지고는 근이 실근인지 허근인지 알 수 없습니다. 따라서 이차방정식의 계수가 복소수 범위라면 판별식을 통해 근의 종류를 조사하기가 어렵습니다.

추가로 이차방정식의 근의 공식이나 근과 계수의 관계에서는 계수가 실수라는 조건이 필요 없습니다. 그리고 판별식으로 실근, 허근이 아닌 중근만을 판단할 때도 계수가 실수라는 조건이 필요 없답니다.

x에 대한 이차방정식 $x^2-2(k+a)x+k^2+a^2+b-1=0$이 실수 k의 값에 관계없이 중근을 가질 때, 실수 a, b의 값을 어떻게 구하나요?

문제를 풀다 보면 '실수 k의 값에 관계없이'라는 조건을 자주 접하지요. 이것은 항등식의 정의에서 나온 개념입니다. 주어진 식의 문자에 어떤 값을 대입해도 항상 성립하는 등식을 그 문자에 대한 항등식이라고 했으므로 '실수 k의 값에 관계없이 중근을 가진다.'는 말은 '등식 $D=0$은 실수 k에 관한 항등식이다.'로 해석할 수 있습니다.

$D=4(k+a)^2-4(k^2+a^2+b-1)=8ak-4(b-1)=0$이 k에 관한 항등식이므로 항등식의 성질에 따라 $a=0$, $b=1$을 구할 수 있습니다. 이제 이차방정식은 $x^2-2kx+k^2=0$이 되고, 좌변을 인수분해하면 $(x-k)^2=0$이므로 주어진 이차방정식은 k의 값에 관계없이 항상 $x=k$라는 중근을 갖게 됩니다.

근을 구하지 않고 어떻게 두 근의 합이나 곱을 구하나요?

아! 그렇구나

구하려는 것은 두 근이 아니라 두 근의 합이지요. 근의 공식을 이용해서 두 근을 구하면 그 합이나 차, 또는 곱이나 몫이 얼마인지 알 수 있습니다. 그러나 합과 곱은 두 근을 구하지 않고도 알 수 있답니다. 이차방정식의 근과 계수의 관계를 이용하면 이차방정식의 계수만 이용해서 두 근의 합과 곱을 구할 수 있습니다. 근과 계수의 관계는 삼차 이상의 방정식에서도 생각할 수 있지만 교과서에서는 이차방정식에 대해서만 사용하고 있습니다.

30초 정리

● **이차방정식의 근과 계수의 관계**

이차방정식 $ax^2 + bx + c = 0$의 두 근을 α, β라 하면

$$\alpha + \beta = -\frac{b}{a}, \quad \alpha\beta = \frac{c}{a}$$

◆ 이차방정식의 근과 계수의 관계 ◆

이차방정식 $ax^2+bx+c=0$의 두 근은 근의 공식으로 구할 수 있습니다.

$$x=\frac{-b\pm\sqrt{b^2-4ac}}{2a}$$

두 근을 α, β라 하면 근의 공식으로 구한 두 근을 하나씩 놓을 수 있습니다.

$$\alpha=\frac{-b+\sqrt{b^2-4ac}}{2a},\ \beta=\frac{-b-\sqrt{b^2-4ac}}{2a}$$

이제 두 근의 합과 곱을 구해 보겠습니다.

$$\alpha+\beta=\frac{-b+\sqrt{b^2-4ac}}{2a}+\frac{-b-\sqrt{b^2-4ac}}{2a}=\frac{-2b}{2a}=-\frac{b}{a}$$

$$\alpha\beta=\frac{-b+\sqrt{b^2-4ac}}{2a}\times\frac{-b-\sqrt{b^2-4ac}}{2a}=\frac{(-b)^2-(\sqrt{b^2-4ac})^2}{(2a)^2}=\frac{b^2-(b^2-4ac)}{4a^2}=\frac{c}{a}$$

이차방정식의 근은 복잡하게 표현되지만 두 근의 합과 곱은 이와 같이 이차방정식의 계수를 이용해서 아주 간단하게 나타낼 수 있습니다.

> **이차방정식의 근과 계수의 관계**
>
> 이차방정식 $ax^2+bx+c=0$의 두 근을 α, β라 하면
> $$\alpha+\beta=-\frac{b}{a},\quad \alpha\beta=\frac{c}{a}$$

이차방정식의 근과 계수의 관계를 이용하면 이차방정식의 근을 직접 구하지 않고도 두 근의 합과 곱을 바로 구할 수 있다는 장점이 있습니다.

◆ 두 근의 합과 곱을 이용한 실근/허근의 판별 ◆

두 근의 합과 곱을 알면 두 근이 실근인지 허근인지 판단할 수 있을까요?

예를 들어 두 근의 합이 5, 두 근의 곱이 6인 이차방정식은 어떤 근을 가질까요? 합이 5, 곱이 6인 두 수는 몇 가지 예시를 생각해 보면 2와 3임을 알 수 있습니다. 이런 경우는 두 근이 모두 실수임을 알아차릴 수 있습니다.

이번에는 두 근의 합이 5, 두 근이 곱이 7인 경우를 생각해 보겠습니다. 아무리 머리를 써 봐도 합이 5, 곱이 7인 두 수를 찾기가 어렵습니다. 이런 경우 이차방정식 $x^2-5x+7=0$을 만들어 판별식을 사용해야 할 것입니다. $D=(-5)^2-4\times1\times7=-3<0$이므로 합이 5, 곱이 7인 두 수는 모두 허수라는 것을 알 수 있습니다. 즉, 두 근의 합과 곱을 안다고 해서 두 근이 실근인지 허근인지 항상 판단할 수 있는 것은 아니지만 두 근의 합과 곱을 통해 이차방정식을 작성하면 판별식의 값을 계산하여 실근/허근을 판단할 수 있습니다.

◆ 제곱근의 계산 법칙 ◆

이차방정식 $ax^2+bx+c=0$의 두 근을 다음과 같이 α, β라 두고 그 곱을 구하는 과정을 다시 살펴보겠습니다.

$$\alpha = \frac{-b+\sqrt{b^2-4ac}}{2a} \ , \ \beta = \frac{-b-\sqrt{b^2-4ac}}{2a}$$

$$\therefore \ \alpha\beta = \frac{(-b)^2-(\sqrt{b^2-4ac})^2}{(2a)^2} = \frac{b^2-(b^2-4ac)}{4a^2} = \frac{c}{a}$$

이 계산 과정의 $(\sqrt{b^2-4ac})^2=b^2-4ac$라는 결과는 어떤 법칙을 이용해서 나온 것일까요?

중학교에서 다룬 제곱근의 계산 법칙 중 '$a>0$일 때, $(\sqrt{a})^2=a$'가 있습니다. 즉, 근호 전체를 제곱했을 때 근호 안의 수가 나오는 과정인데, 이때 필요한 조건은 근호 안의 수가 양수여야 한다는 것입니다. 이 법칙을 지금의 계산 $(\sqrt{b^2-4ac})^2=b^2-4ac$에 적용하려면 근호 안에 들어 있는 b^2-4ac가 양수인지 확인하는 부분이 필요할 텐데, 이 계산 과정에 그에 대한 설명은 없습니다. 논리적인 연결이 끊어진 것이지요.

혹시 $b^2-4ac\geq0$이라는 조건이 떠오르나요? 이는 아직 허수의 존재를 모르는 중학교에서 근의 공식을 다룰 때의 전제 조건이었습니다. 그런데 고등학교에 와서 복소수까지 수의 범위가 확장된 상황에서는 이런 조건이 사라졌고 $b^2-4ac<0$일 때도 허용되고 있습니다. 그렇다면 지금 확인할 것은 $b^2-4ac<0$일 때도 $(\sqrt{b^2-4ac})^2=b^2-4ac$인가 하는 부분입니다.

$a<0$일 경우, $(\sqrt{a})^2$의 계산은 근호 안의 수를 양수로 바꾸어 위의 법칙을 적용하는 방법을 생각할 수 있습니다. $\sqrt{a}=\sqrt{-a}\,i$로 고치면 $-a>0$이므로

$$(\sqrt{a})^2=(\sqrt{-a}\,i)^2=(\sqrt{-a})^2i^2=(-a)\times(-1)=a$$

따라서 $a<0$일 경우에도 $(\sqrt{a})^2=a$가 된다는 것을 확인할 수 있습니다. 이제 고등학생은 위의 법칙에서 $a>0$이라는 조건을 확장해 a가 실수 전체일 때도 $(\sqrt{a})^2=a$가 성립한다는 것을 알아 두는 것이 필요합니다.

꼬리에 꼬리를 무는 개념

중3	공통수학1	공통수학1	공통수학1	공통수학1
이차방정식의 근의 공식	이차방정식의 실근과 허근	이차방정식의 근과 계수의 관계	이차방정식의 인수분해	삼차방정식과 사차방정식

Q 이차방정식의 근과 계수의 관계는 이차방정식의 계수가 복소수일 때도 성립하나요?

A 이차방정식의 판별식은 계수가 실수일 때로 그 적용이 제한된다는 것을 떠올리면 근과 계수의 관계에서도 계수가 실수인 조건이 필요한지 궁금할 것입니다. 결론적으로 말하면 이차방정식의 근과 계수의 관계는 계수가 복소수일 때도 성립합니다.

예를 들어, 두 근이 $2i$, $3i$인 이차방정식 $(x-2i)(x-3i)=0$의 좌변을 전개하면 $x^2-5ix-6=0$입니다. 계수에 실수가 아닌 복소수가 포함되어 있습니다. 이때 두 근 $2i$, $3i$의 합은 $5i$, 곱은 -6이고, 이는 이차방정식 $x^2-5ix-6=0$에서 근과 계수의 관계를 이용하여 구한 $\alpha+\beta=5i$, $\alpha\beta=-6$과 일치함을 확인할 수 있습니다.

Q 이차방정식 $x^2+ax+b=0$ (단, a, b는 실수)의 근을 구할 때 다음 2가지 상황에 따른 이 이차방정식의 실제 근을 어떻게 구하나요?

A
> ① 두 근이 $-1\pm i$이 나왔는데 알고 보니 일차항의 계수 a를 잘못 보았다.
> ② 두 근이 $1\pm\sqrt{3}$ 이 나왔는데 알고 보니 상수항 b를 잘못 보았다.

①의 상황은 일차항의 계수를 잘못 본 것이니 이때 상수항은 맞습니다. 상수항은 두 근의 곱과 관계가 있으므로 두 근의 곱을 구하면 $(-1+i)(-1-i)=1-i^2=2$이고, 이차방정식의 근과 계수의 관계에 따라서 $x^2+ax+b=0$의 두 근의 곱이 b이므로 $b=2$입니다.

②의 상황은 상수항을 잘못 본 것이니 이때 일차항의 계수는 맞습니다. 일차항의 계수는 두 근의 합과 관계가 있으므로 두 근의 합을 구하면 $(1+\sqrt{3})+(1-\sqrt{3})=2$이고, 이차방정식의 근과 계수의 관계에 따라서 $x^2+ax+b=0$의 두 근의 합은 $-a$이므로 $a=-2$입니다.

따라서 이차방정식은 $x^2-2x+2=0$이고 근을 구하면

$$x=\frac{-(-2)\pm\sqrt{(-2)^2-4\times1\times2}}{2\times1}=1\pm i$$

입니다.

모든 이차식을
인수분해할 수 있나요?

아! 그렇구나

　모든 이차식은 인수분해할 수 있습니다. 그 이유는 수의 범위가 복소수로 확장되었기 때문이지요. 그렇다고 이제 근의 공식이 필요 없는 것은 절대 아닙니다. 복소수의 범위에서 인수분해를 하더라도 이차방정식의 근의 공식은 필요합니다. 근의 공식이 없다면 허근을 갖는 경우 인수분해를 할 수 없답니다. "x는 $2a$분의 ……" 이렇게 외운 근의 공식은 복잡하기는 하지만 쓸모가 엄청 많지요.

30초 정리

- **두 수를 근으로 하는 이차방정식**

　두 수 α, β를 근으로 하고 x^2의 계수가 1인 이차방정식은

$$x^2 - (a+b)x + ab = 0$$

- **이차식의 인수분해**

　이차방정식 $ax^2 + bx + c = 0$의 두 근을 α, β라 하면

$$ax^2 + bx + c = a(x-\alpha)(x-\beta)$$

◆ 복소수 범위에서 인수분해하기 ◆

이차방정식의 근을 알면 이차방정식을 구할 수 있을까요?

이차방정식의 근이 구해지는 과정을 역으로 추적해 보겠습니다. 이차방정식을 인수분해하면 일차식 2개의 곱이 나오고 각 일차식에서 근이 하나씩 나오지요. 그러니까 이차방정식의 두 근을 α, β라 하면 이차방정식이 $(x-\alpha)(x-\beta)=0$으로 인수분해될 것으로 추측할 수 있습니다. 여기에 이차항의 계수가 a라면 $a(x-\alpha)(x-\beta)=0$으로 인수분해되겠지요. 그러면 두 수 α, β를 근으로 갖는 이차방정식은

$$a(x-\alpha)(x-\beta)=0$$

이라 할 수 있습니다. 즉, 이차방정식의 두 근을 안다면 항상 이차식을 인수분해할 수 있습니다.

그리고 복소수의 범위에서는 이차방정식 $ax^2+bx+c=0$의 근의 범위가 허근까지 확장되며 이를 통해 이차방정식의 근을 근의 공식 $x=\dfrac{-b\pm\sqrt{b^2-4ac}}{2a}$를 이용해 항상 구할 수 있습니다.

따라서 모든 이차식은 근의 공식을 이용해 복소수의 범위에서 항상 두 일차식의 곱으로 인수분해됨을 알 수 있습니다.

> **이차식의 인수분해** 이차방정식 $ax^2+bx+c=0$의 두 근을 α, β라 하면
> $$ax^2+bx+c=a(x-\alpha)(x-\beta)$$

◆ 실계수 방정식의 허근의 켤레성 ◆

계수가 실수인 이차방정식 $ax^2+bx+c=0$의 두 근 중 한 근이 허근이라면 반드시 나머지 한 근은 다른 한 근의 켤레복소수여야 합니다. 이를 확인해 보겠습니다.

이차방정식 $ax^2+bx+c=0$의 두 근을 α, β라 하고 이를 근의 공식을 통해 구하면

$x=\dfrac{-b\pm\sqrt{b^2-4ac}}{2a}$에서 $\alpha=\dfrac{-b}{2a}+\dfrac{\sqrt{b^2-4ac}}{2a}$, $\beta=\dfrac{-b}{2a}-\dfrac{\sqrt{b^2-4ac}}{2a}$이고 이 둘은 근호가 있는 부분의 부호만 다른 것을 확인할 수 있습니다. 이때 a, b, c가 모두 실수이므로 이차방정식이 허근을 가지면 근호 안의 식 b^2-4ac가 음수이고 $\dfrac{-b}{2a}$는 실수, $\dfrac{\sqrt{b^2-4ac}}{2a}$는 허수입니다. 즉, 이차방정식의 두 근 α, β는 허수부분의 부호가 반대인 켤레복소수입니다. 따라서 계수가 실수인 이차방정식 $ax^2+bx+c=0$이 허근을 갖는 경우 나머지 한 근은 반드시 다른 한 근의 켤레복소수여야 합니다.

◆ 인수정리와 이차방정식의 관계 ◆

인수정리와 이차방정식의 근은 무슨 관계가 있을까요? 인수정리로 되돌아가 보겠습니다.

다항식 $P(x)$에 대하여 $P(a)=0$이면 다항식 $P(x)$는 일차식 $x-a$로 나누어떨어집니다. $x-a$는 다항식 $P(x)$의 인수가 되지요. 즉, $P(a)=0$이면 $P(x)=(x-a)Q(x)$와 같이 다항식 $P(x)$를 인수분해할 수 있다는 것이 인수정리였습니다.

이차식 $P(x)=ax^2+bx+c=0$에 대해 이차방정식 $P(x)=0$의 두 근을 α, β라 하면 근의 의미에서
$$P(\alpha)=0,\ P(\beta)=0$$
입니다. $P(\alpha)=0$이면 인수정리에 따라서 $P(x)=(x-\alpha)Q_1(x)$와 같이 이차식이 인수분해되고, $P(\beta)=0$이면 $P(x)=(x-\beta)Q_2(x)$와 같이 이차식이 인수분해되겠지요. 그러면 $P(x)$는 $x-\alpha$와 $x-\beta$를 인수로 갖게 되는데 $P(x)$는 이차식이므로 또 다른 인수를 가질 수 없습니다. 그래서 $P(x)=a(x-\alpha)(x-\beta)$로 인수분해될 수밖에 없지요.

정리하면, 두 수 α, β를 근으로 갖고 이차항의 계수가 1인 이차방정식은
$$(x-\alpha)(x-\beta)=0$$
이라 할 수 있고, 좌변을 전개하여 정리하면
$$x^2-(\alpha+\beta)x+\alpha\beta=0$$
이 됩니다.

인수정리는 이차방정식보다는 삼차방정식이나 사차방정식의 근을 구할 때 보다 유용하게 사용됩니다. 삼차방정식이나 사차방정식의 경우 근의 공식이 아닌 인수분해로만 근을 구할 수 있기 때문에 이미 알고 있는 인수분해 공식의 적용이 어렵다면 인수정리를 이용하여 인수를 찾고 조립제법을 통해 인수분해하는 방법으로 근을 구합니다.

 꼬리에 꼬리를 무는 개념

중3	공통수학1	공통수학1	공통수학1	미적분 Ⅰ
이차방정식의 근의 공식	이차방정식의 근과 계수의 관계	이차방정식의 인수분해	이차방정식과 이차함수의 관계	도함수의 방정식 활용

Q 방정식 $2x^2+9xy+10y^2-13x-30y+20=0$이 두 직선을 나타낸다고 하는데,
어떻게 이차식이 두 직선을 나타낼 수 있나요?

A 직선의 방정식은 일차식이지요. 그런데 주어진 방정식이 두 직선을 나타낸다고 하는 것을 보니
이차식이 두 일차식의 곱으로 인수분해된다고 추측할 수 있을 것 같습니다. 또한 두 문자로 되어
있으니 어느 한 문자로 정리하면 인수분해할 수 있는 길이 보일 것입니다.

$$2x^2+(9y-13)x+10(y^2-3y-2)=0$$
$$2x^2+(9y-13)x+10(y-1)(y-2)=0$$
$$(2x+5y-5)(x+2y-4)=0$$
$$\therefore\ 2x+5y-5=0 \ \text{또는} \ x+2y-4=0$$

인수분해를 하니 이와 같이 두 직선의 방정식으로 변했네요. 이처럼 인수분해를 이용하면 식이
가지고 있는 숨겨진 의미를 파악할 수 있답니다. 더불어 앞으로 이차방정식이 두 직선이 아니라 원
이나 타원, 포물선 등으로 나타나는 경우도 접하게 된답니다.

Q x, y에 관한 이차식 $2x^2+xy-y^2-x+2y+k$가 x, y에 관한 두 일차식의 곱으로
인수분해되는 k의 값을 어떻게 구하나요?

A 인수분해를 하기 위해 이차식을 x에 관해 정리하고 우변을 0으로 놓아 근을 구합니다.

$$2x^2+(y-1)x-(y^2-2y-k)=0$$
$$\therefore\ x=\frac{-(y-1)\pm\sqrt{(y-1)^2+4\times2\times(y^2-2y-k)}}{2\times2}\ \ \cdots\cdots\ \bigcirc$$

만약 x의 값이 각각 α, β라면 주어진 이차식은 $2(x-\alpha)(x-\beta)$와 같이 인수분해될 것이고, 주
어진 조건에 따라 인수는 각각 x, y에 관한 일차식이어야 하므로 α, β가 일차식이어야 합니다. 그
러므로 $\bigcirc$의 근호 안의 이차식이 일차식으로 바뀌어야 합니다. 근호 안의 이차식이 일차식으로 바
뀌려면 근호 안의 식이 완전제곱식이어야 합니다. 근호 안의 식을 정리하면 $9y^2-18y+1-8k$이고,
이 식이 완전제곱식이 되려면

$$9y^2-18y+1-8k=(3y-3)^2$$

이 되어야 하므로 이때 $1-8k=9$에서 $k=-1$임을 알 수 있습니다.

더불어 $\bigcirc$에 $k=-1$을 대입하면 $x=\dfrac{-(y-1)\pm(3y-3)}{4}$에서 $x=\dfrac{y-1}{2}$ 또는 $x=-y+1$이므
로 주어진 이차식은 다음과 같이 두 일차식의 곱으로 인수분해됩니다.

$$(2x-y+1)(x+y-1)$$

$D>0$이면 그래프가 x축 위에 있는 것 아닌가요?

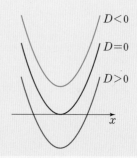

아! 그렇구나

판별식의 부호는 이차함수의 그래프의 위치를 좌우하지요. 그런데 부호와 위치를 헷갈려하는 학생이 많습니다. 아래로 볼록인 이차함수의 그래프는 $D>0$인 경우에 x축 아래로 내려가고, $D<0$인 경우에 x축 위로 올라가기 때문에 부호와 위치가 엇박자로 느껴지거든요. 판별식은 위와 아래를 말하는 것이 아니라 실근과 허근을 판단하는 것인데 그것을 이차함수와 바로 직관적으로 연결하는 데서 발생하는 오개념이랍니다.

30초 정리

- **이차방정식과 이차함수의 관계**

이차방정식 $ax^2+bx+c=0$의 판별식 D의 값의 부호에 따라 이차함수 $y=ax^2+bx+c$의 그래프와 x축의 위치 관계는 다음과 같다.

① $D>0$이면 서로 다른 두 점에서 만난다.

② $D=0$이면 한 점에서 만난다.(접한다.)

③ $D<0$이면 만나지 않는다.

◆ 이차방정식과 이차함수 그래프의 관계 ◆

이차함수 $y=ax^2+bx+c$의 그래프가 x축과 만나는 점(교점)의 y좌표는 0이므로 교점의 x좌표는 이차함수에 $y=0$을 대입하여 나오는 이차방정식 $ax^2+bx+c=0$의 실근과 같습니다.

따라서 이차함수 $y=ax^2+bx+c$의 그래프와 x축의 교점의 개수는 이차방정식 $ax^2+bx+c=0$의 실근의 개수와 같습니다.

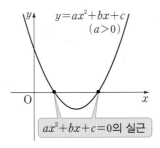

그런데 이차방정식 $ax^2+bx+c=0$의 실근의 개수는 이 이차방정식의 판별식 $D=b^2-4ac$의 값의 부호에 따라 결정되므로 이차방정식 $ax^2+bx+c=0$과 이차함수 $y=ax^2+bx+c$의 그래프 사이에는 다음과 같은 관계가 성립합니다.

	$D>0$	$D=0$	$D<0$
$ax^2+bx+c=0$의 해	서로 다른 두 실근	중근	서로 다른 두 허근
$y=ax^2+bx+c$의 그래프와 x축의 위치 관계	서로 다른 두 점에서 만난다.	한 점에서 만난다. (접한다.)	만나지 않는다.
$a>0$일 때 $y=ax^2+bx+c$의 그래프			
$a<0$일 때 $y=ax^2+bx+c$의 그래프			

◆ 함수의 그래프와 x축, y축의 교점 ◆

함수의 그래프가 축과 만나는 점은 절편의 개념에서 다뤘습니다. x절편은 함수의 그래프가 x축과 만나는 점의 x좌표, y절편은 함수의 그래프가 y축과 만나는 점의 y좌표를 뜻합니다.

예를 들어 일차함수 $y=-\dfrac{1}{5}x+2$의 그래프에서 x절편, 즉 x축과 만나는 점의 x좌표는 $y=0$을 대입하고 일차방정식 $0=-\dfrac{1}{5}x+2$를 풀어서 $x=10$을 구할 수 있습니다. 반대로 y절편은 $x=0$을 대입해서 $y=2$를 구할 수 있지요. 따라서 일차함수 $y=-\dfrac{1}{5}x+2$의 그래프는 오른쪽 그림과 같이 그려집니다.

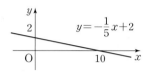

이차함수의 그래프가 x축과 만나는 점은 일차함수와 마찬가지로 식에 $y=0$을 대입해서 구할 수 있습니다. 예를 들어 이차함수 $y=-(x-1)(x-3)$에 $y=0$을 대입하면 $0=-(x-1)(x-3)$이라는 x에 관한 이차방정식이 나옵니다. 이 이차방정식의 근 $x=1$ 또는 $x=3$이 이차함수의 그래프가 x축과 만나는 점의 x좌표, 즉 x절편이 되고 그래프는 오른쪽 그림과 같습니다.

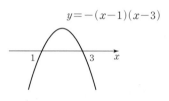

인수분해가 되지 않는 이차방정식 $x^2-x+7=0$은 판별식을 통해서 그래프가 x축과 만나는 점의 개수를 알 수 있습니다. $D=(-1)^2-4\times1\times7=-27<0$이므로 이차함수 $y=x^2-x+7$의 그래프는 x축과 만나지 않습니다. 또 이차방정식 $2x^2+5x-4=0$의 판별식은 $D=5^2-4\times2\times(-4)=57>0$이므로 이차함수 $y=2x^2+5x-4$의 그래프는 x축과 두 점에서 만난다는 것을 알 수 있습니다.

즉, 판별식 D의 부호는 이차함수의 그래프의 위, 아래를 결정하는 것이 아니라 x축과의 교점의 개수를 결정하는 것입니다.

중3	공통수학1	공통수학1	공통수학1	미적분 Ⅰ
이차방정식의 근의 공식	이차방정식의 인수분해	이차방정식과 이차함수의 관계	이차함수의 그래프와 직선의 위치 관계	도함수의 방정식 활용

이차함수 $y=x^2+ax-a-2$의 그래프가 a의 값에 관계없이
항상 지나는 점이 있다고 하는데, 이 점의 좌표를 어떻게 알 수 있나요?

'a의 값에 관계없이 항상 지난다.'는 말을 다르게 표현하면 'a가 어떤 값을 갖더라도 항상 지난다.'고 할 수 있습니다. 즉, 이 식은 a에 관한 항등식이고, 그럼 이제 항등식의 성질을 사용할 수 있습니다.

등식 $ax+b=0$이 x에 관한 항등식이면 $a=0$, $b=0$이 된다는 항등식의 성질이 있습니다. 이차함수의 식 $y=x^2+ax-a-2$가 a에 관한 항등식이므로 이 식을 a에 관해서 정리해 보겠습니다.

$$(x-1)a+(x^2-y-2)=0$$
$$\therefore\ x-1=0,\quad x^2-y-2=0$$

$x-1=0$에서 $x=1$이고 $x=1$을 $x^2-y-2=0$에 대입하면 $1-y-2=0$에서 $y=-1$이므로 이차함수 $y=x^2+ax-a-2$의 그래프는 a의 값에 관계없이 항상 점 $(1,\ -1)$을 지납니다.

이차함수 $y=ax^2+bx+c$에서 a와 c의 부호가 반대이면 이 그래프가
반드시 x축과 두 점에서 만난다고 하는데, 어떻게 확인할 수 있나요?

이차함수의 그래프와 x축의 교점의 개수는 이차방정식의 실근의 개수를 이용하여 구합니다.
이차방정식 $ax^2+bx+c=0$의 판별식을 D라 하면
$$D=b^2-4ac$$
이고, 여기서 a와 c의 부호가 반대이면 $ac<0$이고 $-4ac>0$입니다. 그리고 b는 실수이므로 항상 $b^2\geq0$입니다.
$$\therefore\ D=b^2-4ac>0$$

즉, 이차방정식 $ax^2+bx+c=0$이 서로 다른 두 실근을 가지므로 이차함수 $y=ax^2+bx+c$의 그래프가 반드시 x축과 두 점에서 만나게 됩니다.

판별식으로 이차함수의 그래프와 직선이 만나는지 어떻게 알 수 있어요?

아! 그렇구나

이차함수의 그래프와 직선이 만나는지의 여부, 즉 두 도형의 위치 관계를 알아보려면 두 식을 연립하는 것이 그 시작입니다. 두 도형의 방정식을 연립하면 결국 하나의 이차방정식이 만들어지는데 여기서 앞서 배운 이차함수와 이차방정식의 관계를 떠올릴 수 있습니다. 이차함수의 그래프와 직선의 교점을 구하는 것이 아니라 만나는지 등의 위치 관계만을 아는 것은 판별식만으로 충분히 해결할 수 있는 것입니다.

30초 정리

• 이차함수 그래프와 직선의 위치 관계

이차함수 $y=ax^2+bx+c$의 그래프와 직선 $y=mx+n$의 위치 관계는 이차방정식 $ax^2+(b-m)x+(c-n)=0$의 판별식 D의 값의 부호에 따라 다음과 같다.

① $D>0$이면 서로 다른 두 점에서 만난다.

② $D=0$이면 한 점에서 만난다. (접한다.)

③ $D<0$이면 만나지 않는다.

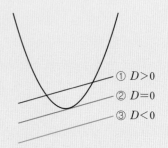

① $D>0$
② $D=0$
③ $D<0$

◆ 이차함수 그래프와 직선의 위치 관계 ◆

이차함수 $y=x^2-6x+8$의 그래프와 직선 $y=-2x+5$가 만나는지 판단하는 방법은 여러 가지가 있습니다. 각각의 그래프를 그려서 확인할 수도 있고, 두 식을 연립하여 근을 구할 수도 있습니다.

그런데 항상 그래프를 직접 그리거나 연립해서 근을 구해야만 알 수 있는 것은 아닙니다. 이차함수와 이차방정식의 관계에서 확인했던 것처럼 두 식을 연립해서 나온 이차방정식 $x^2-4x+3=0$과 이차함수 $y=x^2-4x+3$의 관계로 생각할 수 있습니다. 여기서 이차방정식의 판별식을 계산하면 $D=(-4)^2-4\times1\times3=4>0$이므로 이차방정식은 서로 다른 두 실근을 갖게 됩니다. 따라서 이차함수 $y=x^2-4x+3$의 그래프는 x축과 서로 다른 두 점에서 만나고, 이는 곧 처음 이차함수의 그래프와 직선이 서로 다른 두 점에서 만난다는 것으로 해석할 수 있습니다.

일반적으로 이차함수 $y=ax^2+bx+c$의 그래프와 직선 $y=mx+n$의 교점의 x좌표는 두 방정식을 연립한 이차방정식 $ax^2+bx+c=mx+n$, 즉

$$ax^2+(b-m)x+(c-n)=0$$

의 실근과 같습니다. 그러므로 이차함수 $y=ax^2+bx+c$의 그래프와 직선 $y=mx+n$의 교점의 개수는 이차방정식 $ax^2+(b-m)x+(c-n)=0$의 실근의 개수와 같습니다.

따라서 이차함수 $y=ax^2+bx+c$의 그래프와 직선 $y=mx+n$의 위치 관계는 이차방정식 $ax^2+(b-m)x+(c-n)=0$의 판별식

$$D=(b-m)^2-4a(c-n)$$

의 값의 부호에 따라 다음과 같이 나눌 수 있습니다.

	$D>0$	$D=0$	$D<0$
$y=ax^2+bx+c$의 그래프와 $y=mx+n$의 위치 관계	서로 다른 두 점에서 만난다.	한 점에서 만난다. (접한다.)	만나지 않는다.

이차함수 $y=x^2-6x+8$의 그래프와 직선 $y=-2x+5$가 만나는지의 여부를 각각의 그래프를 직접 그려서 확인해 볼까요?

이차함수의 식을 표준형 $y=a(x-p)^2+q$의 꼴로 고치면

$$y=x^2-6x+8=(x-3)^2-1$$

이고 이는 꼭짓점의 좌표가 $(3,\ -1)$, y절편이 8인 아래로 볼록한 포물선입니다.

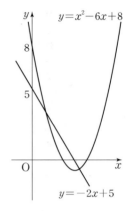

직선 $y=-2x+5$는 기울기가 -2이고 y절편이 5이므로 두 도형의 그래프를 그리면 다음과 같이 두 점에서 만나는 것으로 보입니다. 그렇지만 정말 만나는지는 아직 확신하기 어려우므로 이번에는 두 식을 연립해서 근을 구해 보겠습니다. 두 식에서 y를 소거하면

$$x^2-6x+8=-2x+5에서\quad x^2-4x+3=0$$

$$(x-1)(x-3)=0에서\quad x=1\ 또는\ x=3$$

입니다. 여기까지 알아보니 두 점에서 만나는 것이 분명하며 만나는 점의 좌표는 $(1,\ 3)$, $(3,\ -1)$이라는 것도 계산할 수 있습니다.

참고로 꼭 새겨 둘 것은 이차방정식의 두 근 $x=1$ 또는 $x=3$은 이차함수 $y=x^2-4x+3$의 x절편인 동시에 처음 두 그래프의 교점의 x좌표와 일치한다는 사실입니다.

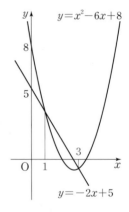

중요한 것은 만나는 점의 좌표가 필요한지, 만나는지의 여부만 알면 되는지에 따라 이렇게 연립해서 근을 구할 수도 있고, 판별식의 부호만으로 판정할 수도 있다는 사실입니다.

꼬리에 꼬리를 무는 개념

중3	공통수학1	공통수학1	미적분 Ⅰ	미적분 Ⅱ
이차방정식의 근의 공식	이차방정식과 이차함수의 관계	이차함수의 그래프와 직선의 위치 관계	도함수의 방정식 활용	도함수의 방정식 활용

이차함수 $y=x^2-2x$의 그래프와 직선 $y=k(x-2)$의 위치 관계를
어떻게 파악할 수 있나요?

k가 어떤 값을 갖더라도 직선 $y=k(x-2)$가 지나는 점의 좌표를 구하기 위해서 이 식을 k에 관한 항등식으로 보면

$$(x-2)k-y=0$$

에서 $x-2=0$이고 $y=0$이므로 직선 $y=k(x-2)$는 점 $(2, 0)$을 항상 지납니다. 그런데 점 $(2, 0)$은 이차함수 $y=x^2-2x$ 위의 점이므로 두 도형은 점 $(2, 0)$에서 항상 만납니다.

이러한 결과는 두 도형의 방정식을 연립해서 y를 소거하는 방법으로도 확인할 수 있습니다.

$$x^2-2x=k(x-2), \quad x^2-(k+2)x+2k=0$$

$$(x-k)(x-2)=0 \text{에서} \quad x=k \text{ 또는 } x=2$$

만약 $k=2$이면 이차방정식의 근이 중근이므로 두 도형은 한 점에서 만나고, $k\neq 2$이면 두 도형은 서로 다른 두 점에서 만납니다.

이처럼 이차함수와 직선의 위치 관계는 판별식 이외에도 여러 가지 방법으로 파악할 수 있습니다.

y절편이 4인 직선이 이차함수 $y=-\dfrac{1}{2}x^2+2x$의 그래프와 접할 때
이 직선의 기울기는 어떻게 구하나요?

y절편이 4인 직선의 방정식을 $y=ax+4$로 놓고 이차함수의 식과 연립하면

$$-\frac{1}{2}x^2+2x=ax+4, \quad x^2+(2a-4)x+8=0$$

이고, 두 그래프가 접하므로

$$D=(2a-4)^2-4\times1\times8=0$$

$$4a^2-16a+16-32=0$$

$$a^2-4a-4=0$$

$$\therefore a=2\pm2\sqrt{2}$$

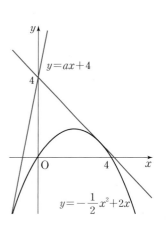

즉, 이차함수의 그래프에 접하는 직선은 2개이고 그 기울기는
$2\pm2\sqrt{2}$입니다.

물로켓이 올라간 최고 높이를 구할 수 있나요?

으아 우리 물로켓이 잘 올라가다가 아래로 떨어지기 시작했어….

오호라. 이차함수의 꼭짓점에서 최고 높이구나.

아! 그럼 그 지점이 우리 물로켓이 올라간 최고 높이겠구나.

아! 그렇구나

이차함수의 그래프는 위로 볼록한 형태와 아래로 볼록한 형태로 나눌 수 있습니다. 이는 이차항의 계수의 부호에 따라 달라지지요. 위로 볼록한 경우 꼭짓점이 가장 높은 지점에 있으므로 그 점이 최대가 되고, 아래로 볼록한 경우는 반대로 꼭짓점이 가장 낮은 지점에 있으므로 그 점이 최소가 됩니다. 최대나 최소는 이차함수의 그래프를 그려서 생각하는 것이 좋습니다.

30초 정리

- **이차함수 $y=ax^2+bx+c$의 최대, 최소**

① x의 값의 범위가 실수 전체인 경우

최댓값은 없다.

최댓값

$a>0$

$a<0$

최솟값

최솟값은 없다.

② x의 값의 범위가 제한된 경우

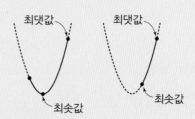

최댓값

최댓값

최솟값

최솟값

◆ 이차함수의 최대, 최소 ◆

이차함수의 그래프는 이차항의 계수의 부호에 따라 아래로 볼록한 경우와 위로 볼록한 경우로 나눌 수 있습니다. 아래로 볼록한 점이나 위로 볼록한 점은 모두 꼭짓점이며 그 점에서 이차함수의 함숫값이 가장 작거나 가장 큽니다. 어떤 이차함수의 함숫값 중에서 가장 큰 값을 그 함수의 **최댓값**이라 하고, 가장 작은 값을 그 함수의 **최솟값**이라고 합니다.

> **일반형과 표준형**
>
> $y=ax^2+bx+c$ 꼴의 식을 이차함수의 일반형이라 하고, 이를 변형한 $y=a(x-p)^2+q$ 꼴의 식을 이차함수의 표준형이라 한다. 표준형은 그래프를 쉽게 그릴 수 있도록 고친 형태이다.

이차함수 $y=ax^2+bx+c$의 최댓값과 최솟값

이차함수 $y=ax^2+bx+c$를 $y=a(x-p)^2+q$ 꼴로 변형한 후

① $a>0$이면 ② $a<0$이면

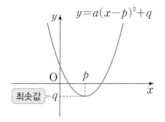

최솟값은 $x=p$일 때 q이고, 최댓값은 없다.

최댓값은 $x=p$일 때 q이고, 최솟값은 없다.

그런데 이차함수는 x가 제한된 범위의 값을 가질 때가 있습니다. 이 경우에는 이차함수의 최댓값과 최솟값이 달라집니다.

x의 값의 범위가 $\alpha \leq x \leq \beta$일 때, 이차함수 $y=a(x-p)^2+q$의 최댓값과 최솟값은 이차함수 그래프의 꼭짓점의 x좌표 p가 주어진 범위에 포함되는지를 조사해서 다음과 같이 구할 수 있습니다.

	$a>0$	$a<0$	최댓값과 최솟값
$\alpha \leq p \leq \beta$ 인 경우	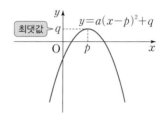 최댓값 $f(\beta)$ / 최솟값 $f(\alpha)$, $f(p)$	최댓값 $f(p)$, $f(\alpha)$ / 최솟값 $f(\beta)$	$f(\alpha), f(\beta), f(p)$ 중에서 가장 큰 값이 최댓값이고, 가장 작은 값이 최솟값이다.
$p<\alpha$ 또는 $p>\beta$	최댓값 $f(\beta)$ / 최솟값 $f(\alpha)$, $f(p)$	최댓값 $f(p)$, $f(\beta)$ / 최솟값 $f(\alpha)$	$f(\alpha), f(\beta)$ 중에서 큰 값이 최댓값이고, 작은 값이 최솟값이다.

◆ 이차함수의 꼭짓점과 최대, 최소 ◆

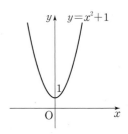

이차함수 $y=x^2+1$의 그래프는 그림과 같이 아래로 볼록한 포물선으로 꼭짓점의 좌표가 $(0, 1)$입니다. 이 꼭짓점이 가장 낮은 점이므로 이차함수 $y=x^2+1$의 함숫값 중에서 가장 작은 값은 $x=0$일 때 $y=1$이고, 가장 큰 값은 없습니다. 따라서 이차함수 $y=x^2+1$의 최솟값은 1이고 최댓값은 없습니다.

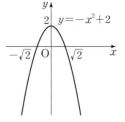

이차함수 $y=-x^2+2$의 그래프는 그림과 같이 위로 볼록한 포물선으로 꼭짓점의 좌표가 $(0, 2)$입니다. 이 꼭짓점이 가장 높은 점이므로 이차함수 $y=-x^2+2$의 함숫값 중에서 가장 큰 값은 $x=0$일 때 $y=2$이고, 가장 작은 값은 없습니다. 따라서 이차함수 $y=-x^2+2$의 최댓값은 2이고 최솟값은 없습니다.

$y=ax^2$이나 $y=ax^2+c$ 꼴의 이차함수 그래프는 꼭짓점의 좌표를 구하기가 쉽습니다. 그런데 일반적으로 $y=ax^2+bx+c$ 꼴의 이차함수 그래프의 꼭짓점의 좌표는 바로 구하기가 어렵습니다. 따라서 꼭짓점의 좌표가 드러나는 $y=a(x-p)^2+q$의 꼴로 식을 변형해야 합니다.

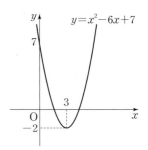

예를 들어 이차함수 $y=x^2-6x+7$을 표준형으로 고치면
$$y=x^2-6x+7=(x-3)^2-2$$
이므로 이차함수의 꼭짓점의 좌표는 $(3, -2)$이고 꼭짓점의 y좌표 -2가 이차함수 $y=x^2-6x+7$의 최솟값이며, 최댓값은 없습니다.

중3	공통수학1	공통수학1	미적분 Ⅰ	미적분 Ⅱ
이차함수의 그래프	이차방정식과 이차함수의 관계	이차함수의 최대, 최소	도함수의 방정식 활용	도함수의 방정식 활용

$x=-1$일 때 최댓값이 3인 이차함수를 구할 수 있나요?

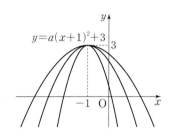

구할 수는 있습니다. 다만 하나로 정해지지는 않지요. $x=-1$일 때 최댓값이 3이라는 정보로 이차함수의 꼭짓점의 좌표가 $(-1, 3)$이고 위로 볼록한 포물선이라는 것을 알 수 있습니다.

그런데 꼭짓점의 좌표가 $(-1, 3)$이고 위로 볼록한 그래프를 가진 이차함수는 그림에서 보듯이 무수히 많습니다. 이차함수의 식으로 표현하면 $y=a(x+1)^2+3$ 꼴로 나타낼 수 있습니다. 이차항의 계수에 따라 폭이 달라지지요.

그러므로 이 이차함수를 특정하려면 정보가 추가되어야 합니다. 예를 들어 x절편이나 y절편을 줄 수도 있고, 이차항의 계수를 줄 수도 있습니다. 만약 이차항의 계수가 $a=-1$이라면 이 이차함수는 $y=-(x+1)^2+3$으로 정할 수 있습니다.

길이가 1m인 조립식 콘크리트 10개를 연결해서 직사각형 모양의 울타리를 만들 때, 만들 수 있는 최대 넓이를 다음과 같이 구했어요. 어느 부분이 잘못되었나요?

> 직사각형의 가로에 x개를 놓으면 세로는 $(5-x)$개이므로 이 직사각형의 넓이 y는
> $$y=x(5-x)=-\left(x-\frac{5}{2}\right)^2+\frac{25}{4}$$
> 이고, 최대 넓이는 $\frac{25}{4}$m²이다.

길이 1m인 콘크리트 10개로 울타리를 만들면 둘레는 총 10m입니다. 둘레가 10m이면 가로와 세로의 합이 5m이므로 가로가 x개일 때 세로가 $5-x$개인 것은 맞습니다.

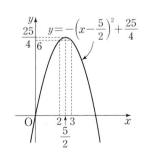

그리고 직사각형의 넓이는 (가로)×(세로)로 구할 수 있으므로 $y=x(5-x)$라고 계산한 것도 적절합니다. 그런데 이차함수의 최대나 최소를 구할 때는 제한된 범위가 있는지를 항상 살펴야 합니다. 이 단서는 처음에 주어진 조건 '길이가 1m인 조립식 콘크리트'에서 찾을 수 있습니다. 즉, x는 길이가 1m인 콘크리트의 개수이므로 그 값은 자연수로 제한됩니다. 그래서 $\frac{5}{2}$라는 값은 가질 수 없고, $\frac{5}{2}$에 가까운 자연수인 2나 3을 생각해야 합니다. $x=2$일 때나 $x=3$일 때 모두 $y=6$이므로 최대 넓이는 6m²입니다.

삼차방정식 $x^3 + x^2 - 2x = 2$의 근을 어떻게 구하나요?

아! 그렇구나

　일반적으로 이차방정식은 근의 공식만 있으면 항상 근을 구할 수 있습니다. 그래도 인수분해가 된다면 보다 간편하게 근을 구할 수 있으니 이차방정식을 풀 때면 항상 인수분해를 먼저 생각하게 됩니다. 삼차방정식이나 사차방정식도 근의 공식이 있기는 하지만 너무 복잡하기 때문에 고등학교 과정에서는 사용하지 않습니다. 어떻게든 인수분해를 해야 하지만 올바르게 인수분해하지 않으면 오히려 더 복잡해질 수 있다는 점을 주의해야 합니다.

30초 정리

- **삼차방정식과 사차방정식의 정의**

  $P(x)$가 x에 대한 삼차식, 사차식일 때 방정식 $P(x) = 0$을 각각 x에 대한 삼차방정식, 사차방정식이라고 한다.

- **삼차방정식과 사차방정식의 풀이**

  ① 인수분해 공식을 적용한다.

  ② 공통부분이 있으면 그것을 한 문자로 치환하여 인수분해한다.

  ③ 인수정리와 조립제법을 이용하여 인수분해한다.

◆ 삼차방정식과 사차방정식의 풀이 ◆

다항식 $P(x)$가 x에 대한 삼차식, 사차식일 때 방정식 $P(x)=0$을 각각 x에 대한 삼차방정식, 사차방정식이라고 합니다. 예를 들어 $x^3-8=0$은 삼차방정식이고, $x^4-x^2-6=0$은 사차방정식입니다.

삼차방정식부터는 근을 구하는 것이 이차방정식에 비해 매우 복잡합니다. 삼차방정식과 사차방정식의 근의 공식이 있기는 하지만 너무 복잡해서 고등학교 과정에서는 다루지 않습니다. 대신 인수분해가 되는 방정식만 다루기로 정했습니다.

인수분해가 되는 형태는 3가지로 나누어 생각할 수 있습니다. 첫째, 인수분해 공식을 바로 적용할 수 있는 경우, 둘째, 공통부분을 한 문자로 치환해서 인수분해할 수 있는 경우, 셋째, 인수정리와 조립제법을 사용할 수 있는 경우입니다.

> **삼차방정식과 사차방정식의 근의 공식**
>
> 이차방정식과 달리 삼차방정식은 근의 공식을 발명하기가 아주 어려웠다. 실제로 삼차방정식과 사차방정식의 근의 공식은 500년 전인 16세기에 비로소 발명되었고, 오차 이상의 방정식은 근을 구하는 공식이 없는데, 이 사실은 겨우 200년 전에 증명되었다.

(1) 인수분해 공식을 바로 적용할 수 있는 경우

예를 들어, 삼차방정식 $x^3-8=0$의 좌변을 인수분해합니다.

$$(x-2)(x^2+2x+4)=0$$
$$\therefore\ x-2=0 \text{ 또는 } x^2+2x+4=0$$
$$\therefore\ x=2 \text{ 또는 } x=-1\pm\sqrt{3}\,i$$

(2) 공통부분을 한 문자로 치환하여 인수분해할 수 있는 경우

예를 들어, $x^4-x^2-2=0$에서 $x^2=X$로 놓고 좌변을 인수분해합니다.

$$X^2-X-2=0,\ (X-2)(X+1)=0$$
$$\therefore\ X=2 \text{ 또는 } X=-1$$
$$X=x^2 \text{이므로 }\ x^2=2 \text{ 또는 } x^2=-1$$
$$\therefore\ x=\pm\sqrt{2} \text{ 또는 } x=\pm i$$

(3) (1), (2)와 같이 인수분해 공식을 바로 적용하거나 치환하여 인수분해할 수 없는 경우에는 인수정리를 이용하기 위해 방정식 $P(x)=0$에 $x=a$를 대입하고 $P(a)=0$이 되는 값이 존재하는지를 확인합니다. 인수정리를 이용한 삼차방정식이나 사차방정식의 풀이는 다음 주제로 다룹니다.

◆ 인수분해 공식을 이용한 삼차방정식의 풀이 ◆

삼차방정식을 인수분해하려면 삼차식의 인수분해 공식을 적용해야 합니다. 삼차식의 인수분해 공식은 다음과 같이 4가지로 정리할 수 있습니다.

> **삼차식의 인수분해 공식**
>
> ① $x^3+3x^2y+3xy^2+y^3=(x+y)^3$ ② $x^3-3x^2y+3xy^2-y^3=(x-y)^3$
>
> ③ $x^3+y^3=(x+y)(x^2-xy+y^2)$ ④ $x^3-y^3=(x-y)(x^2+xy+y^2)$

삼차방정식 $P(x)=0$은 주로 x에 대한 방정식이므로 이때 문자 y는 거의 사용되지 않습니다. 따라서 다음과 같은 삼차방정식은 위의 인수분해 공식을 곧바로 이용해서 근을 구할 수 있습니다.

① $x^3+3x^2+3x+1=0$의 좌변을 인수분해하면

$(x+1)^3=0$ ∴ $x=-1$ (삼중근)

② $x^3-6x^2+12x-8=0$의 좌변을 인수분해하면

$(x-2)^3=0$ ∴ $x=2$ (삼중근)

③ $x^3+1=0$의 좌변을 인수분해하면

$(x+1)(x^2-x+1)=0$

∴ $x=-1$ 또는 $x=\dfrac{1\pm\sqrt{3}\,i}{2}$

④ $x^3-8=0$의 좌변을 인수분해하면

$(x-2)(x^2+2x+4)=0$

∴ $x=2$ 또는 $x=-1\pm\sqrt{3}\,i$

인수분해 공식을 곧바로 적용할 수 없는 삼차방정식이나 사차방정식 중에는 공통부분을 한 문자로 치환했을 때 인수분해 공식에 맞는 경우가 있으므로 이를 파악해야 합니다.

공통수학1	공통수학1	공통수학1	공통수학1	공통수학2
조립제법	인수분해	삼차방정식과 사차방정식의 풀이	인수정리를 이용한 고차방정식의 풀이	도형의 방정식

Q 삼차방정식에서 ω가 무엇인가요?

A ω는 교육과정에서 명시적으로 다루는 기호는 아닙니다만 보통 삼차방정식 $x^3-1=0$의 한 허근을 ω라고 합니다. ω는 여러 가지 성질을 가지고 있는 특수한 복소수랍니다.

$x^3-1=0$에 $x=\omega$를 대입하고 좌변을 인수분해하면

$$\omega^3-1=0에서 \ (\omega-1)(\omega^2+\omega+1)=0$$

ω는 허수이므로 $\omega=\dfrac{-1\pm\sqrt{3}\,i}{2}$이며 ω는 다음과 같은 성질을 갖습니다.

$$\omega^3=1, \quad \omega^2+\omega+1=0$$

이 외에 $\omega^2=\overline{\omega}$가 되는 성질도 있는데 이는 다음과 같이 확인할 수 있습니다.

(i) $\omega=\dfrac{-1+\sqrt{3}\,i}{2}$이면 $\quad \omega^2=\dfrac{1-3-2\sqrt{3}\,i}{4}=\dfrac{-1-\sqrt{3}\,i}{2}=\overline{\omega}$

(ii) $\omega=\dfrac{-1-\sqrt{3}\,i}{2}$이면 $\quad \omega^2=\dfrac{1-3+2\sqrt{3}\,i}{4}=\dfrac{-1+\sqrt{3}\,i}{2}=\overline{\omega}$

Q 계수가 실수인 방정식, 예를 들어 $x^3+2x^2+3x+4=0$의 한 허근이 $a+bi$ (a, b는 실수)이면, 그 켤레복소수 $a-bi$도 항상 이 방정식의 근이 되나요?

A $x=a+bi$를 주어진 삼차방정식에 대입하면

$$(a+bi)^3+2(a+bi)^2+3(a+bi)+4=0$$

전개해서 실수부분과 허수부분으로 나누어 정리하면

$$(a^3-3ab^2+2a^2-2b^2+3a+4)+(3a^2b-b^3+4ab+3b)i=0$$

$$\therefore \ a^3-3ab^2+2a^2-2b^2+3a+4=0, \quad 3a^2b-b^3+4ab+3b=0 \ \cdots\cdots \ \textcircled{\scriptsize ㉠}$$

이제 $x=a-bi$를 주어진 삼차방정식의 좌변에 대입하고, 전개해서 실수부분과 허수부분으로 나누어 정리하면

$$(a-bi)^3+2(a-bi)^2+3(a-bi)+4$$

$$=(a^3-3ab^2+2a^2-2b^2+3a+4)-(3a^2b-b^3+4ab+3b)i=0 \ (\because \ \textcircled{\scriptsize ㉠})$$

즉, $x=a-bi$가 삼차방정식을 만족하므로 $x=a-bi$도 이 방정식이 근이 됩니다.

정리하면 계수가 실수인 방정식이 허근을 가지면 그 켤레근도 반드시 그 방정식의 근이 됩니다.

인수정리를 이용할 때
대입할 수를 어떻게 찾나요?

아! 그렇구나

삼차방정식이나 사차방정식은 근의 공식이 있기는 하지만 복잡하기 때문에 고등학교에서 다루지 않습니다. 고등학교에서는 인수정리를 이용해서 인수분해할 수 있는 것만 다루지요. 인수정리는 나머지정리에서 나머지가 0인 경우, 즉 $P(\alpha)=0$인 α를 찾는 것이 핵심입니다. 그런데 아무 정보 없이 마구잡이로 찾아야 한다면 위의 상황처럼 난감하겠죠? 어떤 수를 넣을 수 있는지 제한적인 조건을 생각하는 것이 중요합니다.

30초 정리

- **인수정리를 이용한 고차방정식의 풀이**

  ① 삼차방정식 $P(x)=ax^3+bx^2+cx+d=0$에 대하여 $P(\alpha)=0$인 α는 상수항 d의 약수 중에서 찾는다.

  ② 상수항 d의 약수 중 $P(\alpha)=0$인 α가 없으면 d의 약수를 a의 약수로 나눈 분수 중에서 찾는다.

◆ 인수정리와 조립제법을 이용한 고차방정식의 풀이 ◆

앞서 삼차 이상의 고차방정식에 인수분해 공식을 곧바로 적용하거나 공통부분을 한 문자로 치환하고 인수분해 공식을 적용해 근을 구하는 방법을 배웠습니다.

여기서는 인수분해 공식을 적용할 수 없는 고차방정식의 근을 구하기 위해 인수정리와 조립제법을 이용하는 방법을 알아보겠습니다.

예를 들어 삼차방정식 $x^3+x^2-4x-4=0$의 근은 어떻게 구할까요?

먼저 다항식 $P(x)=x^3+x^2-4x-4$가 다음과 같이 계수가 정수인 두 다항식의 곱으로 인수분해된다고 해 봅시다.

$$P(x)=x^3+x^2-4x-4=(x+a)(x^2+bx+c)$$

인수분해한 등식은 x에 대한 항등식이므로 양변의 상수항을 비교하면 $ac=-4$를 만족해야 합니다. 즉, a가 -4 또는 4의 약수가 되어야 하기 때문에 a는 ±1, ±2, ±4 중 하나입니다.

이제 ±1, ±2, ±4 중 간단한 수부터 차례로 $P(x)$의 x에 대입하면

$$P(1)=1+1-4-4=-6$$
$$P(-1)=-1+1+4-4=0$$

$P(-1)=0$이므로 인수정리에 따라 $P(x)$는 $x+1$을 인수로 가지게 됩니다. 그리고 나머지 인수를 구하기 위해 조립제법을 사용하면

$$P(x)=x^3+x^2-4x-4$$
$$=(x+1)(x^2-4)$$
$$=(x+1)(x+2)(x-2)$$

$$
\begin{array}{r|rrrr}
-1 & 1 & 1 & -4 & -4 \\
   &   & -1 & 0 & 4 \\
\hline
   & 1 & 0 & -4 & 0
\end{array}
$$

따라서 삼차방정식 $x^3+x^2-4x-4=0$의 근은 $x=-1$ 또는 $x=-2$ 또는 $x=2$입니다.

사차방정식 $x^4-x^3-2x^2+6x-4=0$의 경우는 $P(x)=x^4-x^3-2x^2+6x-4$로 놓으면 $P(1)=0$, $P(-2)=0$이므로 조립제법을 연달아 적용하면 다음과 같이 인수분해됩니다.

$$P(x)=x^4-x^3-2x^2+6x-4$$
$$=(x-1)(x+2)(x^2-2x+2)$$

$$
\begin{array}{r|rrrrr}
1 & 1 & -1 & -2 & 6 & -4 \\
  &   & 1 & 0 & -2 & 4 \\
\hline
-2 & 1 & 0 & -2 & 4 & 0 \\
   &   & -2 & 4 & -4 & \\
\hline
   & 1 & -2 & 2 & 0 &
\end{array}
$$

그러므로 사차방정식 $x^4-x^3-2x^2+6x-4=0$의 근은 $x=1$ 또는 $x=-2$ 또는 $x=1\pm i$입니다.

이처럼 복잡한 형태의 고차방정식은 우선 인수정리를 이용하여 고차식의 인수를 찾은 후 조립제법을 통해 인수분해하는 방법으로 근을 구합니다.

◆ **나머지정리와 인수정리** ◆

인수정리는 삼차 이상의 다항식을 인수분해할 때 유용하게 사용됩니다.

인수정리는 나머지정리에서 나온 것이므로 나머지정리를 정확히 이해해야 합니다.

다항식 $P(x)$를 일차식 $x-a$로 나누었을 때의 몫을 $Q(x)$, 나머지를 R (R은 상수)이라 하면

$$P(x)=(x-a)Q(x)+R$$

과 같이 나타낼 수 있습니다. 이 나눗셈은 x에 대한 항등식이므로 양변에 $x=a$를 대입하면

$$P(a)=(a-a)Q(a)+R$$

에서 $R=P(a)$가 됩니다. 이것을 나머지정리라고 합니다.

여기서 $P(a)=0$이면 다항식 $P(x)$는 일차식 $x-a$로 나누어떨어집니다. 즉, $x-a$는 다항식 $P(x)$의 인수가 됩니다. 거꾸로 $x-a$가 다항식 $P(x)$의 인수이면, 즉 $P(x)$가 $x-a$로 나누어떨어지면

$$P(x)=(x-a)Q(x)$$

로 인수분해할 수 있으므로 $P(a)=0$임을 알 수 있습니다. 이것을 인수정리라고 합니다.

이런 의미에서 다음 4가지는 모두 같은 뜻입니다.

> ① 다항식 $P(x)$에 대하여 $P(a)=0$이다.
> ② 다항식 $P(x)$를 $x-a$로 나눈 나머지가 0이다.
> ③ 다항식 $P(x)$는 $x-a$로 나누어떨어진다.
> ④ 다항식 $P(x)$는 $x-a$를 인수로 갖는다.

예를 들어, 다항식 $P(x)=x^3-3x+2$라 하면

$P(1)=0$이므로 다항식 $P(x)$를 $x-1$로 나눈 나머지가 0이고, 다항식 $P(x)$는 $x-1$로 나누어떨어집니다. 그리고 다항식 $P(x)$는 $x-1$을 인수로 갖습니다.

공통수학1	공통수학1	공통수학1	공통수학2	미적분 Ⅰ
다항식의 나눗셈과 인수정리	삼차방정식과 사차방정식의 풀이	인수정리를 이용한 고차방정식의 풀이	도형의 방정식	다항함수의 그래프

삼차방정식 $x^3+ax^2+x+b=0$ (a, b는 실수)의 한 근이 $2+i$일 때,
나머지 두 근은 어떻게 구하나요?

$2+i$가 근이므로 $x=2+i$를 삼차방정식에 대입하면
$$(2+i)^3+a(2+i)^2+(2+i)+b=0$$
이 식을 전개해서 실수부분과 허수부분으로 나누면
$$(4+3a+b)+(12+4a)i=0$$
a, b가 실수이므로
$$4+3a+b=0, \ 12+4a=0$$
두 식을 연립해 풀면 $a=-3$, $b=5$

따라서 삼차방정식은 $x^3-3x^2+x+5=0$입니다.
$P(x)=x^3-3x^2+x+5$라 하면 $P(-1)=0$이므로 조립제법을
이용하여 좌변을 인수분해하면
$$(x+1)(x^2-4x+5)=0$$
$$\therefore \ x=-1 \ \text{또는} \ x=2\pm i$$

$$
\begin{array}{r|rrrr}
-1 & 1 & -3 & 1 & 5 \\
   &   & -1 & 4 & -5 \\
\hline
   & 1 & -4 & 5 & 0
\end{array}
$$

따라서 나머지 두 근은 -1과 $2-i$입니다. 참고로 실수 계수의 방정식에서 허근은 반드시 켤레
로 존재합니다. 즉, $2+i$가 근이면 $2-i$도 근이 됩니다.

삼차방정식 $2x^3-3x^2-x+1=0$의 x에 상수항의 약수인 ± 1을 대입해도
등식이 성립하지 않아요. 어떻게 인수분해하나요?

보통은 상수항의 약수를 대입하면 근을 확인할 수 있는데, 최고차항의 계수가 1이 아닌 경우에
상수항의 약수를 최고차항의 계수의 약수로 나눈 분수를 대입해야 할 때도 있습니다. 즉, 주어진 삼
차방정식의 최고차항의 계수가 2이므로 ± 1을 2로 나눈 $\pm\dfrac{1}{2}$을 대입해 봅니다.

$x=\dfrac{1}{2}$을 대입하면 $\dfrac{1}{4}-\dfrac{3}{4}-\dfrac{1}{2}+1=0$이므로 조립제법을 이용해서 좌변을 인수분해하면

$$
\begin{aligned}
2x^3-3x^2-x+1 &= \left(x-\frac{1}{2}\right)(2x^2-2x-2) \\
&= (2x-1)(x^2-x-1)
\end{aligned}
$$

$$
\begin{array}{r|rrrr}
\frac{1}{2} & 2 & -3 & -1 & 1 \\
            &   & 1 & -1 & -1 \\
\hline
            & 2 & -2 & -2 & 0
\end{array}
$$

연립이차방정식도 가감법으로 푸나요?

아! 그렇구나

중학교에서 연립일차방정식을 풀 때 가감법을 사용한 것을 기억할 것입니다. 기본적으로 연립일차 방정식을 풀 때는 가감법이면 충분하지요. 그런데 연립방정식 안에 이차방정식이 포함되면 가감법을 사용할 수 없답니다. 연립방정식을 푸는 기본이 가감법이 아니기 때문입니다. 연립방정식을 푸는 데 있어서는 어떻게든 문자의 개수를 줄여 나가는 것이 기본이랍니다.

30초 정리

• 연립이차방정식의 풀이

차수가 가장 높은 방정식이 이차방정식인 연립방정식을 연립이차방정식이라 한다.

① $\begin{cases} (일차식)=0 \\ (이차식)=0 \end{cases}$ 의 꼴일 때는 일차방정식을 한 미지수에 대하여 정리하고 이것을 이차방정식에 대입해서 한 문자를 소거하여 푼다.

② $\begin{cases} (이차식)=0 \\ (이차식)=0 \end{cases}$ 의 꼴일 때는 어느 한 이차식을 인수분해하여 일차방정식과 이차방정식으로 나누고 ①과 같이 푼다.

$$\begin{cases} (이차식)=0 \\ (이차식)=0 \end{cases} \longrightarrow \begin{cases} (일차식)(일차식)=0 \\ (이차식)=0 \end{cases} \longrightarrow \begin{cases} (일차식)=0 \\ (이차식)=0 \end{cases} \text{ 또는 } \begin{cases} (일차식)=0 \\ (이차식)=0 \end{cases}$$

◆ 연립이차방정식의 풀이 ◆

연립이차방정식은 연립방정식을 이루는 방정식이 모두 이차방정식인 경우만을 뜻하는 것이 아니라 여러 방정식 중 차수가 가장 높은 방정식이 이차방정식일 때를 말하므로 형태가 다음과 같이 2가지입니다.

연립방정식

연립방정식의 연립은 '연립 주택'의 연립과 같은 뜻이다. 한 건물에 두 주택 이상이 같이 모여 있는 것을 연립 주택이라고 하듯이 연립방정식은 2개 이상의 방정식을 한 쌍으로 묶어 놓은 것을 뜻한다.

(1) $\begin{cases}(일차식)=0 \\ (이차식)=0\end{cases}$ 의 꼴

예를 들어, $\begin{cases}x-y=3 & \cdots\cdots ㉠ \\ x^2+xy-y^2=-5 & \cdots\cdots ㉡\end{cases}$ 와 같이 어느 하나가 일차방

정식인 연립이차방정식에서 한 문자로 정리하기 쉬운 일차방정식 ㉠을 $y=x-3$으로 정리해서 ㉡에 대입하면, y가 소거되고 x에 관한 이차방정식이 남습니다.

$$x^2+x(x-3)-(x-3)^2=-5 \qquad \therefore x^2+3x-4=0$$

인수분해나 근의 공식을 이용하면 x의 값을 구할 수 있고, 다시 y의 값도 구할 수 있게 되지요.

$$(x+4)(x-1)=0 \qquad \therefore x=-4 \text{ 또는 } x=1$$

이를 ㉠에 대입하면 다음과 같은 연립이차방정식의 해를 구할 수 있습니다.

$$\begin{cases}x=-4 \\ y=-7\end{cases} \text{ 또는 } \begin{cases}x=1 \\ y=-2\end{cases}$$

(2) $\begin{cases}(이차식)=0 \\ (이차식)=0\end{cases}$ 의 꼴

예를 들어, $\begin{cases}x^2+xy-2y^2=0 & \cdots\cdots ㉠ \\ 2x^2-y^2=49 & \cdots\cdots ㉡\end{cases}$ 와 같이 둘 다 이차방정식인 경우 둘 중 하나를 인수분

해하면 일차식으로 바꿀 수 있습니다.

㉠의 좌변을 인수분해하면 $(x-y)(x+2y)=0$에서 $x=y$ 또는 $x=-2y$

  (i) $x=y$를 ㉡에 대입하면

   $2y^2-y^2=49$에서 $y^2=49$이므로 $y=\pm7$

   $y=7$일 때 $x=7$, $y=-7$일 때 $x=-7$

  (ii) $x=-2y$를 ㉡에 대입하면

   $8y^2-y^2=49$에서 $y^2=7$이므로 $y=\pm\sqrt{7}$

   $y=\sqrt{7}$일 때 $x=-2\sqrt{7}$, $y=-\sqrt{7}$일 때 $x=2\sqrt{7}$

(i), (ii)에서 구하는 해는 $\begin{cases}x=7 \\ y=7\end{cases}$ 또는 $\begin{cases}x=-7 \\ y=-7\end{cases}$ 또는 $\begin{cases}x=-2\sqrt{7} \\ y=\sqrt{7}\end{cases}$ 또는 $\begin{cases}x=2\sqrt{7} \\ y=-\sqrt{7}\end{cases}$

◆ 연립방정식의 풀이 ◆

　미지수가 2개인 일차방정식 2개를 한 쌍으로 묶어 나타낸 것을 미지수가 2개인 연립일차방정식이라고 합니다. 그런데 묶었다는 것만으로 방정식이 풀리지는 않지요. 연립방정식을 푸는 것은 두 방정식을 동시에 만족하는 값을 구하는 것입니다.

　$x+y=10$과 같이 한 방정식에 2개의 미지수 x, y가 있다면 이 방정식을 만족하는 x, y의 순서쌍 (x, y)는 $(0, 10)$, $(1, 9)$, $(2, 8)$, ……과 같이 무수히 많습니다.

　그래서 연립방정식 $\begin{cases} x-2y=1 & \cdots\cdots ㉠ \\ 3x+2y=11 & \cdots\cdots ㉡ \end{cases}$을 풀 때는 두 미지수 x, y 중 어느 하나를 없애 미지수를 하나로 만들어야 특정한 값을 구할 수 있습니다. 두 식을 보면 y의 계수가 절댓값이 같고 부호가 반대이므로 ㉠+㉡을 하면

$$4x=12$$

와 같이 y가 소거되고 x에 관한 일차방정식이 나옵니다. 여기서 $x=3$이라는 값을 구할 수 있습니다. 이 값을 다시 ㉠에 대입하면 $y=1$이지요. 즉, 연립방정식을 풀게 되었습니다.

　이렇게 미지수가 2개인 연립일차방정식은 두 미지수 중 어느 한 미지수의 계수를 조절해서 더하거나 빼면 한 미지수를 소거할 수 있는데, 이와 같이 더하거나 빼서 연립방정식을 푸는 방법을 가감법(加減法)이라고 합니다.

　$\begin{cases} x+2y=4 & \cdots\cdots ㉠ \\ 3x+y=7 & \cdots\cdots ㉡ \end{cases}$은 두 미지수 x, y 각각의 계수가 모두 다르므로 둘 중 어느 한 미지수의 계수가 같아지도록 적당한 수를 곱해 줍니다. 예를 들어, x를 소거하려면 ㉠×3−㉡을 계산하면 됩니다. 반대로 y를 소거하려면 ㉠−㉡×2를 계산합니다.

　가감법 이외에도 연립일차방정식을 푸는 방법으로 대입법이 있는데, 어느 한 문자를 다른 문자로 정리해서 대입하는 방법입니다. 대입법은 연립이차방정식에 많이 사용됩니다.

꼬리에 꼬리를 무는 개념

중2	공통수학1	공통수학1	공통수학1	공통수학2
연립일차방정식	이차방정식	연립이차방정식	연립부등식	도형의 방정식

무엇이든 물어보세요

연립이차방정식에서 먼저 구한 값을 다른 식에 넣었더니 이상한 근이 나왔는데 왜 그런가요?

연립이차방정식을 풀 때 중간 과정에서 나온 x의 값이나 y의 값을 어디에 넣느냐에 따라 결과가 달라집니다. 따라서 주의해야 할 필요가 있습니다. 개념의 발견에서 풀었던 문제로 돌아가 봅시다.

$$\begin{cases} x-y=3 & \cdots\cdots \text{㉠} \\ x^2+xy-y^2=-5 & \cdots\cdots \text{㉡} \end{cases}$$ 에서 ㉠을 ㉡에 대입하고 정리하여 $x=-4$ 또는 $x=1$이라는 결과를 얻었습니다. 그리고 이 결과를 ㉠에 대입하여 연립방정식의 해를 구했습니다. 하지만 이때 이 결과를 ㉡에 대입한다면 어떻게 될까요?

(i) $x=-4$에서 $16-4y-y^2=-5$

이를 정리하면

$$y^2+4y-21=0$$

$$(y-3)(y+7)=0$$

$$y=3 \text{ 또는 } y=-7$$

(ii) $x=1$에서 $1+y-y^2=-5$

이를 정리하면

$$y^2-y-6=0$$

$$(y-3)(y+2)=0$$

$$y=3 \text{ 또는 } y=-2$$

따라서 $\begin{cases} x=-4 \\ y=3 \end{cases}$ 또는 $\begin{cases} x=-4 \\ y=-7 \end{cases}$ 또는 $\begin{cases} x=1 \\ y=-2 \end{cases}$ 또는 $\begin{cases} x=1 \\ y=3 \end{cases}$의 4가지 해가 나옵니다. 하지만 이 중 $\begin{cases} x=-4 \\ y=3 \end{cases}$과 $\begin{cases} x=1 \\ y=3 \end{cases}$은 ㉠을 만족하지 못하므로 연립이차방정식의 해가 아닙니다. 연립이차방정식의 풀이 과정에서 나온 x의 값이나 y의 값을 일차식이 아닌 이차식에 대입하지 않도록 주의하기 바랍니다.

고대 중국의 수학책에 실렸다는 '부러진 대나무 문제'에서 부러진 두 부분의 길이를 어떻게 구하나요?

부러진 대나무의 두 부분의 길이를 각각 x자, y자라 하면 주어진 조건으로부터 다음 두 식을 얻을 수 있습니다.

높이가 9자이므로 $x+y=9$ …… ㉠

직각삼각형에서 $x^2+3^2=y^2$ …… ㉡

㉠에서 $y=9-x$를 ㉡에 대입하면

$$x^2+3^2=(9-x)^2$$

$$18x=72 \text{에서 } x=4$$

이를 ㉠에 대입하면 $y=5$

따라서 두 부분의 길이는 4자, 5자 입니다.

높이가 9자인 대나무가 바람에 부러져서 그 끝이 대나무로부터 3자 떨어진 곳에 닿았다.

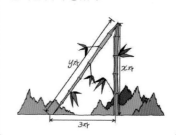

연립부등식은 왜 공통부분을 구하나요?

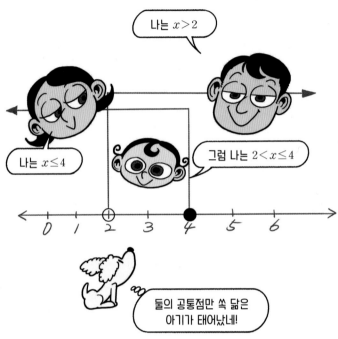

나는 $x > 2$

나는 $x \leq 4$

그럼 나는 $2 < x \leq 4$

둘의 공통점만 쏙 닮은 아기가 태어났네!

아! 그렇구나

연립부등식은 연립방정식과 마찬가지로 2개 이상의 부등식을 한 쌍으로 묶어서 나타낸 것입니다. 형태는 같지만 연립부등식의 해는 가감법이나 대입법을 사용하지 않고 각 부등식을 동시에 만족하는 공통부분을 찾는 것으로 구합니다. 중학교에서는 일차부등식이 하나씩 있는 경우만 다뤘지만 고등학교에서는 2개 이상의 부등식을 동시에 생각해야 합니다. 그렇지만 각각의 일차부등식의 해를 구할 수 있다면 그들의 공통부분을 찾는 것은 충분히 해결할 수 있습니다.

30초 정리

• **연립부등식**

① 2개 이상의 부등식을 한 쌍으로 묶어서 나타낸 것을 연립부등식이라 하며, 일차부등식으로 이루어진 연립부등식을 연립일차부등식이라 한다.

② 연립부등식을 풀 때는 연립부등식을 이루고 있는 각 부등식의 해를 구하고, 이들을 한 수직선에 나타내어 그 공통부분을 찾는다.

◆ 연립부등식의 풀이 ◆

연립부등식은 연립방정식과 마찬가지로 2개 이상의 부등식을 묶어서 한 쌍으로 나타낸 것을 말합니다. 연립부등식은 차수에 따라 연립일차부등식, 연립이차부등식 등이 되는데, 부등식 중 차수가 가장 높은 부등식이 이차이면 연립이차부등식이라 하고, 차수가 가장 높은 부등식이 일차이면 연립일차부등식이라고 합니다.

연립일차부등식의 해는 먼저 각 일차부등식의 해를 구한 다음 이들의 **공통부분**을 찾는 것으로 구합니다.

예를 들어 $\begin{cases} 2x+3 > 7 & \cdots\cdots ㉠ \\ x-3 \le 1 & \cdots\cdots ㉡ \end{cases}$ 의 경우 ㉠의 해는 $x>2$이고, ㉡의 해는 $x \le 4$이므로 이들 각각을 먼저 수직선 위에 나타냅니다. 그리고 이들의 공통부분을 찾으면 그것이 연립부등식의 해가 됩니다.

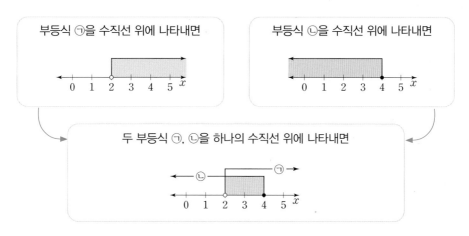

위의 수직선에서 공통부분은 $2 < x \le 4$이고, 이것이 두 부등식 ㉠, ㉡의 공통된 해입니다.

이처럼 연립부등식에서 두 부등식의 공통된 해를 연립부등식의 해라고 하며, 연립부등식의 해를 구하는 것을 연립부등식을 푼다고 합니다.

포함과 불포함

부등식에서 등호의 포함 여부는 수직선에서 점으로 표현한다. 점이 빈 것은 등호가 없는 경우, 점이 가득 채워진 것은 등호가 포함된 경우를 나타낸다.

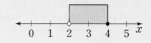

◆ 등식과 부등식의 기본 성질 ◆

방정식 또는 연립방정식을 풀 때는 다음과 같은 등식의 기본 성질이 사용됩니다.

> **등식의 기본 성질**
>
> ① 등식의 양변에 같은 수를 더하거나 빼도 등식은 성립한다.
>
> $a=b$이면 $a+c=b+c$, $a-c=b-c$
>
> ② 등식의 양변에 같은 수를 곱하여도 등식은 성립한다.
>
> $a=b$이면 $ac=bc$
>
> ③ 등식의 양변을 0이 아닌 같은 수로 나누어도 등식은 성립한다.
>
> $a=b$이면 $\dfrac{a}{c}=\dfrac{b}{c}$ (단, $c\neq0$)

부등식 또는 연립부등식을 풀 때는 다음과 같은 부등식의 기본 성질을 이용합니다.

> **부등식의 기본 성질**
>
> 세 실수 a, b, c에 대하여
>
> ① $a>b$, $b>c$일 때, $a>c$
>
> ② 부등식의 양변에 같은 수를 더하거나 빼도 부등식은 성립한다.
>
> $a>b$일 때, $a+c>b+c$, $a-c>b-c$
>
> ③ 부등식의 양변에 같은 양수를 곱하거나 나누어도 부등식은 성립한다.
>
> $a>b$, $c>0$일 때, $ac>bc$, $\dfrac{a}{c}>\dfrac{b}{c}$
>
> ④ 부등식의 양변에 같은 음수를 곱하거나 나누면 부등호의 방향이 바뀐다.
>
> $a>b$, $c<0$일 때, $ac<bc$, $\dfrac{a}{c}<\dfrac{b}{c}$

　부등식의 기본 성질은 등식의 기본 성질과 거의 같지만 양변에 음수를 곱하거나 양변을 음수로 나눌 경우 부등호의 방향이 바뀌는 것이 다릅니다.

중2	공통수학1	공통수학1	공통수학1	공통수학2
연립일차방정식	연립이차방정식	연립일차부등식	연립이차부등식	도형의 방정식

무엇이든 물어보세요

Q 연립부등식 $3x \leq x+10 < 4x-1$을 풀었는데, 어느 부분이 잘못되었나요?

A

(ⅰ) $3x \leq x+10$을 풀면 $x \leq 5$

(ⅱ) $3x < 4x-1$을 풀면 $x > 1$

(ⅰ), (ⅱ)를 수직선 위에 나타내면 오른쪽 그림과 같으므로
구하는 해는 $1 < x \leq 5$

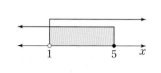

연립부등식 $A \leq B < C$를 해석하는 문제로군요. $A \leq B < C$는 연립부등식 $\begin{cases} A \leq B \\ B < C \end{cases}$ 를 간단하게

나타낸 표현입니다. 그런데 이를 $\begin{cases} A \leq B \\ A < C \end{cases}$ 로 해석하면 잘못된 결과가 나올 수 있습니다.

(ⅱ)에서 부등식 $3x < 4x-1$을 풀 것이 아니라 부등식 $x+10 < 4x-1$을 풀었어야 합니다. 부등식
$x+10 < 4x-1$의 해는 $x > \dfrac{11}{3}$이므로 구하는 해는 $\dfrac{11}{3} < x \leq 5$입니다.

잘못된 해 $1 < x \leq 5$를 만족하는 $x=2$를 연립부등식에 대입하면 다음과 같은 오류가 발생합니다.

$$6 \leq 12 < 7$$

Q 연립부등식 $\begin{cases} 2x > 4 \\ 3x > 21 \end{cases}$ 을 가감법으로 풀었더니 틀린 답이 나왔어요.
연립부등식은 왜 연립방정식과 같이 가감법으로 풀 수 없나요?

A

$$\begin{array}{r} 2x > 4 \\ +\underline{)\; 3x > 21} \\ 5x > 25 \end{array} \quad \text{따라서 } x > 5$$

연립방정식은 각 식이 방정식, 즉 등식이므로 양변의 값이 같습니다. 따라서 가감법을 사용하여
양변끼리 빼거나 더해도 결과가 같고 가감법으로 해를 구할 수 있습니다.

하지만 연립부등식의 각 식은 등식이 아니기 때문에 양변을 같다고 볼 수 없습니다. 따라서 연립
부등식의 경우 가감법을 사용해서는 해를 구할 수 없고 각 부등식의 해를 따로 구한 후에 공통부분
을 찾는 방법으로 해를 구합니다.

$2x > 4$에서 $x > 2$이고, $3x > 21$에서 $x > 7$이므로 두 부등식을 동시에 만족하는 부분 $x > 7$이 연립
부등식의 해가 됩니다.

절댓값은 마이너스 부호만 떼면 되나요?

아! 그렇구나

절댓값의 뜻은 모르지만 단순히 문제를 많이 풀어 본 경험을 통해서 절댓값은 부호를 없애면 구할 수 있다고 생각하는 학생들이 많습니다. 문자가 아닌 수들의 경우 음수를 − 기호를 사용하여 표현하기 때문에 그렇게 절댓값을 구할 수 있습니다. 그러나 문자에 대한 절댓값을 구하는 경우 문자 앞의 −만 봐서는 양수인지 음수인지 알 수 없기 때문에 부호를 없애는 것으로 절댓값을 구할 수 없습니다. 절댓값은 원점으로부터 떨어진 거리이기 때문에 항상 양수 혹은 0이어야 합니다. 절댓값의 정의를 모르면 절댓값을 포함한 일차부등식의 풀이는 절대 이해할 수 없습니다.

30초 정리

- **절댓값을 포함한 일차부등식**

① $a>0$일 때

$|x|<a$이면 $-a<x<a$

$|x|>a$이면 $x<-a$ 또는 $x>a$

② $|x|=\begin{cases} x & (x\geq0) \\ -x & (x<0) \end{cases}$

$|x-a|=\begin{cases} x-a & (x\geq a) \\ -(x-a) & (x<a) \end{cases}$

◆ 절댓값을 포함한 일차부등식의 풀이 ◆

수직선에서 색칠한 부분에 있는 점들은 원점으로부터의 거리가 3보다 작습니다. 이 수들을 x라 하면 부등식을 이용하여 $-3<x<3$이라고 쓸 수 있습니다.

원점에서부터의 거리를 **절댓값**이라고 했으므로 절댓값 기호를 이용하면 부등식 $-3<x<3$은 $|x|<3$이라고 나타낼 수도 있습니다.

일반적으로 실수 x의 절댓값 $|x|$는 수직선 위에서 원점과 x를 나타내는 점 사이의 거리를 뜻합니다. 따라서 $a>0$일 때, 절댓값의 뜻에 따라 다음과 같이 부등식의 해를 구할 수 있습니다.

(1) $|x|<a$의 해는 $-a<x<a$ (2) $|x|>a$의 해는 $x<-a$ 또는 $x>a$

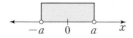   

이 사실을 이용하면 다음과 같이 절댓값을 포함한 일차부등식을 풀 수 있습니다.

예를 들어, $|x-3|<4$는 연립부등식 $-4<x-3<4$와 같으므로

　(ⅰ) $-4<x-3$에서　$x>-1$

　(ⅱ) $x-3<4$에서　$x<7$

　부등식 $|x-3|<4$의 해는 (ⅰ), (ⅱ)의 공통부분이므로

　　　　$-1<x<7$

또 $|x-3|\geq4$이면 $x-3\leq-4$ 또는 $x-3\geq4$이므로

　(ⅰ) $x-3\leq-4$에서　$x\leq-1$

　(ⅱ) $x-3\geq4$에서　$x\geq7$

(ⅰ), (ⅱ)에서 부등식 $|x-3|\geq4$의 해는

　　　　$x\leq-1$ 또는 $x\geq7$

> **연립부등식 $A<B<C$**
> 연립부등식 $A<B<C$는 연립부등식 $\begin{cases} A<B \\ B<C \end{cases}$ 를 간단히 한 것이다. 그러므로 연립부등식 $A<B<C$를 풀 때는 반드시 $\begin{cases} A<B \\ B<C \end{cases}$ 로 고쳐서 풀어야 한다.

◆ **절댓값** ◆

수직선 위에서 +3에 대응하는 점과 −3에 대응하는 점은 모두 원점으로부터 3만큼 떨어져 있습니다. 이와 같이 어떤 수를 수직선 위에 나타낼 때, 원점으로부터 그 수에 대응하는 점까지의 거리를 그 수의 **절댓값**이라 하고, 기호 | |로 나타냅니다.

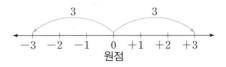

예를 들어, |+3|=3이고, |−3|=3입니다. 또 |0|=0입니다.

수직선을 보면 원점을 중심으로 양쪽에 부호가 다른 똑같은 수가 쓰여 있습니다. 부호만 빼면 그 수는 원점에서 그 수까지의 거리를 의미합니다.

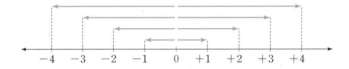

$|x|$는 수직선 위에서 x에 대응하는 점과 원점 사이의 거리이므로 다음과 같이 나타낼 수 있습니다.

$$|x| = \begin{cases} x \ (x \geq 0) \\ -x \ (x < 0) \end{cases}$$

$-x$를 보고 "절댓값은 거리이고 거리는 0보다 큰 수인데 왜 마이너스가 붙나요?"라고 질문하는 학생들이 많습니다. − 부호만 보고 음수라고 잘못 생각한 결과입니다. $x>0$인 경우에는 $-x$가 음수이겠지만 $x<0$인 경우를 생각해 보면 $-x$는 양수입니다. 예를 들어 $x=-3$인 경우 $|x|$는 원점으로부터의 거리인 3인데 이때 $|x|=-(-3)=-x$인 것입니다. 따라서 문자의 절댓값은 부호만으로 판단하지 말고 원래 문자가 양수인지 음수인지를 따져서 판단할 필요가 있습니다.

중2	공통수학1	공통수학1	공통수학1	공통수학2
일차부등식	연립일차부등식	절댓값을 포함한 일차부등식	이차부등식	도형의 방정식

Q $|x|+|x-2| \leq 4$와 같이 절댓값을 2개 포함한 일차부등식은 어떻게 푸나요?

A 일반적으로 절댓값을 포함한 일차부등식의 계산에서는 절댓값 기호 안의 식의 값이 0이 되게 하는 x의 값을 경계로 범위를 나눠 절댓값 기호를 없애 줍니다.

$$|x|=\begin{cases} x \ (x \geq 0) \\ -x \ (x<0), \end{cases} \quad |x-2|=\begin{cases} x-2 \ (x \geq 2) \\ -(x-2)(x<2) \end{cases}$$

절댓값이 2개이고 각 절댓값을 푸는 과정에 x의 값의 범위가 각각 2개씩이므로 두 절댓값을 동시에 생각하면 x의 값의 범위는 4가지 경우로 나눌 수 있습니다.

(ⅰ) $x<0$이고 $x<2$인 경우 ➡ $x<0$　　(ⅱ) $x<0$이고 $x \geq 2$인 경우 ➡ 없음

(ⅲ) $x \geq 0$이고 $x<2$인 경우 ➡ $0 \leq x<2$　　(ⅳ) $x \geq 0$이고 $x \geq 2$인 경우 ➡ $x \geq 2$

(ⅰ) $x<0$일 때, $|x|=-x$, $|x-2|=-(x-2)$이므로 주어진 부등식은

$-x-(x-2) \leq 4$에서 $x \geq -1$

$x<0$이므로 $-1 \leq x<0$ ······ ㉠

(ⅲ) $0 \leq x<2$일 때, $|x|=x$, $|x-2|=-(x-2)$이므로 주어진 부등식은

$x-(x-2) \leq 4$에서 $2 \leq 4$

$2 \leq 4$는 항상 성립하므로 $0 \leq x<2$ ······ ㉡

(ⅳ) $x \geq 2$일 때, $|x|=x$, $|x-2|=x-2$이므로 주어진 부등식은

$x+(x-2) \leq 4$에서 $x \leq 3$

$x \geq 2$이므로 $2 \leq x \leq 3$ ······ ㉢

㉠, ㉡, ㉢을 수직선 위에 나타내면

따라서 구하는 해는 $-1 \leq x \leq 3$입니다.

참고로 부등식 $|x|+|x-2| \leq 4$의 기하학적 의미는
$y=|x|+|x-2|$의 그래프에서 $y \leq 4$인 부분을 나타냅니다.

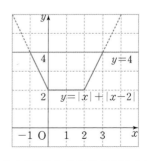

이차방정식과 이차부등식의 공통점이 뭔가요?

{ **아!** 그렇구나 }

　　이차방정식을 풀면서 이차함수와의 관계를 생각했습니다. 이차부등식도 이차함수와 연관시켜 생각하는 것이 편리합니다. 이런 의미에서 이차함수의 그래프를 그리는 것은 무엇보다도 중요합니다. 이차함수의 그래프를 정확히 그리면 이차방정식의 해도, 이차부등식의 해도 보입니다.

⟳ **30초 정리**

● **이차부등식의 해**

　　이차부등식 $ax^2+bx+c>0$, $ax^2+bx+c<0$, $ax^2+bx+c\geq0$, $ax^2+bx+c\leq0$ $(a\neq0)$은 이차함수 $y=ax^2+bx+c$의 그래프를 이용하여 그 해를 구한다.

　　그래프가 x축 위에 있는 경우는 $y>0$이고 반대로 x축 아래에 있는 경우는 $y<0$이다.

◆ 이차부등식과 이차함수의 관계 ◆

부등식에서 모든 항을 좌변으로 이항해 정리했을 때,

$$ax^2+bx+c>0, \quad ax^2+bx+c<0, \quad ax^2+bx+c\geq0, \quad ax^2+bx+c\leq0 \; (a\neq0)$$

과 같이 좌변이 미지수 x에 대한 이차식인 부등식을 x에 대한 **이차부등식**이라고 합니다.

이차부등식 $ax^2+bx+c>0$의 해는 이차함수 $y=ax^2+bx+c$에서 $y>0$인 부분의 x의 값의 범위, 즉 이차함수 $y=ax^2+bx+c$의 그래프에서 x축보다 위쪽에 있는 부분의 x의 값의 범위로 생각할 수 있습니다. 또한 이차부등식 $ax^2+bx+c<0$의 해는 이차함수 $y=ax^2+bx+c$의 그래프에서 x축보다 아래쪽에 있는 부분의 x의 값의 범위입니다. $ax^2+bx+c\geq0$과 같이 등호를 포함한 이차부등식의 해는 이차함수의 그래프가 x축과 만나는 점을 포함해서 생각합니다.

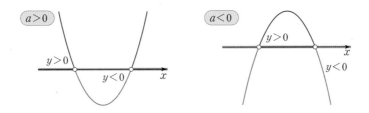

이차방정식 $ax^2+bx+c=0 \; (a>0)$의 판별식을 $D=b^2-4ac$라 하면 이차함수 $y=ax^2+bx+c$의 그래프와 이차부등식의 해 사이에는 다음과 같은 관계가 성립합니다.

	$D>0$	$D=0$	$D<0$
$y=ax^2+bx+c=0$의 그래프	 α β	 α	
$ax^2+bx+c>0$의 해	$x<\alpha$ 또는 $x>\beta$	$x\neq\alpha$인 모든 실수	모든 실수
$ax^2+bx+c<0$의 해	$\alpha<x<\beta$	없다	없다
$ax^2+bx+c\geq0$의 해	$x\leq\alpha$ 또는 $x\geq\beta$	모든 실수	모든 실수
$ax^2+bx+c\leq0$의 해	$x\leq\alpha\leq\beta$	$x=\alpha$	없다

◆ 이차방정식과 이차함수의 관계 ◆

계수가 실수인 이차방정식 $ax^2+bx+c=0$의 판별식을 D라 하면, 이차방정식은

(ⅰ) $D>0$이면, 서로 다른 두 실근

(ⅱ) $D=0$이면, 서로 같은 두 실근(중근)

(ⅲ) $D<0$이면, 서로 다른 두 허근

이차함수 $y=ax^2+bx+c$의 그래프가 x축과 만나는 점(교점)의 y좌표가 0이므로 교점의 x좌표는 이차함수에 $y=0$을 대입해서 나오는 이차방정식 $ax^2+bx+c=0$의 실근과 같습니다. 따라서 이차함수 $y=ax^2+bx+c$의 그래프와 x축의 교점의 개수는 이차방정식 $ax^2+bx+c=0$의 실근의 개수와 같습니다.

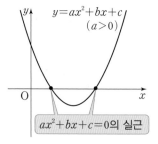

이차방정식 $ax^2+bx+c=0$에서 $y=ax^2+bx+c$라 하면 이차방정식과 이차함수의 그래프 사이에는 다음과 같은 관계가 성립합니다.

	$D>0$	$D=0$	$D<0$
$y=ax^2+bx+c=0$의 해	서로 다른 두 실근	중근	서로 다른 두 허근
$y=ax^2+bx+c=0$의 그래프와 x축의 위치 관계	서로 다른 두 점에서 만난다.	한 점에서 만난다. (접한다.)	만나지 않는다.
$a>0$일 때 $y=ax^2+bx+c$의 그래프			

중2	공통수학1	공통수학1	공통수학1	공통수학2
일차부등식	절댓값을 포함한 일차부등식	이차부등식	연립이차부등식	도형의 방정식

Q 이차부등식 $x^2+kx+k>0$이 모든 실수 x에 대하여 항상 성립하게 하는 실수 k의 값의 범위를 어떻게 구하나요?

A 이차함수의 그래프를 그려서 생각하는 것이 편리합니다. 이차부등식을 이차함수로 고치면 $y=x^2+kx+k$의 그래프를 그릴 수 있습니다. k의 값은 모르지만 이 그래프는 아래로 볼록한 포물선이므로 다음 셋 중 하나입니다.

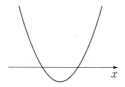 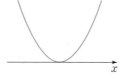 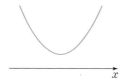

셋 중 모든 실수 x에 대하여 항상 $y>0$인 것은 그래프가 x축과 만나지 않는 세 번째 것이므로 이차방정식 $x^2+kx+k=0$이 허근을 가질 때입니다.

$$\therefore D=k^2-4k<0$$

이차부등식의 좌변을 인수분해하면 $k(k-4)<0$이므로 실수 k의 값의 범위는 $0<k<4$입니다.

Q 이차부등식 $ax^2+bx+c\geq0\ (a>0)$의 해가 모든 실수일 조건은 $D<0$ 아닌가요?

A 거꾸로 생각하면 맞습니다. 즉, $D<0$일 때 이차부등식 $ax^2+bx+c\geq0$의 해가 모든 실수인 것은 맞습니다. 하지만 또 다른 조건이 있는지 확인해 볼 필요가 있습니다.

우선 $D<0$이면 오른쪽 그래프와 같으므로 이차부등식 $ax^2+bx+c\geq0$의 해가 모든 실수입니다.

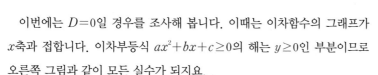

이번에는 $D=0$일 경우를 조사해 봅니다. 이때는 이차함수의 그래프가 x축과 접합니다. 이차부등식 $ax^2+bx+c\geq0$의 해는 $y\geq0$인 부분이므로 오른쪽 그림과 같이 모든 실수가 되지요.

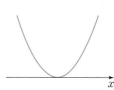

그러므로 이차부등식 $ax^2+bx+c\geq0$의 해가 모든 실수일 조건은 $D<0$와 $D=0$를 모두 포함하여 $D\leq0$로 표현해야 합니다.

연립이차부등식에는 이차부등식이 몇 개 있나요?

아! 그렇구나

　다항식에는 항이 여러 개 있고, 각 항의 차수가 다 다를 수 있는데 그중 최고차항을 기준으로 이름을 붙였습니다. 예를 들어, x^2+2x+3과 같이 이차항과 일차항, 그리고 상수항으로 이루어진 다항식은 최고차항이 이차이므로 이차식이라고 부릅니다. 연립방정식에서 차수가 가장 높은 방정식이 이차방정식일 때 연립이차방정식이라고 부르는 것과 같이 연립부등식도 차수가 가장 높은 부등식이 이차부등식이면 나머지는 일차부등식이어도 연립이차부등식이라고 부릅니다.

30초 정리

- **연립이차부등식의 정의**
  연립부등식을 이루는 부등식 중 차수가 가장 높은 부등식이 이차부등식일 때, 이 연립부등식을 연립이차부등식이라 한다.

- **연립이차부등식의 풀이**
  연립이차부등식을 풀 때는 연립일차부등식을 풀 때와 마찬가지로 연립이차부등식을 이루고 있는 각 부등식의 해를 구한 후에 이들의 공통부분을 구한다.

◆ 연립이차부등식의 풀이 ◆

방정식이든 부등식이든 차수를 붙일 때는 가장 높은 차수가 기준입니다. 2개 이상을 한 쌍으로 묶는 연립방정식이나 연립부등식도 가장 차수 높은 식을 기준으로 이름을 붙입니다. 즉, 연립이차부등식은 한 쌍으로 묶은 부등식 중 이차부등식이 가장 높은 차수의 부등식이라는 뜻입니다. 따라서 연립이차부등식은 다음과 같이 2가지 형태가 될 수 있습니다.

(1) $\begin{cases} (일차부등식) \\ (이차부등식) \end{cases}$ 꼴의 연립이차부등식

예를 들어, 연립부등식 $\begin{cases} 4x-12>0 & \cdots\cdots \,\text{㉠} \\ 2x^2-5\leq x^2+4x & \cdots\cdots \,\text{㉡} \end{cases}$에서

부등식 ㉠을 풀면

$\quad 4x>12$에서 $\quad x>3 \qquad\qquad \cdots\cdots \,\text{㉢}$

부등식 ㉡을 풀면

$\quad x^2-4x-5\leq 0$

$\quad (x+1)(x-5)\leq 0$에서 $\quad -1\leq x\leq 5 \quad \cdots\cdots \,\text{㉣}$

㉢, ㉣의 공통부분을 수직선 위에 나타내면 구하는 해는

$\quad 3<x\leq 5$

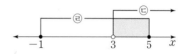

(2) $\begin{cases} (이차부등식) \\ (이차부등식) \end{cases}$ 꼴의 연립이차부등식

예를 들어, 연립부등식 $\begin{cases} 2x^2>3x+5 & \cdots\cdots \,\text{㉠} \\ x^2+2x-8\leq 0 & \cdots\cdots \,\text{㉡} \end{cases}$에서

부등식 ㉠을 풀면

$\quad 2x^2-3x-5>0$

$\quad (x+1)(2x-5)>0$에서 $\quad x<-1$ 또는 $x>\dfrac{5}{2} \cdots\cdots \,\text{㉢}$

부등식 ㉡을 풀면

$\quad (x+4)(x-2)\leq 0$에서 $\quad -4\leq x\leq 2 \qquad \cdots\cdots \,\text{㉣}$

㉢, ㉣의 공통부분을 수직선 위에 나타내면 구하는 해는

$\quad -4\leq x<-1$

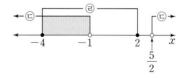

◆ **연립일차부등식의 해** ◆

부등식 또는 연립부등식을 풀 때는 다음과 같은 부등식의 기본 성질을 이용합니다.

> 세 실수 a, b, c에 대하여
> ① $a>b$, $b>c$일 때, $a>c$이다.
> ② $a>b$일 때, $a+c>b+c$, $a-c>b-c$이다.
> ③ $a>b$, $c>0$일 때, $ac>bc$, $\dfrac{a}{c}>\dfrac{b}{c}$이다.
> ④ $a>b$, $c<0$일 때, $ac<bc$, $\dfrac{a}{c}<\dfrac{b}{c}$이다.

연립일차부등식 $\begin{cases} 2x+3>7 & \cdots\cdots \text{㉠} \\ x-3\leq1 & \cdots\cdots \text{㉡} \end{cases}$의 해는 먼저 각 일차부등식의 해를 구한 다음 이들의 공통부분을 찾는 것으로 구합니다. ㉠의 해는 $x>2$이고, ㉡의 해는 $x\leq4$이므로 각각을 먼저 수직선 위에 나타냅니다. 그리고 공통부분을 찾으면 그것이 연립부등식의 해가 됩니다.

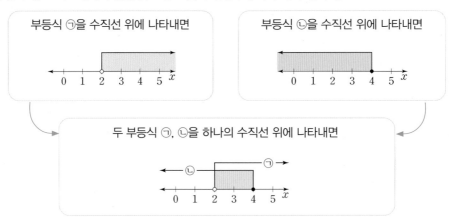

이와 마찬가지로 연립이차부등식도 각 부등식의 해를 먼저 구한 다음 공통부분을 찾는 방법으로 해를 구합니다. 다만 이차부등식이 적어도 하나 포함되어 있다는 점이 다를 뿐입니다.

공통수학1	공통수학1	공통수학1	공통수학2	미적분 Ⅰ
연립일차부등식	이차부등식	연립이차부등식	도형의 방정식	도함수의 부등식 활용

연립부등식 $\begin{cases} x^2+2x+1<0 & \cdots\cdots ㉠ \\ x^2-4x+4\geq 0 & \cdots\cdots ㉡ \end{cases}$ 은 왜 해가 하나도 없나요?

부등식 ㉠을 정리하면 $(x+1)^2<0$입니다.

$y=(x+1)^2$의 그래프는 $x=-1$일 때 x축에 접하고 아래로 볼록한 포물선이므로 부등식 $(x+1)^2<0$을 만족하는 해는 없습니다.

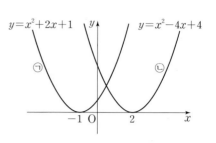

부등식 ㉡을 정리하면 $(x-2)^2\geq 0$입니다.

$y=(x-2)^2$의 그래프는 $x=2$일 때 x축에 접하고 아래로 볼록한 포물선이므로 부등식 $(x-2)^2\geq 0$을 만족하는 해는 모든 실수입니다.

연립부등식의 해는 ㉠과 ㉡의 해의 공통부분을 찾아 구하는데 ㉠을 만족하는 해가 없으므로 주어진 연립부등식의 해는 없습니다.

연립부등식 $\begin{cases} x^2-8x+15\leq 0 & \cdots\cdots ㉠ \\ x^2-(a+1)x+a\leq 0 & \cdots\cdots ㉡ \end{cases}$ 의 해에 속하는 정수가 2개뿐이기 위한

상수 a의 값의 범위는 어떻게 구하나요?

부등식 ㉠에서 $(x-3)(x-5)\leq 0$이므로

$3\leq x\leq 5$

부등식 ㉡은 $(x-a)(x-1)\leq 0$입니다.

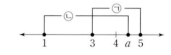

만약 $a<3$이면 연립부등식의 해가 존재하지 않기 때문에 $a\geq 3$이어야 합니다.

연립부등식의 해에 속하는 정수가 2개뿐이려면 a의 값의 범위는

$4\leq a<5$

이어야 합니다.

이때 연립부등식의 해는 $3\leq x\leq a$이고 이 해에 속하는 정수는 3과 4, 2개뿐입니다.

Ⅲ 경우의 수

학습목표

다양한 상황과 맥락에서 경우의 수를 구하는 체계적인 방법이 존재한다.
경우의 수를 세는 방법은 사건이 일어날 수 있는 모든
경우를 분류하고 체계화하는 수학적 사고를 경험하게 하고,
합리적인 의사 결정의 중요한 도구가 된다.

꼬리에 꼬리를 무는 개념 연결

중2 | 확률

경우의 수
확률의 뜻과 기본 성질
간단한 확률의 계산

공통수학 1-Ⅲ | 경우의 수

경우의 수
순열
조합

확률과 통계 | 순열과 조합

여러 가지 순열
중복조합
이항정리

확률과 통계 | 확률

확률의 기본 성질
확률의 덧셈정리
조건부확률
확률의 곱셈정리

동시에 일어나지 않는데 왜 곱하나요?

아! 그렇구나

합의 법칙과 곱의 법칙은 중학교에서도 사용했습니다. 그런데 이때는 합의 법칙 또는 곱의 법칙이라는 용어를 사용하지 않고, 동시에 일어나지 않을 때 더하고 동시에 일어나면 곱하는 방식으로 경우의 수를 세었습니다. 여기서 많은 학생이 '동시에'라는 말을 헷갈려합니다. 경우의 수에서 '동시에'는 꼭 한 번에 일어나는 것이 아닙니다. 연속적이기만 하면 되지요. 예를 들어 주사위 한 개와 동전 한 개를 동시에 던지는 경우와 주사위를 던진 후 이어서 동전을 던지는 경우는 둘 다 곱의 법칙을 이용합니다.

30초 정리

- **합의 법칙**

  두 사건 A, B가 동시에 일어나지 않을 때, 사건 A가 일어나는 경우의 수를 m, 사건 B가 일어나는 경우의 수를 n이라 하면 사건 A 또는 사건 B가 일어나는 경우의 수는 $m+n$이다.

- **곱의 법칙**

  사건 A가 일어나는 경우의 수가 m, 그 각각에 대하여 사건 B가 일어나는 경우의 수가 n일 때, 두 사건 A, B가 동시에 일어나는 경우의 수는 $m \times n$이다.

◆ 합의 법칙과 곱의 법칙 ◆

합의 법칙과 곱의 법칙은 경우의 수를 세는 기본 법칙입니다.

상황에 따라 두 법칙 중 어떤 법칙을 적용할지 구분하는 것이 중요하지요.

이때 가장 핵심이 되는 것은 사건이 '동시에' 일어나는가, '동시에' 일어나지 않는가 하는 것입니다.

아이스크림 가게에서 세 종류의 조각 케이크와 네 종류의 아이스크림 중 하나를 선택하는 것은 결국 7가지 중에서 어느 하나를 선택하는 것입니다. 조각 케이크를 고르면 아이스크림을 살 수 없고, 아이스크림을 고르면 조각 케이크를 살 수 없는 상황이지요. 그러면 조각 케이크 3가지 중 하나를 선택하는 경우가 3가지이고 아이

스크림 4가지 중 하나를 선택하는 경우가 4가지이므로 경우의 수는 3+4=7입니다.

일반적으로 두 사건 A, B가 동시에 일어나지 않을 때, 사건 A가 일어나는 경우의 수를 m, 사건 B가 일어나는 경우의 수를 n이라 하면 사건 A 또는 사건 B가 일어나는 경우의 수는 $m+n$입니다. 이를 합의 법칙이라고 합니다.

이번에는 세 종류의 조각 케이크 중 하나, 네 종류의 아이스크림 중 하나를 선택합니다. 그러면 조각 케이크 3가지 중 하나를 선택하는 경우가 3가지이고 각각의 조각 케이크에 대해 아이스크림을 선택하는 경우가 4가지씩이므로 경우의 수는 3×4=12입니다.

일반적으로 사건 A가 일어나는 경우의 수가 m이고, 그 각각에 대하여 사건 B가 일어나는 경우의 수가 n일 때, 두 사건 A, B가 동시에 일어나는 경우의 수는 $m×n$입니다. 이를 곱의 법칙이라고 합니다.

여기서 동시에 일어난다는 것은 시간적으로 꼭 같은 시간에 일어난다는 뜻이 아니라 잇달아 일어나는 것을 뜻합니다.

> **합의 법칙과 곱의 법칙**
>
> 합의 법칙과 곱의 법칙은 경우의 수를 세는 가장 기본이 되는 간단한 법칙이면서 아주 강력한 법칙이다. 강력하다고 하는 것은 이 2가지 법칙만으로 거의 모든 경우의 수를 셀 수 있기 때문이다. 결국, 아주 간단하기 때문에 강력한 것이다.

◆ 합의 법칙과 곱의 법칙 ◆

중학교에서는 사건을 먼저 정의했습니다. 주사위 한 개를 던져서 '짝수의 눈이 나올 경우'와 같이 동일한 조건에서 반복할 수 있는 실험이나 관찰에 의해 나타나는 결과를 사건이라고 합니다. 이때 어떤 사건이 일어나는 가짓수를 그 사건의 경우의 수라고 하지요.

중학교에서는 경우의 수를 정의한 이후 '사건 A 또는 사건 B가 일어나는 경우의 수'와 '사건 A와 사건 B가 동시에 일어나는 경우의 수'를 구하는 방법을 설명하는데, 이는 각각 고등학교에서 다루는 합의 법칙과 곱의 법칙입니다.

중요한 것은 상황에 따라 합의 법칙을 이용할 것인지 곱의 법칙을 이용할 것인지 판단하는 것입니다.

주사위 2개를 동시에 던져서 나오는 두 눈의 수의 합이 5의 배수가 되는 경우의 수는 두 눈의 수의 합이 5가 되는 경우와 10이 되는 경우가 있는데 두 사건은 동시에 일어나지 않으므로 합의 법칙을 이용하여 구합니다.

$$\boxed{\text{사건 } A \text{ 또는 사건 } B} \quad \rightarrow \quad \text{합의 법칙 이용}$$

그런데 주사위 한 개를 두 번 던질 때 첫 번째는 짝수가, 두 번째는 홀수가 나오는 경우의 수는 두 사건이 똑같은 시간에 일어나는 것은 아니지만 연속해서 일어나기 때문에 곱의 법칙을 이용하여 구합니다.

$$\boxed{\text{사건 } A, B \text{가 잇달아}} \quad \rightarrow \quad \text{곱의 법칙 이용}$$

꼬리에 꼬리를 무는 개념

중2	중2	공통수학1	공통수학1	공통수학1
경우의 수	확률	합의 법칙과 곱의 법칙	경우의 수 세기	순열과 조합

주사위 2개를 동시에 던져서 나오는 두 눈의 수의 합이 5의 배수가 되는 경우의 수는 몇 가지인가요?

주사위 2개를 동시에 던져서 나오는 두 눈의 수의 합은 최소 2에서 최대 12까지 모두 11가지입니다.

이 중 5의 배수는 5와 10입니다.

(ⅰ) 두 눈의 수의 합이 5가 되는 경우는 4가지

(1, 4), (2, 3), (3, 2), (4, 1)

(ⅱ) 두 눈의 수의 합이 10이 되는 경우는 3가지

(4, 6), (5, 5), (6, 4)

(ⅰ), (ⅱ)는 동시에 일어나지 않으므로 두 눈의 수의 합이 5의 배수가 되는 경우의 수를 합의 법칙을 이용하여 구하면

$$4+3=7$$

그림의 5개 영역이 서로 구분될 수 있도록 5가지 색을 이용해 색칠하는 방법의 수는 어떻게 구하나요? (단, 같은 색을 여러 번 칠할 수 있습니다.)

영역끼리 서로 구분되도록 색칠하기 위해서는 인접한 영역끼리 서로 다른 색으로 색칠해야합니다. 이때 색칠된 영역은 색칠하지 않은 인접한 영역에 색칠할 수 있는 경우의 수에 영향을 줍니다. 따라서 인접한 면이 많은 면부터 색칠해야 경우의 수를 바르게 구할 수 있습니다.

가장 많은 영역과 인접하고 있는 영역 D부터 시작하여 D→A→B→E→C의 순서로 색칠하면

D에 칠할 수 있는 색은 5가지,

A에 칠할 수 있는 색은 D에 칠한 색을 제외한 4가지,

B에 칠할 수 있는 색은 A와 D에 칠한 색을 제외한 3가지,

E에 칠할 수 있는 색은 B와 D에 칠한 색을 제외한 3가지,

C에 칠할 수 있는 색은 A와 D에 칠한 색을 제외한 3가지입니다.

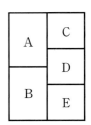

5개 영역에 동시에 칠하는 것이므로 색칠하는 방법의 수를 곱의 법칙을 이용하여 구하면

$$5 \times 4 \times 3 \times 3 \times 3 = 540$$

꼭 순서대로 나열해야 하나요?

{아! 그렇구나}

경우의 수를 세는 기본은 나열입니다. 경우의 수를 잘 세고 싶다면 모든 것을 나열한다는 각오로 연습해야 합니다. 그런데 무작정 나열하는 방법은 한계가 있습니다. 나열에서 가장 중요한 것은 겹치지 않고 빠짐없이 세는 것인데, 순서 없이 세면 겹치거나 빠지기 쉽기 때문이지요. 그래서 사전식으로 배열하거나 수형도를 이용합니다.

{30초 정리}

● **나열하는 방법**

① 사전식 배열

영어를 나열할 때는 a, b, c, …와 같이 알파벳 순서로, 수를 나열할 때는 1, 2, 3, …과 같이 작은 수부터 차례로 나열하는 방법

② 수형도

나뭇가지 모양으로 뻗어 나가는 그림을 그려서 경우를 나열하는 방법

◆ 나열하여 경우의 수 찾기 ◆

경우의 수를 구하는 기본 원칙은 나열하는 것입니다. 나열하는 것을 충분히 연습하면 나열하지 않고도 합의 법칙과 곱의 법칙을 이용해서 경우의 수를 구할 수 있게 될 것입니다.

나열하는 방법으로는 사전식 배열과 수형도가 있습니다.

사전식 배열은 영어를 나열할 때는 a, b, c, …와 같이 알파벳 순서로 나열하는 것이고, 수를 나열할 때는 1, 2, 3, …과 같이 작은 수부터 차례로 나열하는 것입니다.

a, b, c를 한 번씩만 사용하여 만들 수 있는 세 문자로 된 단어는 모두 6개인데, 사전식으로 배열하면 다음과 같습니다.

$$abc,\ acb,\ bac,\ bca,\ cab,\ cba$$

이를 나뭇가지 그림으로 나타낸 것을 **수형도**라고 합니다.

> **수형도**
>
> 수형도(樹型圖)는 한자어 뜻 그대로 나뭇가지 모양의 그림을 말한다. 경우의 수를 순서대로 빠짐없이 나열하여 구할 수 있는 중요한 방법이 된다.

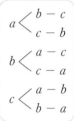

◆ 합의 법칙과 곱의 법칙의 혼합 사용 ◆

합의 법칙과 곱의 법칙이 혼합된 문제를 해결하는 기본 패턴이 있습니다.

5명의 학생 A, B, C, D, E에게 빨간색, 주황색, 노란색, 초록색, 파란색의 연필 5자루를 각각 한 자루씩 임의로 나눠 줄 때, A가 빨간색 연필을 받지 않고 E가 파란색 연필을 받지 않는 경우의 수를 구하기 위해서 다음과 같은 패턴으로 문제를 해결합니다.

⑴ 곱의 법칙 적용 시도 …… (x)

A는 빨간색 연필을 받지 않아야 하므로 경우의 수는 4입니다. 이들 각각에 대하여 E의 경우의 수는 A가 파란색을 받았을 경우는 4이고, A가 파란색을 받지 않았을 경우는 3으로 다릅니다. 따라서 한꺼번에 곱의 법칙을 적용할 수 없습니다.

⑵ A에 대하여 경우를 나눠서 곱의 법칙 적용

　(ⅰ) A가 파란색을 받을 경우(1가지), 이때 E의 경우의 수는 4이고 남은 3명이 연필 3자루를 한 자루씩 받은 경우의 수는 $3 \times 2 \times 1 = 6$이므로 $1 \times 4 \times 6 = 24$

　(ⅱ) A가 파란색을 받지 않을 경우(3가지), 이때 E의 경우의 수는 3이고 남은 3명이 연필 3자루를 한 자루씩 받은 경우의 수는 $3 \times 2 \times 1 = 6$이므로 $3 \times 3 \times 6 = 54$

　(ⅰ), (ⅱ)는 동시에 일어나지 않으므로 구하는 경우의 수는 합의 법칙에 따라

$$24 + 54 = 78$$

◆ 수형도와 곱의 법칙 ◆

수형도를 그릴 때는 모든 경우를 다 그리는 것이 아니라 똑같은 수가 반복되는 경우를 찾아 곱의 법칙을 이용하고, 마지막에 합의 법칙으로 문제를 해결하는 기본 패턴을 똑같이 적용해야 합니다.

4개의 문자 A, B, C, D를 한 번씩만 사용하여 사전식으로 배열할 때, DBCA가 몇 번째에 오는 지 수형도를 이용해서 구해 보겠습니다.

$$
A
\begin{cases}
B \begin{cases} C - D \\ D - C \end{cases} \\
C \begin{cases} B - D \\ D - B \end{cases} \\
D \begin{cases} B - C \\ C - B \end{cases}
\end{cases}
\quad 6가지
$$

첫 문자가 A인 경우는 위와 같이 6가지입니다. 또 첫 문자가 B 혹은 C일 때에도 경우의 수는 같으므로 A에 대해서만 수형도를 그리고 3을 곱합니다.

DBCA가 몇 번째에 오는지 구하기 위해 첫 문자가 D인 경우에 대하여 DBCA까지 수형도를 그리면

$$
D
\begin{cases}
A \begin{cases} B - C \\ C - B \end{cases} \\
B \begin{cases} A - C \\ C - A \end{cases}
\end{cases}
$$

4번째임을 알 수 있습니다.

이를 앞에 언급한 기본 패턴으로 풀면 다음과 같이 2가지 경우로 나눌 수 있습니다.

(i) 첫 문자가 A/B/C인 경우 ⇨ 6×3＝18(가지)

(ii) 첫 문자가 D인 경우 DBCA까지 ⇨ 4가지

문자 A, B, C, D를 사전식으로 배열할 때 ABCD부터 DBCA까지 22가지 배열이 가능하므로 DBCA는 22번째입니다.

중2	공통수학1	공통수학1	공통수학1	공통수학1
경우의 수	합의 법칙과 곱의 법칙	경우의 수 세기	순열	조합

Q 오른쪽 그림과 같이 네 지점 A, B, C, D를 연결하는 도로가 있습니다. 같은 지점을 두 번 이상 지나지 않으면서 A 지점에서 출발하여 B 지점으로 가는 경우의 수는 어떻게 구하나요?

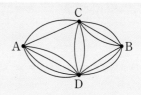

A A 지점에서 B 지점으로 가는 경우는 다음과 같이 네 가지가 있습니다.

    (i) A → C → B로 가는 경우의 수는 곱의 법칙에 의하여 $\qquad$ $2 \times 3 = 6$

    (ii) A → D → B로 가는 경우의 수는 곱의 법칙에 의하여 $\qquad$ $4 \times 3 = 12$

    (iii) A → C → D → B로 가는 경우의 수는 곱의 법칙에 의하여 $\qquad$ $2 \times 2 \times 3 = 12$

    (iv) A → D → C → B로 가는 경우의 수는 곱의 법칙에 의하여 $\qquad$ $4 \times 2 \times 3 = 24$

  (i)~(iv)는 동시에 일어날 수 없으므로 구하는 경우의 수는 합의 법칙에 의하여

$$6 + 12 + 12 + 24 = 54$$

Ⅲ 경우의 수

Q 수행평가 보고서의 표지에 들어갈 머리말, 제목, 인적 사항의 글꼴을 표에서 각각 한 개씩 선택할 때, 글꼴이 모두 다른 경우의 수는 몇 가지인지 어떻게 구하나요?

구분	글꼴
머리말	중고딕, 견고딕, 굴림체
제목	중고딕, 견고딕, 굴림체 신명조, 견명조, 바탕체
인적 사항	신명조, 견명조, 바탕체

A 제목이 중고딕일 때 선택할 수 있는 인적 사항의 글꼴은 3가지이고 제목이 신명조일 때는 2가지 이므로 경우의 수가 다릅니다. 곱의 법칙을 사용할 수 없지요. 그러므로 겹치지 않도록 다음과 같 이 경우를 나눠 곱의 법칙을 적용합니다.

    (i) 제목이 중고딕, 견고딕, 굴림체 중 하나일 경우, 머리말의 3가지 글꼴 중 선택할 수 있는 것 은 2가지, 인적 사항은 3가지이므로

$$3 \times 2 \times 3 = 18$$

    (ii) 제목이 신명조, 견명조, 바탕체 중 하나일 경우, 머리말의 3가지 글꼴 중 선택할 수 있는 것 은 3가지, 인적 사항은 2가지이므로

$$3 \times 3 \times 2 = 18$$

  (i), (ii)는 동시에 일어나지 않으므로 합의 법칙을 이용하면 구하는 경우의 수는

$$18 + 18 = 36$$

1!이 1인데, 어떻게 0!도 1인가요?

아! 그렇구나

순열을 계산하다 보면 $0!=1$이라는 것이 나옵니다. 계승 $n!$은 1부터 n까지의 모든 자연수의 곱이므로 $n!$은 n이 자연수일 경우에만 정의되지만, $_n\mathrm{P}_r$에서 $r=n$인 경우에도 이 식을 적용하려면 불가피하게 $0!$을 정의해야만 하는 상황이 발생하기 때문입니다. 또한 $0!$을 정의하면 $_n\mathrm{P}_r$의 적용 범위를 $0 \le r \le n$으로 넓힐 수 있고, $_n\mathrm{P}_0 = 1$로 계산할 수 있답니다.

30초 정리

• 순열의 정의

서로 다른 n개에서 $r\,(0 \le r \le n)$개를 택하여 일렬로 나열하는 것을 n개에서 r개를 택하는 순열이라고 하며, 이 순열의 수를 기호로 $_n\mathrm{P}_r$과 같이 나타낸다.

• 순열의 계산

서로 다른 n개에서 r개를 택하는 순열의 수는

$$_n\mathrm{P}_r = \underbrace{n(n-1)(n-2)\cdots(n-r+1)}_{r\text{개}}$$

$$= \frac{n!}{(n-r)!} \quad (\text{단, } 0 \le r \le n)$$

◆ 순열의 수 $_n\mathrm{P}_r$ ◆

어떤 대상에서 일부를 뽑아 줄을 세우는 상황이 많이 발생합니다. 그리고 이런 경우의 수를 세어야 할 때가 있습니다.

예를 들어, 4장의 카드 $\boxed{1}$, $\boxed{2}$, $\boxed{3}$, $\boxed{4}$ 중에서 2장을 뽑아 만들어지는 두 자리 자연수는, 먼저 십의 자리에 4장이 올 수 있고, 이들 각각에 대하여 일의 자리에 올 수 있는 카드는 십의 자리에 선택된 한 장을 제외한 3장이므로, 그 경우의 수는 곱의 법칙에 따라 $4 \times 3 = 12$입니다.

이처럼 서로 다른 n개에서 r $(r \leq n)$개를 택하여 일렬로 나열하는 것을 n개에서 r개를 택하는 순열이라고 하며, 이 순열의 수를 기호로 $_n\mathrm{P}_r$과 같이 나타냅니다.

순열의 수 $_n\mathrm{P}_r$ $(0 < r \leq n)$은 어떻게 계산할까요?

서로 다른 n개에서 r개를 택하여 일렬로 나열할 때, 첫 번째 자리에 올 수 있는 것은 n가지이고, 그 각각에 대하여 두 번째 자리에 올 수 있는 것은 첫 번째 자리에 선택된 한 개를 제외한 $(n-1)$가지, 세 번째 자리에 올 수 있는 것은 앞의 두 자리에 선택된 2개를 제외한 $(n-2)$가지입니다.

이와 같은 과정을 계속하면 r번째 자리에 올 수 있는 것은 이미 앞에 선택된 $(r-1)$개를 제외한 $n-(r-1)$, 즉 $(n-r+1)$가지입니다.

배열 순서 :	첫 번째	두 번째	세 번째	$\cdots$	r번째
	↑	↑	↑		↑
경우의 수 :	n	$n-1$	$n-2$	$\cdots$	$n-r+1$

따라서 곱의 법칙에 따라 다음이 성립함을 알 수 있습니다.

$$_n\mathrm{P}_r = \underbrace{n(n-1)(n-2)\cdots(n-r+1)}_{r개} \quad (\text{단, } 0 < r \leq n)$$

특히 서로 다른 n개에서 n개를 모두 택하는 순열의 수는 $_n\mathrm{P}_r$에서 $r = n$인 경우이므로

$$_n\mathrm{P}_n = n(n-1)(n-2)\cdots \times 3 \times 2 \times 1$$

입니다. 이때 1부터 n까지의 자연수를 차례로 곱한 것을 n의 계승이라고 하며, 기호로 $n!$과 같이 나타냅니다. 즉,

$$_n\mathrm{P}_n = n(n-1)(n-2)\cdots \times 3 \times 2 \times 1 = n!$$

이고, $0 < r < n$일 때 순열의 수 $_n\mathrm{P}_r$을 계승을 사용하여 다음과 같이 나타낼 수 있습니다.

$$\begin{aligned}
_n\mathrm{P}_r &= n(n-1)(n-2)\cdots(n-r+1) \\
&= \frac{n(n-1)(n-2)\cdots(n-r+1)(n-r)\cdots \times 3 \times 2 \times 1}{(n-r)\cdots \times 3 \times 2 \times 1} \\
&= \frac{n!}{(n-r)!}
\end{aligned}$$

◆ 순열과 곱의 법칙 ◆

순열의 수 $_n\mathrm{P}_r=\dfrac{n!}{(n-r)!}$ 은 일단 $0<r<n$ 에서 정의됩니다.

이때 $0!=1$ 로 정의하면 $_n\mathrm{P}_n=\dfrac{n!}{0!}$ 이므로 이 식은 $r=n$ 일 때도 성립합니다.

또 $_n\mathrm{P}_0=1$ 로 정의하면 $_n\mathrm{P}_0=\dfrac{n!}{n!}=1$ 이므로 이 식은 $r=0$ 일 때도 성립합니다.

$0!=1$, $_n\mathrm{P}_0=1$ 이면 순열의 수는 다음과 같이 정리할 수 있습니다.

$$_n\mathrm{P}_r=\frac{n!}{(n-r)!}\ (\text{단},\ 0\leq r\leq n),\quad _n\mathrm{P}_n=n!$$

사실 순열의 수는 모두 곱의 법칙으로 구할 수 있습니다. 실제 경우의 수를 구하는 과정에서는 곱의 법칙을 적용하기 때문에 순열의 수를 굳이 사용하지 않고도 문제가 해결되는 경우가 많습니다.

예를 들어, 서로 다른 5개에서 3개를 뽑아 줄을 세우는 경우의 수는 순열의 수를 이용해

$$\begin{aligned}_5\mathrm{P}_3&=\frac{5!}{(5-3)!}\\&=\frac{5!}{2!}\\&=\frac{5\times4\times3\times2\times1}{2\times1}=5\times4\times3=60\end{aligned}$$

으로 계산할 수 있습니다.

하지만 그냥 곱의 법칙을 이용하면 처음에 뽑는 경우의 수 5가지, 두 번째와 세 번째는 앞에 뽑은 것을 제외하고 각각 4가지, 3가지이므로, 전체 경우의 수는 곱의 법칙을 이용해서

$$5\times4\times3=60$$

으로 계산됩니다. 순열의 수를 구하는 것이 전혀 새로운 내용이 아니라 곱의 법칙을 기본으로 하는 것임을 이해하고 문제를 해결할 필요가 있습니다.

중2	공통수학1	공통수학1	공통수학1	확률과 통계
경우의 수	합의 법칙과 곱의 법칙	순열	조합	여러 가지 순열

Q 1, 2, 3, 4, 5로 만들어지는 다섯 자리 자연수 중 12345, 14253, 51423 등과 같이 1이 2, 3보다 앞에 나오고 2가 3보다 앞에 나오는 자연수의 개수는 나열하는 방법 이외의 방법으로는 구할 수 없나요?

A 나열하는 방법으로 풀면 다음과 같이 20개가 나옵니다.

12345, 12354, 12435, 12453, 12534, 12543, 14235, 14253, 14523, 15234,

15243, 15423, 41235, 41253, 41523, 45123, 51234, 51243, 51423, 54123

겹치지 않고 빠짐없이 나열하려면 쉽지 않을 것입니다. 다른 방법을 알아보겠습니다.

순서에 제한이 없이 만들어지는 다섯 자리 자연수는 $5!=120$(개)입니다. 이들 중 1, 2, 3끼리는 순서가 고정되어 있으므로 1, 2, 3끼리 순서를 바꾸는 방법이 $3!=6$(가지)씩 중복됩니다. 예를 들어, □□□ 4 5는 $3!=6$(가지)입니다.

12345, 13245, 21345, 23145, 31245, 32145

이 중 순서가 고정된 조건에 맞는 것은 12345 한 가지뿐입니다. 전체 120가지 중에서 이렇게 1, 2, 3의 순서를 고정하여 한 가지씩 선택하면 구하는 개수는

$$\frac{5!}{3!}=\frac{120}{6}=20$$

Q **A** $1 < r \le n$일 때 등식 $_n\mathrm{P}_r = n \times {}_{n-1}\mathrm{P}_{r-1}$이 성립하는 것을 어떻게 설명할 수 있나요?

우변의 앞에 나온 n과 그다음 순열의 수에서 $n-1$을 보면 $_n\mathrm{P}_r$을 2가지로 나눠서 생각할 수 있습니다.

(ⅰ) 서로 다른 n개에서 한 개를 뽑아 맨 앞에 세우는 경우의 수는 n 입니다.

(ⅱ) 한 개를 뽑았으니 이제 남은 $(n-1)$개에서 $(r-1)$개만 뽑으면 됩니다. $(n-1)$개에서 $(r-1)$개를 뽑아 일렬로 나열하는 경우의 수는 $_{n-1}\mathrm{P}_{r-1}$ 입니다.

(ⅰ), (ⅱ)는 동시에 또는 연속적으로 일어나므로 곱의 법칙을 적용하면

$$_n\mathrm{P}_r = n \times {}_{n-1}\mathrm{P}_{r-1}$$

한편 $_n\mathrm{P}_r = \dfrac{n!}{(n-r)!}$이므로 $_{n-1}\mathrm{P}_{r-1} = \dfrac{(n-1)!}{\{(n-1)-(r-1)\}!} = \dfrac{(n-1)!}{(n-r)!}$ 입니다. 따라서

$$n \times {}_{n-1}\mathrm{P}_{r-1} = n \times \frac{(n-1)!}{(n-r)!} = \frac{n!}{(n-r)!} = {}_n\mathrm{P}_r$$

이처럼 수식을 이용하여 설명할 수도 있습니다.

Ⅲ 경우의 수

순열 속에 이미 조합이 들어 있다고요?

아! 그렇구나

사실 순열의 수를 구하려면 단계적으로 조합을 거치게 됩니다. 순열의 정의가 서로 다른 n개에서 r개를 택하여 일렬로 나열하는 것인데, 선택하는 것과 일렬로 나열하는 2가지 행위가 연속적으로 일어납니다. 이 중 선택하는 과정이 정확하게 조합입니다. 그래서 순열과 조합은 별개가 아니고, 순열의 수를 구하는 방법을 이용해서 조합의 수를 구하게 되는 것입니다.

30초 정리

- **조합의 정의**

  서로 다른 n개에서 순서를 생각하지 않고 r $(0 \leq r \leq n)$개를 택하는 것을 n개에서 r개를 택하는 조합이라고 하며, 이 조합의 수를 기호로 $_n\mathrm{C}_r$과 같이 나타낸다.

- **조합의 계산**

  서로 다른 n개에서 r개를 택하는 조합의 수는

  $$_n\mathrm{C}_r = \frac{_n\mathrm{P}_r}{r!} = \frac{n!}{r!(n-r)!} \ (\text{단, } 0 \leq r \leq n)$$

◆ 조합의 수 $_nC_r$ ◆

순열과 조합의 차이는 순서를 생각하는 것과 순서를 생각하지 않는 것입니다. 이 차이를 이용하면 조합의 수는 순열의 수를 이용해서 구할 수 있습니다.

예를 들어, 집합은 원소의 순서를 생각하지 않으므로, 집합 $\{1, 2, 3, 4\}$의 부분집합 중 원소가 3개인 부분집합은 다음과 같이 4가지입니다.

$$\{1, 2, 3\}, \{1, 2, 4\}, \{1, 3, 4\}, \{2, 3, 4\}$$

> **순열과 조합**
>
> 순열(順列)은 순서대로 줄을 세운다는 뜻이고, 조합(組合)은 여러 개를 모은다는 뜻이다. 그러므로 조합은 순서를 고려하지 않는 경우이고, 순서까지 생각해야 하면 순열을 이용한다.

이와 같이 서로 다른 n개에서 순서를 생각하지 않고 r $(0 \leq r \leq n)$개를 택하는 것을 n개에서 r개를 택하는 조합이라고 하며, 이 조합의 수를 기호로 $_nC_r$과 같이 나타냅니다.

자연수 1, 2, 3, 4에서 3개를 택하는 조합의 수는 $_4C_3$이고, 그 각각에 대하여 다음과 같이 3!가지의 순열을 만들 수 있습니다.

조합 $_4C_3$		순열 $_4P_3$
$\{1, 2, 3\}$	⟶	123, 132, 213, 231, 312, 321
$\{1, 2, 4\}$	⟶	124, 142, 214, 241, 412, 421
$\{1, 3, 4\}$	⟶	134, 143, 314, 341, 413, 431
$\{2, 3, 4\}$	⟶	234, 243, 324, 342, 423, 432

그러므로 1, 2, 3, 4에서 3개를 택해 일렬로 나열하는 경우의 수는 곱의 법칙에 따라 $_4C_3 \times 3!$이고, 이는 1, 2, 3, 4에서 3개를 택하는 순열의 수 $_4P_3$과 같으므로

$$_4C_3 \times 3! = {_4P_3}$$

인 관계가 성립합니다.

일반적으로 서로 다른 n개에서 r개를 택하는 조합의 수는 $_nC_r$이고, 그 각각에 대하여 r개를 일렬로 나열하는 경우의 수는 $r!$이므로

$$_nC_r \times r! = {_nP_r}$$

인 관계가 성립합니다. 따라서 다음이 성립합니다.

$$_nC_r = \frac{_nP_r}{r!} = \frac{n!}{r!(n-r)!} \ (단, \ 0 \leq r \leq n)$$

◆ 순서가 한 가지인 순열 ◆

조합은 순서가 한 가지인 순열과 같습니다.

만일, 서로 다른 n개에서 r개를 택했는데 이들을 순서 짓는 방법이 한 가지라면 그것이 곧 조합입니다. 대표적으로 부분집합의 개수를 구하는 문제가 있습니다. 집합은 원소를 나열할 때 순서가 바뀌어도 한 가지로 보기 때문입니다.

집합 이외에도 여러 가지 상황이 있습니다.

1, 2, 3, 4에서 3개를 택해 세 자리 자연수를 만드는데, 백의 자리가 가장 작고, 그다음 십의 자리, 일의 자리의 순으로 커지는 자연수이면, 4개의 수 중 3개를 택하는 조합 $_4C_3$을 구했을 때 그다음 줄을 세우는 방법이 한 가지뿐이므로 이 상황은 조합입니다.

서로 키가 모두 다른 100명에서 10명의 A 그룹을 뽑은 다음, 남은 사람 중에서 20명의 B 그룹을 뽑았는데, A 그룹의 10명 모두가 B 그룹의 20명보다 키가 클 경우의 수도 조합입니다. 100명 중 처음 A, B 두 그룹에 들어가는 30명을 뽑는 경우의 수는 $_{100}C_{30}$입니다. A 그룹의 10명 모두가 B 그룹의 20명보다 커야 하므로 이들 30명을 줄 세워서 키가 큰 10명은 A 그룹으로, 나머지 20명은 B 그룹으로 보내면 되는데 이 방법은 한 가지뿐입니다. 따라서 전체 경우의 수는 조합의 수 $_{100}C_{30}$과 같습니다.

5개의 숫자 1, 1, 1, 2, 2로 만들어지는 다섯 자리 정수의 개수도 조합으로 구할 수 있습니다. 먼저 다섯 자리 중 1이 들어갈 세 자리를 선택합니다. 이 경우의 수는 $_5C_3$이고, 자리를 선택한 후 1을 3개 배열하는 방법은 한 가지입니다. 이제 남은 두 자리에 2를 배열하는 방법도 한 가지뿐이므로 전체 경우의 수는 조합의 수 $_5C_3$과 같습니다.

이처럼 이미 순서가 정해진 경우의 수를 구할 때는 우선 순서를 고려하지 않고 뽑기만 하면 자연스레 순서가 결정됩니다. 즉, 순서 없이 뽑는 조합을 이용하여 경우의 수를 구하는 것이지요.

공통수학1	공통수학1	공통수학1	확률과 통계	확률과 통계
합의 법칙과 곱의 법칙	순열	조합	여러 가지 순열	여러 가지 조합

함수의 개수를 구할 때도 순열과 조합을 이용하나요?

개수를 구하는 것이니 순열과 조합 또는 합의 법칙과 곱의 법칙을 이용할 수 있을 것입니다.

예를 들어, 집합 $X=\{1, 2, 3\}$에서 집합 $Y=\{1, 2, 3, 4, 5, 6, 7\}$로의 함수 f 중 $a<b$이면 $f(a)<f(b)$인 관계를 만족하는 함수의 개수를 구해 보겠습니다.

$a<b$이면 $f(a)<f(b)$인 함수 f는 증가함수입니다. x값이 커지면 대응되는 y값도 커집니다. 따라서 정의역의 3개의 원소에 대응될 3개의 y값을 공역의 원소 7개 중에 골라 주어야 합니다. 여기서 x값의 크기에 따라 y값의 크기는 자동으로 결정되기 때문에 뽑을 때 순서를 고려하지 않아도 됩니다.

조건을 만족하는 함수 f의 개수는 공역 Y의 원소 7개 중에서 서로 다른 원소 3개를 순서 없이 뽑는 조합의 개수와 같습니다. 따라서 함수 f의 개수는

$$_7\mathrm{C}_3=\frac{7!}{3!4!}=\frac{7\times6\times5}{3\times2\times1}=35$$

$0<r<n$일 때 등식 $_n\mathrm{C}_r={}_{n-1}\mathrm{C}_r+{}_{n-1}\mathrm{C}_{r-1}$이 성립하는 것을 어떻게 설명할 수 있나요?

n개 중 임의로 하나를 A라고 정하여 $_n\mathrm{C}_r$을 다음과 같이 2가지 경우로 나눠 보겠습니다.

(ⅰ) A를 뽑지 않고 A를 제외한 $(n-1)$개 중에서 r개를 뽑는 조합의 수

    $_{n-1}\mathrm{C}_r$

(ⅱ) A를 뽑고 A를 제외한 $(n-1)$개 중에서 $(r-1)$개를 뽑는 조합의 수

    $_{n-1}\mathrm{C}_{r-1}$

(ⅰ), (ⅱ)는 동시에 일어나지 않으므로 합의 법칙에 따라

    $_n\mathrm{C}_r={}_{n-1}\mathrm{C}_r+{}_{n-1}\mathrm{C}_{r-1}$

또한 조합의 수를 계산하는 방법 $_n\mathrm{C}_r=\dfrac{n!}{r!(n-r)!}$ 을 이용해서 우변의 두 수를 계산하면, 통분하여 좌변과 같음을 설명할 수 있습니다.

IV 행렬

학습목표

여러 값이 포함된 자료는 행렬 표현과 연산을 통해 효율적으로 처리된다.
실생활에서 수량을 직사각형 모양으로 나타낼 수 있는 경우를 찾아보고,
행렬의 뜻을 안다. 행렬의 표현과 관련하여
기후변화, 환경 재난 등의 사례를 단순화하여 다룰 수 있으며,
자료의 표현, 이해 및 처리 과정을 경험하게 할 수 있다.

꼬리에 꼬리를 무는 개념 연결

중1   정수와 유리수

정수와 유리수의 뜻
정수와 유리수의 대소 관계
정수와 유리수의 사칙연산

공통수학 1-Ⅳ   행렬

행렬의 뜻과 성분
행렬의 덧셈과 뺄셈
행렬의 곱셈

경제 수학   행렬과 경제

행렬과 경제 현상
행렬의 활용

인공지능 수학   이미지 데이터 처리

이미지 데이터 표현
이미지 데이터 분석

직사각형 배열만 행렬이라고요?

아! 그렇구나

몇 개의 수나 문자를 직사각형 모양으로 배열한 것을 행렬이라고 합니다. 가로나 세로로 한 줄만 있는 경우도 행렬이 됩니다. 하지만 사다리꼴이나 마름모, 평행사변형 등의 모양으로 생긴 수배열은 행렬이라고 하지 않습니다.

30초 정리

- **행렬의 뜻과 성분**
  ① 행렬: 몇 개의 수 또는 문자를 직사각형 모양으로 배열하여 괄호로 묶어 나타낸 것
  ② 행렬의 성분: 행렬을 이루는 각각의 수 또는 문자

- **두 행렬이 서로 같을 조건**

  두 행렬 A, B가 서로 같은 꼴의 행렬이고 대응하는 성분이 각각 같을 때, 두 행렬 A와 B는 같다고 하며 기호로 $A=B$로 나타낸다.

  $A=\begin{pmatrix} a_{11} & a_{12} \\ a_{21} & a_{22} \end{pmatrix}$, $B=\begin{pmatrix} b_{11} & b_{12} \\ b_{21} & b_{22} \end{pmatrix}$일 때, $A=B$

  이면 $a_{11}=b_{11}$, $a_{12}=b_{12}$, $a_{21}=b_{21}$, $a_{22}=b_{22}$

◆ 행렬의 뜻과 성분 ◆

몇 개의 수 또는 문자를 직사각형 모양으로 배열하여 괄호로 묶어 나타낸 것을 **행렬**이라 합니다.

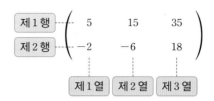

행렬에서 가로 방향을 위에서부터 차례로 제1행, 제2행, …, 세로 방향을 왼쪽에서부터 차례로 제1열, 제2열, …이라고 합니다.

행렬을 이루는 각각의 수 또는 문자를 그 **행렬의 성분**이라 합니다.

이때, 제i행과 제j열이 만나는 위치에 있는 성분을 (i, j) 성분이라 하고 기호로 a_{ij}와 같이 나타냅니다.

위의 행렬에서 $(1, 1)$ 성분은 5, $(2, 3)$ 성분은 18입니다.

간단히 $a_{11}=5$, $a_{23}=18$로 표현할 수도 있습니다.

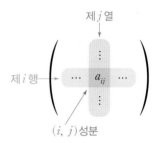

◆ 행렬의 크기 ◆

m개의 행과 n개의 열로 이루어진 행렬을 $m \times n$**행렬** 또는 m**행** n**열의 행렬**이라 합니다.

특히 행과 열의 수가 같은 $n \times n$행렬을 n**차 정사각행렬**이라 합니다.

◆ 두 행렬이 서로 같을 조건 ◆

두 행렬 A, B의 행의 개수와 열의 개수가 각각 같을 때, 이 두 행렬은 **서로 같은 꼴의 행렬**이라고 합니다.

두 행렬 A, B가 서로 같은 꼴의 행렬이고 대응하는 성분이 각각 같을 때, 두 행렬 A와 B는 같다고 하며 기호로 $A=B$로 나타냅니다.

예를 들어 $A=\begin{pmatrix} a_{11} & a_{12} \\ a_{21} & a_{22} \end{pmatrix}$, $B=\begin{pmatrix} b_{11} & b_{12} \\ b_{21} & b_{22} \end{pmatrix}$일 때, $a_{11}=b_{11}$, $a_{12}=b_{12}$, $a_{21}=b_{21}$, $a_{22}=b_{22}$이면 $A=B$ 라고 할 수 있습니다.

◆ **실수의 성질과 행렬의 성질** ◆

서로 같은 행렬이 가지는 성질은 실수의 성질과 연결하여 이해할 수 있습니다. 이때 행렬은 같은 꼴인 경우에만 두 행렬이 같을 수 있다는 점에 주의해야 합니다.

서로 같은 실수	서로 같은 행렬
세 실수 a, b, c에 대하여 ❶ $a=a$ ❷ $a=b$이면 $b=a$ ❸ $a=b, b=c$이면 $a=c$	같은 꼴인 세 행렬 A, B, C에 대하여 ❶ $A=A$ ❷ $A=B$이면 $B=A$ ❸ $A=B, B=C$이면 $A=C$

◆ **좌표평면의 순서쌍, 그리고 행렬의 성분** ◆

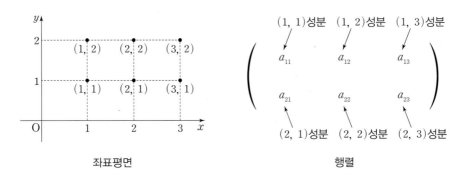

좌표평면   행렬

좌표평면에서 각 점의 좌표는 원점을 기준으로 각 좌표의 성분을 표시합니다. 반면 행렬은 제1행 제1열의 성분을 $(1, 1)$로 표시합니다.

좌표평면에서 두 점 $(1, 2)$와 $(2, 1)$이 서로 다른 점을 나타내듯이 행렬에서도 $(1, 2)$ 성분과 $(2, 1)$ 성분은 서로 다른 위치의 성분을 나타냅니다.

중1	공통수학	공통수학	공통수학	경제 수학
정수와 유리수의 사칙연산	행렬의 뜻과 성분	행렬의 덧셈과 뺄셈	행렬의 곱셈	행렬과 경제 현상

두 행렬 $A=\begin{pmatrix} 5 & a+b \\ ab & 32 \end{pmatrix}$, $B=\begin{pmatrix} 5 & 12 \\ 35 & 32 \end{pmatrix}$에 대하여 $A=B$일 때 a^2+b^2의 값은

어떻게 구하나요?

$A=B$, 즉 두 행렬이 같다는 것은 두 행렬의 모든 성분이 각각 같다는 것이므로

$$a+b=12, \quad ab=35$$

임을 알 수 있습니다. 연립방정식을 푸는 방법으로 한 문자를 소거하여 a, b의 값을 구할 수도 있

지만 구하는 식이 a^2+b^2이고, 곱셈공식 $(a+b)^2=a^2+2ab+b^2$을 생각하면

$$a^2+b^2=(a+b)^2-2ab$$

를 이용하는 편이 효과적입니다. 따라서

$$a^2+b^2=12^2-2\times35$$
$$=74$$

와 같이 구할 수 있습니다.

그림과 같이 두 지점 1과 2를 연결하는 도로가 있습니다. 화살표 방향으로만 갈 수 있

고 행렬 A의 (i, j) 성분 a_{ij}는 i지점에서 j지점으로 한 번에 갈 수 있는 도로의 개수

를 나타낼 때, 행렬 A를 어떻게 구할 수 있나요?

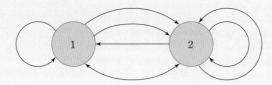

1지점에서 1지점으로 한 번에 갈 수 있는 도로의 개수가 1이므로 $a_{11}=1$

1지점에서 2지점으로 한 번에 갈 수 있는 도로의 개수가 3이므로 $a_{12}=3$

2지점에서 1지점으로 한 번에 갈 수 있는 도로의 개수가 2이므로 $a_{21}=2$

2지점에서 2지점으로 한 번에 갈 수 있는 도로의 개수가 2이므로 $a_{22}=2$

따라서 구하는 행렬 A는

$$A=\begin{pmatrix} 1 & 3 \\ 2 & 2 \end{pmatrix}$$

두 행렬 $\begin{pmatrix} 1 & 2 \\ 3 & 4 \end{pmatrix}$ 와 $\begin{pmatrix} 1 & 2 & 3 \\ 4 & 5 & 6 \end{pmatrix}$ 을 어떻게 더해요?

아! 그렇구나

　두 행렬을 더할 때는 각 행렬에서 같은 성분끼리 더해야 하기 때문에 두 행렬이 같은 꼴일 때만 더할 수 있습니다. 뺄셈도 마찬가지로 두 행렬이 같은 꼴일 때만 가능합니다. 따라서 같은 꼴이 아닌 두 행렬은 덧셈과 뺄셈을 할 수 없답니다.

30초 정리

• 행렬의 덧셈과 뺄셈

두 행렬 $A = \begin{pmatrix} a_{11} & a_{12} \\ a_{21} & a_{22} \end{pmatrix}$, $B = \begin{pmatrix} b_{11} & b_{12} \\ b_{21} & b_{22} \end{pmatrix}$ 에 대하여

$$A + B = \begin{pmatrix} a_{11}+b_{11} & a_{12}+b_{12} \\ a_{21}+b_{21} & a_{22}+b_{22} \end{pmatrix}$$

$$A - B = \begin{pmatrix} a_{11}-b_{11} & a_{12}-b_{12} \\ a_{21}-b_{21} & a_{22}-b_{22} \end{pmatrix}$$

• 행렬의 실수배

행렬 $A = \begin{pmatrix} a_{11} & a_{12} \\ a_{21} & a_{22} \end{pmatrix}$ 와 실수 k에 대하여

$$kA = \begin{pmatrix} ka_{11} & ka_{12} \\ ka_{21} & ka_{22} \end{pmatrix}$$

◆ 행렬의 덧셈과 뺄셈 ◆

두 행렬의 덧셈과 뺄셈은 두 행렬이 같은 꼴일 때만 가능합니다.

두 행렬 $A=\begin{pmatrix} a_{11} & a_{12} \\ a_{21} & a_{22} \end{pmatrix}$, $B=\begin{pmatrix} b_{11} & b_{12} \\ b_{21} & b_{22} \end{pmatrix}$에 대하여

$$A+B=\begin{pmatrix} a_{11}+b_{11} & a_{12}+b_{12} \\ a_{21}+b_{21} & a_{22}+b_{22} \end{pmatrix}$$

$$A-B=\begin{pmatrix} a_{11}-b_{11} & a_{12}-b_{12} \\ a_{21}-b_{21} & a_{22}-b_{22} \end{pmatrix}$$

◆ 영행렬 ◆

$\begin{pmatrix} 0 & 0 \\ 0 & 0 \end{pmatrix}$, $\begin{pmatrix} 0 & 0 & 0 \\ 0 & 0 & 0 \end{pmatrix}$과 같이 모든 성분이 0인 행렬을 **영행렬**이라 하고 기호로 O로 나타냅니다.

영행렬은 다음과 같은 성질이 있습니다.

임의의 행렬 A와 같은 꼴의 영행렬 O에 대하여

$$A+O=O+A=A$$

$$A+(-A)=(-A)+A=O$$

◆ 행렬의 실수배 ◆

행렬 $A=\begin{pmatrix} a_{11} & a_{12} \\ a_{21} & a_{22} \end{pmatrix}$와 실수 k에 대하여

$$kA=\begin{pmatrix} ka_{11} & ka_{12} \\ ka_{21} & ka_{22} \end{pmatrix}$$

◆ 행렬의 덧셈과 실수배의 성질 ◆

같은 꼴의 세 행렬 A, B, C와 두 실수 k, l에 대하여

① 교환법칙: $A+B=B+A$

② 결합법칙: $(A+B)+C=A+(B+C)$, $k(lA)=(kl)A$

③ 분배법칙: $(k+l)A=kA+lA$, $k(A+B)=kA+kB$

◆ 실수의 성질과 행렬의 성질 ◆

행렬이 가지는 성질은 실수의 성질과 연결하여 이해할 수 있습니다. 이때 행렬은 같은 꼴인 경우
에만 두 행렬의 덧셈을 할 수 있다는 점에 주의해야 합니다.

$a+b=b+a$	····· $\quad A+B=B+A$	····· 교환법칙
$(a+b)+c=a+(b+c)$	····· $\quad (A+B)+C=A+(B+C)$	····· 결합법칙
$a+0=0+a=a$	$A+O=O+A=A$	
$a+(-a)=(-a)+a=0$	$A+(-A)=(-A)+A=O$	
$k(a+b)=ka+kb$	$k(A+B)=kA+kB$	

◆ 수의 곱셈과 행렬의 실수배 ◆

$3\times4=4+4+4$에서 3×4는 4를 3번 더한 것과 같듯이

$$3\begin{pmatrix}1 & 2 \\ 3 & 4\end{pmatrix}=\begin{pmatrix}1 & 2 \\ 3 & 4\end{pmatrix}+\begin{pmatrix}1 & 2 \\ 3 & 4\end{pmatrix}+\begin{pmatrix}1 & 2 \\ 3 & 4\end{pmatrix}=\begin{pmatrix}3\times1 & 3\times2 \\ 3\times3 & 3\times4\end{pmatrix}$$

마찬가지로 $A=\begin{pmatrix}a_{11} & a_{12} \\ a_{21} & a_{22}\end{pmatrix}$에 대하여

$$3A=A+A+A=\begin{pmatrix}a_{11} & a_{12} \\ a_{21} & a_{22}\end{pmatrix}+\begin{pmatrix}a_{11} & a_{12} \\ a_{21} & a_{22}\end{pmatrix}+\begin{pmatrix}a_{11} & a_{12} \\ a_{21} & a_{22}\end{pmatrix}=\begin{pmatrix}3a_{11} & 3a_{12} \\ 3a_{21} & 3a_{22}\end{pmatrix}$$이므로

이를 일반화하면

$$kA=\underbrace{\begin{pmatrix}a_{11} & a_{12} \\ a_{21} & a_{22}\end{pmatrix}+\begin{pmatrix}a_{11} & a_{12} \\ a_{21} & a_{22}\end{pmatrix}+\cdots+\begin{pmatrix}a_{11} & a_{12} \\ a_{21} & a_{22}\end{pmatrix}}_{k번}=\begin{pmatrix}ka_{11} & ka_{12} \\ ka_{21} & ka_{22}\end{pmatrix}\ (k는\ 실수)$$

꼬리에 꼬리를 무는 개념

중1	공통수학	공통수학	공통수학	경제 수학
정수와 유리수의 사칙연산	행렬의 뜻과 성분	행렬의 덧셈과 뺄셈	행렬의 곱셈	행렬과 경제 현상

두 행렬 $A=\begin{pmatrix} 1 & 2 \\ 3 & 4 \end{pmatrix}$, $B=\begin{pmatrix} 5 & 6 \\ 7 & 8 \end{pmatrix}$에 대하여 $2(3A-B)-4A$를 어떻게 구하나요?

주어진 식에 두 행렬을 각각 대입하여 구할 수도 있지만 식을 먼저 정리하면 더 간단하게 구할 수 있습니다.

$$2(3A-B)-4A=6A-2B-4A=2A-2B$$

그러므로 구하는 행렬은

$$2A-2B=2\begin{pmatrix} 1 & 2 \\ 3 & 4 \end{pmatrix}-2\begin{pmatrix} 5 & 6 \\ 7 & 8 \end{pmatrix}$$

$$=\begin{pmatrix} 2 & 4 \\ 6 & 8 \end{pmatrix}-\begin{pmatrix} 10 & 12 \\ 14 & 16 \end{pmatrix}$$

$$=\begin{pmatrix} -8 & -8 \\ -8 & -8 \end{pmatrix}$$

두 행렬 $A=\begin{pmatrix} 5 & -2 \\ 3 & 1 \end{pmatrix}$, $B=\begin{pmatrix} 3 & 4 \\ -1 & 1 \end{pmatrix}$에 대하여 $X+Y=A$, $X-Y=B$를 만족하는 행렬 X, Y를 어떻게 구하나요?

주어진 두 등식을 X, Y에 관한 연립방정식으로 보고, 양변을 각각 더하면

$$2X=A+B$$

$$=\begin{pmatrix} 5 & -2 \\ 3 & 1 \end{pmatrix}+\begin{pmatrix} 3 & 4 \\ -1 & 1 \end{pmatrix}$$

$$=\begin{pmatrix} 8 & 2 \\ 2 & 2 \end{pmatrix}$$

양변을 2로 나누면

$$X=\begin{pmatrix} 4 & 1 \\ 1 & 1 \end{pmatrix}$$

마찬가지로 양변을 각각 빼면

$$2Y=A-B=\begin{pmatrix} 2 & -6 \\ 4 & 0 \end{pmatrix}$$에서 $Y=\begin{pmatrix} 1 & -3 \\ 2 & 0 \end{pmatrix}$

따라서 $X=\begin{pmatrix} 4 & 1 \\ 1 & 1 \end{pmatrix}$, $Y=\begin{pmatrix} 1 & -3 \\ 2 & 0 \end{pmatrix}$

Ⅳ 행렬의 뜻과 연산

행렬의 곱셈은 꼴이 달라도 된다고요? 어떻게요?

그럼 저와 곱셈을 해주시겠습니까?

당신의 열의 개수와 저의 행의 개수가 같네요. 좋아요. 우리 곱셈해요.

앞 행렬의 열의 개수와 뒤 행렬의 행의 개수가 같으면 곱셈을 할 수 있구나.

아! 그렇구나

행렬의 덧셈과 같이 행렬의 곱셈을 성분끼리 곱하는 것으로 생각할 수 있습니다. 하지만 행렬의 곱셈은 그 방식이 아예 다릅니다. 앞 행렬의 행과 뒤 행렬의 열을 짝맞추어 곱한 뒤 더하죠. 따라서 꼴이 같지 않아도 곱할 수 있습니다. 이외에도 행렬의 곱셈에서는 우리가 알던 여러 가지 법칙 중 몇 가지는 성립하지 않으니 주의합시다.

30초 정리

• 행렬의 곱셈

$A = \begin{pmatrix} a_{11} & a_{12} \\ a_{21} & a_{22} \end{pmatrix}$, $B = \begin{pmatrix} b_{11} & b_{12} \\ b_{21} & b_{22} \end{pmatrix}$일 때,

$AB = \begin{pmatrix} a_{11}b_{11} + a_{12}b_{21} & a_{11}b_{12} + a_{12}b_{22} \\ a_{21}b_{11} + a_{22}b_{21} & a_{21}b_{12} + a_{22}b_{22} \end{pmatrix}$

• 행렬의 거듭제곱

정사각행렬 A와 자연수 m, n에 대하여

① $A^2 = AA$, $A^3 = A^2 A$, $\cdots$, $A^{n+1} = A^n A$

② $A^m A^n = A^{m+n}$, $(A^m)^n = A^{mn}$

③ $E^n = E$ (E는 단위행렬)

IV 행렬의 뜻과 연산

◆ 행렬의 곱셈 ◆

$k \times l$ 행렬 A와 $m \times n$ 행렬 B에 대하여 $l = m$일 때 두 행렬의 곱 AB가 가능합니다.

즉, (행렬 A의 열의 개수)=(행렬 B의 행의 개수)일 때 행렬의 곱 AB를 계산할 수 있습니다.

이때, AB는 $k \times n$행렬이고, 행렬 AB의 (i, j) 성분은 A의 제i행의 성분과 B의 제j열의 성분을 각각 차례로 곱하여 더한 것입니다.

예를 들면, $A = \begin{pmatrix} a_{11} & a_{12} \\ a_{21} & a_{22} \end{pmatrix}$, $B = \begin{pmatrix} b_{11} & b_{12} \\ b_{21} & b_{22} \end{pmatrix}$일 때,

$$AB = \begin{pmatrix} a_{11}b_{11}+a_{12}b_{21} & a_{11}b_{12}+a_{12}b_{22} \\ a_{21}b_{11}+a_{22}b_{21} & a_{21}b_{12}+a_{22}b_{22} \end{pmatrix}$$

◆ 행렬의 곱셈의 성질 ◆

합과 곱이 정의되는 세 행렬 A, B, C에 대하여

① 결합법칙: $(AB)C = A(BC)$

$\qquad\qquad (kA)B = A(kB) = k(AB)$ (k는 실수)

② 분배법칙: $A(B+C) = AB+AC$, $\quad (A+B)C = AC+BC$

$\qquad\qquad$ ** $AB \neq BA$(곱셈의 교환법칙은 성립하지 않습니다.)

◆ 단위행렬 ◆

$\begin{pmatrix} 1 & 0 \\ 0 & 1 \end{pmatrix}$, $\begin{pmatrix} 1 & 0 & 0 \\ 0 & 1 & 0 \\ 0 & 0 & 1 \end{pmatrix}$과 같이 행과 열이 같은 (i, i) 성분이 모두

1이고, 다른 성분은 모두 0인 정사각행렬을 **단위행렬**이라 하고, E로 나타냅니다.

정사각행렬 A와 같은 크기의 단위행렬을 E라 하면

$\qquad AE = EA = A$

◆ 행렬의 거듭제곱 ◆

정사각행렬 A와 자연수 m, n에 대하여

① $A^2 = AA$, $\quad A^3 = A^2A$, $\cdots$, $\quad A^{n+1} = A^nA$

② $A^mA^n = A^{m+n}$, $\quad (A^m)^n = A^{mn}$

③ $E^n = E$ (E는 단위행렬)

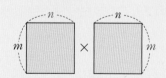

정사각행렬이어야 행렬의 거듭제곱이 가능하다

➡ A^2이 되려면 $n = m$

행렬의 곱셈은 첫 번째 행렬의 열의 개수와 두 번째 행렬의 행의 개수가 같아야 가능하다.

즉, $m \times n$ 행렬과 $m \times n$ 행렬의 곱이 정의되려면 $m = n$이어야 한다. 따라서 정사각행렬인 경우에만 행렬의 거듭제곱이 가능하다.

◆ **행렬의 곱셈과 실수의 곱셈의 성질의 차이점** ◆

행렬의 곱셈은 그 방식이 실수의 곱셈과 달라 우리가 알던 여러 가지 성질들이 성립하지 않습니다.

⑴ 행렬의 곱셈에서는 교환법칙이 성립하지 않습니다.

　즉, 두 행렬 A, B에 대하여 $AB \neq BA$인 두 행렬 A, B가 존재합니다

⑵ 행렬의 곱셈에서는 $A \neq O$, $B \neq O$이지만 $AB = O$인 경우가 존재합니다.

⑶ 행렬의 곱셈에서는 $A \neq O$이고 $B \neq C$이지만 $AB = AC$인 경우가 존재합니다.

실수 a, b, c에 대하여	행렬 A, B, C에 대하여
$ab = ba$	$AB \neq BA$
$ab = 0$이면 $a = 0$ 또는 $b = 0$	$AB = O$이라 해서 반드시 $A = O$ 또는 $B = O$인 것은 아니다.
$ab \neq 0$이고 $ab = ac$이면 $b = c$	$A \neq O$이고 $AB = AC$라 해서 반드시 $B = C$인 것은 아니다.

◆ **곱셈공식과 지수법칙, 그리고 행렬의 거듭제곱** ◆

$AB \neq BA$, 즉 행렬의 곱셈의 교환법칙이 성립하지 않아 지수법칙과 곱셈공식이 성립하지 않습니다.

실수 a, b에 대하여	같은 꼴의 정사각행렬 A, B에 대하여
$(ab)^2 = a^2 b^2$	$(AB)^2 \neq A^2 B^2 \rightarrow (AB)^2 = ABAB$
$(a \pm b)^2 = a^2 \pm 2ab + b^2$ (복부호 동순)	$(A \pm B)^2 \neq A^2 \pm 2AB + B^2$ $\rightarrow (A \pm B)^2 = A^2 \pm AB \pm BA + B^2$ (복부호 동순)
$(a + b)(a - b) = a^2 - b^2$	$(A + B)(A - B) \neq A^2 - B^2$ $\rightarrow (A + B)(A - B) = A^2 - AB + BA - B^2$

꼬리에 꼬리를 무는 개념

중1	공통수학	공통수학	공통수학	경제 수학
정수와 유리수의 사칙연산	행렬의 뜻과 성분	행렬의 덧셈과 뺄셈	행렬의 곱셈	행렬과 경제 현상

행렬 A에 대하여 $A^2=O$이면 반드시 $A=O$이지 않나요?

수에서는 $x^2=0$이면 반드시 $x=0$이었지요. 반대로 $x\neq0$이면 절대로 $x^2=0$이 될 수 없습니다. 그런데 행렬에서는 $A^2=O$이라고 해서 반드시 $A=O$인 것은 아닙니다.

즉, $A\neq O$인데도 $A^2=O$일 수 있다는 것입니다.

어떻게 그런 일이 있을 수 있는지 의아할 수 있지만, 다음 예시를 보면 이해할 수 있습니다.

$$A=\begin{pmatrix} 0 & 1 \\ 0 & 0 \end{pmatrix} 이면 A\neq O 이지만$$

$$A^2=\begin{pmatrix} 0 & 1 \\ 0 & 0 \end{pmatrix}\begin{pmatrix} 0 & 1 \\ 0 & 0 \end{pmatrix}$$

$$=\begin{pmatrix} 0 & 0 \\ 0 & 0 \end{pmatrix}$$

$$=O$$

세 행렬 A, B, C에 대하여 $AB=AC$일 때 $A\neq O$이면 반드시 $B=C$가 되지 않나요?

수에서는 $ab=ac$일 때 $a\neq0$이면 양변을 a로 나누어 $b=c$라는 결론을 얻을 수 있었지요.

그런데 행렬에서는 $A\neq O$이고 $AB=AC$라고 해서 반드시 $B=C$인 것은 아닙니다.

즉, $A\neq O$일 때 $B\neq C$인데도 $AB=AC$일 수 있다는 것입니다.

예를 들면, $A=\begin{pmatrix} 1 & 0 \\ 1 & 0 \end{pmatrix}$, $B=\begin{pmatrix} 1 & 2 \\ 3 & 1 \end{pmatrix}$, $C=\begin{pmatrix} 1 & 2 \\ 5 & 3 \end{pmatrix}$이면 $A\neq0$이고 $B\neq C$이지만

$$AB=\begin{pmatrix} 1 & 0 \\ 1 & 0 \end{pmatrix}\begin{pmatrix} 1 & 2 \\ 3 & 1 \end{pmatrix}=\begin{pmatrix} 1 & 2 \\ 1 & 2 \end{pmatrix}$$

$$AC=\begin{pmatrix} 1 & 0 \\ 1 & 0 \end{pmatrix}\begin{pmatrix} 1 & 2 \\ 5 & 3 \end{pmatrix}=\begin{pmatrix} 1 & 2 \\ 1 & 2 \end{pmatrix}$$

이므로 $AB=BC$

Ⅰ 도형의 방정식

학습목표

좌표평면에 나타낸 점, 직선, 원과 같은 도형은 방정식으로 표현된다.

도형의 방정식은 도형을 방정식으로 나타내어 도형과 방정식의 연결성을

경험할 수 있게 하고, 도형을 새로운 관점에서 다루어 봄으로써

직관적인 사고를 논리적이고 창의적인 사고로 발전시키는 데 도움이 된다.

꼬리에 꼬리를 무는 개념 연결

공통수학 1-Ⅰ 다항식

다항식의 연산
항등식과 나머지정리
인수분해

공통수학 1-Ⅱ 방정식과 부등식

복소수와 그 연산
이차방정식
이차방정식과 이차함수의 관계
삼차방정식과 사차방정식
이차부등식
연립방정식과 연립부등식

공통수학 2-Ⅰ 도형의 방정식

내분
직선의 방정식
원의 방정식
도형의 이동

기하 이차곡선

포물선의 방정식
타원의 방정식
쌍곡선의 방정식
이차곡선의 접선

두 점 사이의 거리는
좌표끼리 뺀 절댓값이 맞나요?

아! 그렇구나

일직선 위에 거리만 나타낸 상황에서 두 지점 사이의 거리를 구하는 것은 별로 어렵지 않습니다. 그런데 같은 직선이지만 원점을 기준으로 만들어진 수직선에서는 좌표에 양수와 음수가 들어가기 때문에 두 점 사이의 거리를 구할 때 반드시 뺄셈으로 계산해야 합니다. 이때 문자가 음수로 되어 있으면 헷갈리기 쉬우므로 양수든 음수든 항상 뺄셈으로 거리를 구한다는 것을 이해해야 합니다.

30초 정리

• 수직선 위의 두 점 사이의 거리

수직선 위의 두 점 $A(x_1)$, $B(x_2)$ 사이의 거리는 $\overline{AB} = |x_2 - x_1|$ 이다.

• 좌표평면 위의 두 점 사이의 거리

좌표평면 위의 두 점 $A(x_1, y_1)$, $B(x_2, y_2)$ 사이의 거리는 $\overline{AB} = \sqrt{(x_2-x_1)^2 + (y_2-y_1)^2}$ 이다.

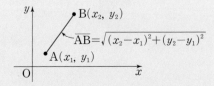

◆ 수직선 위의 두 점 사이의 거리 ◆

수직선이나 좌표평면에서 두 점의 좌표를 알면 길이를 재지 않아도 거리를 알 수 있습니다.

수직선 위의 두 점 $A(x_1)$, $B(x_2)$ 사이의 거리는 다음과 같이 2가지 경우로 나누어 생각할 수 있습니다.

(ⅰ) $x_1 \leq x_2$일 때

$$\overline{AB} = x_2 - x_1$$

(ⅱ) $x_1 > x_2$일 때

$$\overline{AB} = x_1 - x_2$$

따라서 $\overline{AB} = |x_2 - x_1|$라고 쓸 수 있습니다.

◆ 좌표평면 위의 두 점 사이의 거리 ◆

좌표평면 위의 두 점 $A(x_1, y_1)$, $B(x_2, y_2)$ 사이의 거리를 구해봅시다. 오른쪽 그림과 같이 점 A를 지나고 x축에 평행한 직선과 점 B를 지나고 y축에 평행한 직선의 교점을 C라 하면 $C(x_2, y_1)$이고, 이때 삼각형 ABC는 직각삼각형이므로 피타고라스 정리에 따라

$$\overline{AB}^2 = \overline{AC}^2 + \overline{BC}^2$$
$$= (x_2 - x_1)^2 + (y_2 - y_1)^2$$

따라서 $\overline{AB} = \sqrt{(x_2 - x_1)^2 + (y_2 - y_1)^2}$입니다.

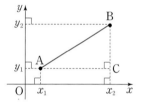

예를 들어, 두 점 $A(-3, 2)$, $B(1, 4)$ 사이의 거리는

$$\overline{AB} = \sqrt{\{1 - (-3)\}^2 + (4 - 2)^2} = 2\sqrt{5}$$

입니다.

즉, 매번 좌표평면 위에 직각삼각형을 그릴 필요 없이 공식을 이용하여 두 점 사이의 거리를 구할 수 있습니다.

> **피타고라스 정리**
>
> 직각삼각형에서 직각을 낀 두 변의 길이를 각각 a, b라 하고, 빗변의 길이를 c라 하면
> $$a^2 + b^2 = c^2$$

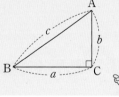

◆ 좌표평면과 좌표 ◆

좌표평면은 무엇일까요?

좌표평면은 그냥 평면이 아니라 좌표축이 정해져 있는 평면을 말합니다.

그림과 같이 두 수직선이 점 O에서 수직으로 만날 때, 가로의 수직선을 x축, 세로의 수직선을 y축이라 하고, 이 두 축을 통틀어 좌표축이라고 합니다. 그리고 두 좌표축이 만나는 점 O를 원점이라고 합니다.

좌표의 정확한 뜻은 무엇일까요?

좌표평면 위의 한 점 P의 좌표를 (a, b)라 하면 a, b가 어떤 수인지 설명할 수 있어야 좌표의 개념을 정확히 알고 있는 것입니다. a는 점 P에서 x축에 내린 수선의 발의 x좌표입니다. 마찬가지로 b는 점 P에서 y축에 내린 수선의 발의 y좌표입니다. 이때 a를 점 P의 x좌표, b를 점 P의 y좌표라고 합니다.

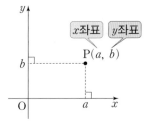

◆ 피타고라스 정리 ◆

일반적으로 직각삼각형에서 직각을 낀 두 변의 길이의 제곱의 합은 빗변의 길이의 제곱과 같습니다. 이를 피타고라스 정리라고 합니다. 즉, 직각삼각형 ABC에서 직각을 낀 두 변의 길이를 각각 a, b라 하고, 빗변의 길이를 c라고 하면

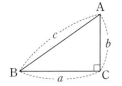

$$a^2 + b^2 = c^2$$

인 관계가 성립합니다.

예를 들어, 빗변의 길이 $c = 10$이고 높이 $b = 6$인 직각삼각형의 밑변의 길이 a는

$$a^2 + 6^2 = 10^2, \quad a = 8 \ (\because a > 0)$$

과 같이 구할 수 있습니다.

꼬리에 꼬리를 무는 개념

중1	중2	공통수학2	공통수학2	공통수학2
좌표평면과 그래프	피타고라스 정리	두 점 사이의 거리	수직선 위의 선분의 내분점과 외분점	좌표평면 위의 선분의 내분점과 외분점

다음 도시의 세 아파트 A, B, C로부터 같은 거리에 있는 지점에 도서관이 세워진다고 할 때, 도서관의 위치를 나타내는 점의 좌표를 어떻게 구하나요?

도서관의 위치를 $P(x, y)$라 하면 $\overline{AP} = \overline{BP} = \overline{CP}$를 만족해야 합니다.

$$\sqrt{(x+2)^2+(y-2)^2} = \sqrt{(x-2)^2+(y-4)^2} = \sqrt{(x-0)^2+(y+2)^2}$$

$\sqrt{(x+2)^2+(y-2)^2} = \sqrt{(x-2)^2+(y-4)^2}$ 에서 $2x+y=3$

$\sqrt{(x-2)^2+(y-4)^2} = \sqrt{(x-0)^2+(y+2)^2}$ 에서 $x+3y=4$

두 식을 연립해 풀면 $x=1$, $y=1$

따라서 도서관의 위치를 나타내는 점의 좌표는 $(1, 1)$입니다.

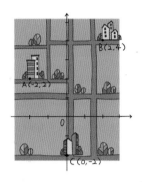

세 점 $A(-2, 1)$, $B(1, 0)$, $C(3, 6)$을 꼭짓점으로 하는 삼각형 ABC는 어떤 삼각형인가요?

삼각형의 꼴을 알기 위해서는 삼각형의 각 변의 길이를 알아야 합니다. 각 변의 길이를 통해 삼각형이 이등변삼각형이나 정삼각형 혹은 직각삼각형임을 알 수 있지요. 삼각형의 각 변의 길이를 구하기 위해서는 두 점 사이의 거리를 구하는 공식을 사용합니다.

$$\overline{AB} = \sqrt{\{1-(-2)\}^2+(0-1)^2} = \sqrt{10}$$
$$\overline{BC} = \sqrt{(3-1)^2+(6-0)^2} = \sqrt{40}$$
$$\overline{CA} = \sqrt{(-2-3)^2+(1-6)^2} = \sqrt{50}$$

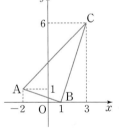

$\overline{CA}^2 = \overline{AB}^2 + \overline{BC}^2$이므로 피타고라스 정리에 따라 삼각형 ABC는 $\angle B = 90°$인 직각삼각형입니다.

참고로 이 문제는 두 직선 AB, BC의 기울기를 조사해서 기울기가 수직임을 통해 직각삼각형임을 밝힐 수도 있습니다.

직선 AB의 기울기는 $\dfrac{0-1}{1-(-2)} = -\dfrac{1}{3}$, 직선 BC의 기울기는 $\dfrac{6-0}{3-1} = 3$

이고 $-\dfrac{1}{3} \times 3 = -1$이므로 삼각형 ABC는 $\angle B = 90°$인 직각삼각형입니다.

선분의 바깥이 없는데 어떻게 외분*을 하나요?

앗! 어디 가! 거긴 낭떠러지야!!

마음의 눈으로 연장선을 본다면 '외분점'에 도달할 수 있지.

외분점

Q

B

P

A

내분점

외분점은 선분 밖의 연장선 위에 존재하는구나.

* 외분점은 교육과정에서 제외되었습니다.

아! 그렇구나

내분과 외분을 문구 그대로 해석하면 선분의 외분이라는 말이 납득되지 않을 수 있습니다. 선분은 직선 위에 두 점을 잡았을 때 그 두 점을 양 끝으로 하는 부분이므로 두 점의 바깥은 선분이 아닙니다. 내분은 선분 안에서 자르는 것이기 때문에 이해하는 데 어려움이 없지만 외분은 선분이 아닌 선분의 연장선, 즉 직선까지 다시 확장해서 생각해야 하기 때문에 납득하는 데 어려움이 따를 수 있습니다.

30초 정리

• **수직선 위의 선분의 내분점과 외분점**

내분점

$$\begin{array}{ccc} \underset{x_1}{A} & \xrightarrow{m} \underset{x}{P} \xleftarrow{n} \underset{x_2}{B} \end{array} \quad P\left(\frac{mx_2+nx_1}{m+n}\right)$$

외분점

$$\begin{array}{ccc} \underset{x_1}{A} & \underset{x_2}{B} \xleftarrow{n} \underset{x}{Q} \end{array} \quad Q\left(\frac{mx_2-nx_1}{m-n}\right)$$
$$(\text{단, } m \neq n)$$

특히, 선분 AB의 중점은 $1 : 1$ 내분점이므로 그 좌표는 $\dfrac{x_1+x_2}{2}$ 이다.

◆ 수직선 위의 선분의 내분점 ◆

수직선 위의 선분의 내분점의 좌표를 구해 봅시다. 수직선 위의

두 점 $A(x_1)$, $B(x_2)$를 잇는 선분 AB 위의 점 P에 대하여

$$\overline{AP} : \overline{PB} = m : n \ (m>0, \ n>0)$$

일 때, 점 P는 선분 AB를 $m : n$으로 내분한다고 하며, 점 P를 선분 AB의 내분점이라고 합니다.

점 P의 좌표를 x라 하면

　(i) $x_1 < x_2$일 때, $x_1 < x < x_2$이므로

　　$\overline{AP} = x - x_1, \quad \overline{PB} = x_2 - x$

　　이때 $\overline{AP} : \overline{PB} = m : n$이므로, $(x-x_1):(x_2-x)=m:n$

　　비례식을 풀면 $x = \dfrac{mx_2 + nx_1}{m+n}$ 을 구할 수 있습니다.

　(ii) $x_1 > x_2$일 때도 같은 방법으로 풀면 똑같이 $x = \dfrac{mx_2 + nx_1}{m+n}$ 입니다.

따라서 수직선 위의 두 점 $A(x_1)$, $B(x_2)$를 잇는 선분 AB를 $m : n \ (m>0, \ n>0)$으로 내분하는

점 P의 좌표는 $\dfrac{mx_2 + nx_1}{m+n}$ 입니다.

◆ 수직선 위의 선분의 외분점 ◆ (외분점은 교육과정에서 제외되었습니다.)

이제 수직선 위의 선분의 외분점의 좌표를 구해 봅시다. 선분 AB 위의 연장선 위의 점 Q에 대하여

$$\overline{AQ} : \overline{BQ} = m : n \ (m>0, \ n>0, \ m \neq n)$$

일 때, 점 Q는 선분 AB를 $m : n$으로 외분한다고 하며, 점 Q를 선분 AB의 외분점이라고 합니다.

점 Q의 좌표를 x라 하면

　(i) $x_1 < x_2$일 때

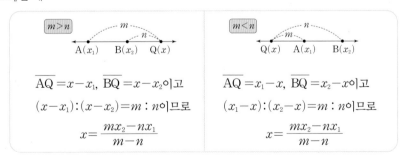

　(ii) $x_1 > x_2$일 때도 같은 방법으로 풀면 똑같이 $x = \dfrac{mx_2 - nx_1}{m-n}$ 입니다.

따라서 수직선 위의 두 점 $A(x_1)$, $B(x_2)$를 잇는 선분 AB를 $m : n \ (m>0, \ n>0, \ m \neq n)$으로

외분하는 점 Q의 좌표는 $\dfrac{mx_2 - nx_1}{m-n}$ 입니다.

◆ 비례식의 성질 ◆

선분의 내분점과 외분점의 좌표를 구하는 과정에는 비례식에서 외항의 곱과 내항의 곱이 같다는 성질이 사용됩니다. 비례식에서 외항의 곱과 내항의 곱이 같은 이유는 무엇일까요?

비례식의 정의는 비율이 같은 두 비를 등호를 사용해서 $1:2=2:4$와 같이 나타낸 식입니다.

비 $1:2$에서 기호 $:$의 오른쪽에 있는 2는 기준량을, 왼쪽에 있는 1은 비교하는 양을 나타냅니다.

이때, 기준량에 대한 비교하는 양의 크기를 비율이라고 정의합니다. 그래서 비율은 비교하는 양을 기준량으로 나눈 값, 즉 $\dfrac{(비교하는\ 양)}{(기준량)}$으로 구합니다.

비율의 정의를 이용하여 $a:b=c:d$이면 $\dfrac{a}{b}=\dfrac{c}{d}$입니다. 등식의 성질을 이용하여 양변을 정리하면 $ad=bc$이고 좌변은 비례식의 외항의 곱, 우변은 내항의 곱입니다.

또 비에는 전항과 후항에 0이 아닌 같은 수를 곱해도 비율이 같다는 성질이 있습니다. 이와 같은 비와 비율의 성질을 엮으면 비례식의 성질을 논리적으로 설명할 수 있습니다.

$a:b$라는 비가 있다면 비의 성질에 따라 이 비의 전항과 후항에 0이 아닌 수 k를 곱한 비 $ak:bk$의 비율은 $a:b$의 비율과 같습니다. 그러므로 이 두 비를 등호를 사용해서 비례식으로 나타내면

$$a:b=ak:bk$$

입니다. 이제 외항의 곱과 내항의 곱을 구하면 모두 abk로 같다는 것을 확인할 수 있습니다.

초등 교과서에서는 비례식의 성질을 다음과 같이 설명합니다. 고등학교에서는 이때 간단히 배운 내용을 논리적으로 연결하여 설명할 수 있어야 합니다.

비례식에서 외항의 곱과 내항의 곱은 같습니다.
$$\overbrace{2:5 \;=\; 8:20}$$
(위: 2×20, 아래: 5×8)

선분 AB를 $m:n$으로 외분할 때 m과 n의 대소 관계에 따라 외분점이 선분 AB의
연장선에서 좌우로 바뀌는 것이 헷갈려요. 어떻게 정리할 수 있나요?

많이들 헷갈려하는 부분이지요. 그래서 아예 외워 버리기도 합니다.

군이 외운다면 $m>n$일 때 점 B쪽의 연장선에, $m<n$일 때 점 A쪽의 연장선에 외분점이 있다
고 해야 하는데, 이렇게 문자가 여러 개인 경우는 외우더라도 나중에 얼마든지 또 헷갈릴 수 있습
니다. 그래서 외우는 것보다 그림을 그려서 그때그때 파악하는 것이 필요합니다.

예를 들어 선분 AB를 $2:1$로 외분한다고 하면 외분점을 선분 AB의 왼쪽과 오른쪽에 잡아서
$2:1$이 되는 지점의 방향을 찾아보세요. 어느 쪽이 맞는지 찾을 수 있답니다.

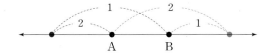

그림에서 $2:1$의 크기와 길이가 어울리는 것은 파란색입니다. 그러므로 선분 AB를 $2:1$로 외
분하는 점은 점 B쪽의 연장선 위에 있다는 것을 파악할 수 있습니다.

길이가 30 cm인 자의 양 끝에 무게가
각각 10 g, 20 g인 물건을 매달았을 때 평형을 이룬
지점의 자의 눈금은 얼마인지 구하려고 해요.
지레의 원리를 이용해서 구할 수 있나요?

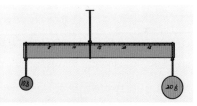

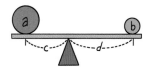

지레의 원리에 따라 무게가 a, b인 두 물건이 막대의 받침대로
부터 각각 c, d만큼 떨어져 있을 때 $a:b=d:c$이면 이 막대는 평
형을 이룹니다.

평형을 이루는 자 위의 점을 P(x)라 하고, 자의 양 끝점을 A(0), B(30)이라 하면 지레의 원리
에 따라 $\overline{AP}:\overline{PB}=20:10=2:1$입니다.

즉, 점 P(x)는 선분 AB를 $2:1$로 내분하는 점이므로

$$x=\frac{2\times 30+1\times 0}{2+1}=20$$

입니다. 따라서 평형을 이룬 지점의 자의 눈금은 20 cm입니다.

좌표평면에서의 내분, 외분이 수직선에서의 내분, 외분*과 같나요?

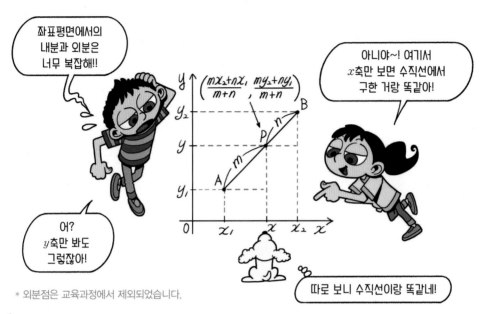

좌표평면에서의 내분과 외분은 너무 복잡해!!

어? y축만 봐도 그렇잖아!

아니야~! 여기서 x축만 보면 수직선에서 구한 거랑 똑같아!

따로 보니 수직선이랑 똑같네!

* 외분점은 교육과정에서 제외되었습니다.

아! 그렇구나

수직선 위의 선분의 내분점과 외분점을 구하는 식이 간단하지 않았지요. 이를 확장해 좌표평면 위의 선분에 대해서 생각하면 x좌표에 y좌표가 추가되기 때문에 2배는 더 복잡해 보입니다. 하지만 좌표평면 위의 선분의 내분점, 외분점의 x좌표와 y좌표를 나누어 살펴보면 그 구조가 수직선 위의 선분의 내분점, 외분점과 각각 같다는 것을 알 수 있습니다. 즉, 수직선 위의 선분의 내분점, 외분점을 구하는 방식으로 좌표평면 위의 선분의 내분점, 외분점의 x좌표, y좌표를 따로 구하면 되는 것이지요.

30초 정리

- **좌표평면 위의 선분의 내분점과 외분점**

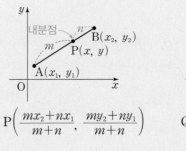

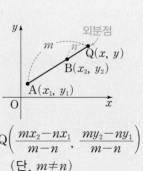

$$P\left(\frac{mx_2+nx_1}{m+n} , \frac{my_2+ny_1}{m+n} \right)$$

$$Q\left(\frac{mx_2-nx_1}{m-n} , \frac{my_2-ny_1}{m-n} \right)$$
$$(단, m \neq n)$$

◆ **좌표평면 위의 선분의 내분점과 외분점** ◆ (외분점은 교육과정에서 제외되었습니다.)

좌표평면 위의 선분의 내분점과 외분점의 좌표는 수직선 위의 일차원 상황이 이차원으로 확장된 것입니다. 수직선에서 점은 x좌표만으로 표현할 수 있지만 좌표평면에서 점은 x, y의 순서쌍으로 나타내기 때문에 y좌표가 추가됩니다.

그러므로 좌표평면 위의 선분의 내분점과 외분점의 x좌표는 수직선 위의 선분의 내분점과 외분점의 x좌표와 같고, y좌표는 x좌표와 똑같은 형식으로 만들어집니다.

이 과정에서 사용되는 성질은 중학교에서 다룬 평행선 사이에 있는 선분의 길이의 비에 관한 것입니다.

3개 이상의 평행선이 다른 두 직선과 만날 때, 평행선 사이에 생기는 선분의 길이의 비는 같습니다.

즉, 그림에서 $l \mathbin{/\mkern-5mu/} m \mathbin{/\mkern-5mu/} n$이면

$$\overline{AB} : \overline{BC} = \overline{DE} : \overline{EF}$$

좌표평면 위의 두 점 $A(x_1, y_1)$, $B(x_2, y_2)$를 잇는 선분 AB를 $m : n$ $(m>0, n>0)$으로 내분하는 점 $P(x, y)$의 좌표를 구해 봅시다.

세 점 A, B, P에서 x축에 내린 수선의 발을 각각 A′, B′, P′이라 하면 평행선 사이에 있는 선분의 길이의 비에 관한 성질에 따라

$$\overline{A'P'} : \overline{P'B'} = \overline{AP} : \overline{PB} = m : n$$

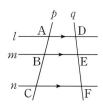

입니다. 이때 점 P′은 선분 A′B′을 $m : n$으로 내분하는 점이므로 점 P의 x좌표는

$$x = \frac{mx_2 + nx_1}{m+n}$$

입니다. 같은 방법으로 점 P의 y좌표를 구하면

$$y = \frac{my_2 + ny_1}{m+n}$$

이므로 선분 AB의 내분점 P의 좌표는 다음과 같습니다.

$$P\left(\frac{mx_2 + nx_1}{m+n}, \ \frac{my_2 + ny_1}{m+n} \right)$$

마찬가지로 선분 AB를 $m : n$으로 외분하는 점 Q의 좌표는 $Q\left(\dfrac{mx_2 - nx_1}{m-n}, \ \dfrac{my_2 - ny_1}{m-n} \right)$입니다.

◆ 평행선 사이의 선분의 길이의 비 ◆

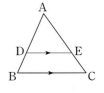

평행선 사이의 선분의 길이의 비에 관한 성질을 이해하려면 삼각형에서 평행선과 선분의 길이의 비에 관한 성질을 이용합니다.

$$\triangle ABC에서 \overline{BC} /\!/ \overline{DE}일 때 \overline{AD} : \overline{DB} = \overline{AE} : \overline{EC}$$

가 성립합니다.

이 성질은 점 E를 지나고 변 AB에 평행한 직선이 변 BC와 만나는 점을 F로 놓았을 때 $\triangle ADE \backsim \triangle EFC$가 되는 것을 통해 알 수 있습니다.

$$\triangle ADE와 \triangle EFC에서$$

$$\angle AED = \angle ECF(동위각), \ \angle EAD = \angle CEF(동위각)$$

로 두 쌍의 대응하는 각의 크기가 같으므로 $\triangle ADE \backsim \triangle EFC$입니다.

닮은 두 삼각형에서 대응하는 변의 길이의 비는 모두 같으므로 $\overline{AD} : \overline{EF} = \overline{AE} : \overline{EC}$입니다.

또한 □DBFE는 평행사변형이므로 $\overline{DB} = \overline{EF}$(대변의 길이가 같다)입니다.

따라서 $\overline{AD} : \overline{DB} = \overline{AE} : \overline{EC}$가 성립합니다.

삼각형에서 평행선과 선분의 길이의 비에 관한 성질을 이용하면 평행선 사이의 선분의 길이의 비에 관한 성질을 증명할 수 있습니다.

오른쪽 그림과 같이 평행한 세 직선 l, m, n이 서로 다른 두 직선 p, q와 만나는 점을 각각 A, B, C, D, E, F라 할 때 $\overline{AB} : \overline{BC} = \overline{DE} : \overline{EF}$가 성립함을 보이기 위해 두 점 A, F를 지나는 직선이 직선 m과 만나는 점을 O라 하면

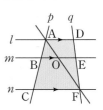

$\triangle ACF에서 \overline{BO} /\!/ \overline{CF}$이므로 삼각형에서 평행선과 선분의 길이의 비에 관한 성질에 따라

$$\overline{AB} : \overline{BC} = \overline{AO} : \overline{OF} \qquad \cdots\cdots \ \boxed{\bigcirc}$$

$\triangle AFD에서 \overline{AD} /\!/ \overline{OE}$이므로

$$\overline{AO} : \overline{OF} = \overline{DE} : \overline{EF} \qquad \cdots\cdots \ \boxed{\bigcirc}$$

$\boxed{\bigcirc}$, $\boxed{\bigcirc}$에서 $\overline{AB} : \overline{BC} = \overline{DE} : \overline{EF}$가 성립합니다.

꼬리에 꼬리를 무는 개념

공통수학2	공통수학2	공통수학2	공통수학2	공통수학2
두 점 사이의 거리	수직선 위의 선분의 내분점과 외분점	좌표평면 위의 선분의 내분점과 외분점	직선의 방정식	두 직선의 평행과 수직

세 점 $A(x_1, y_1)$, $B(x_2, y_2)$, $C(x_3, y_3)$를 꼭짓점으로 하는 삼각형 ABC의
무게중심의 좌표를 어떻게 구하나요?

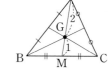

삼각형의 무게중심은 중선을 꼭짓점으로부터 $2 : 1$로 내분하는 점입니다.

이때 변 BC의 중점을 M이라 하면 $M\left(\dfrac{x_2+x_3}{2}, \dfrac{y_2+y_3}{2}\right)$입니다.

삼각형의 무게중심 G의 좌표를 (x, y)라 하면 점 G는 선분 AM을 $2 : 1$
로 내분하므로

$$x = \frac{2 \times \dfrac{x_2+x_3}{2} + 1 \times x_1}{2+1} = \frac{x_1+x_2+x_3}{3}$$

$$y = \frac{2 \times \dfrac{y_2+y_3}{2} + 1 \times y_1}{2+1} = \frac{y_1+y_2+y_3}{3}$$

따라서 무게중심 G의 좌표는 $G\left(\dfrac{x_1+x_2+x_3}{3}, \dfrac{y_1+y_2+y_3}{3}\right)$입니다.

삼각형 ABC의 세 변 AB, BC, CA의 중점을 각각 D, E, F라
할 때, 삼각형 DEF의 무게중심은 삼각형 ABC의 무게중심과 같
다는 것을 어떻게 설명할 수 있나요?

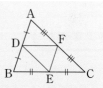

세 점의 좌표를 $A(x_1, y_1)$, $B(x_2, y_2)$, $C(x_3, y_3)$라 하면 삼각형 ABC의 무게중심의 좌표는
$\left(\dfrac{x_1+x_2+x_3}{3}, \dfrac{y_1+y_2+y_3}{3}\right)$입니다.

이때 D, E, F의 좌표는 각각 $D\left(\dfrac{x_1+x_2}{2}, \dfrac{y_1+y_2}{2}\right)$, $E\left(\dfrac{x_2+x_3}{2}, \dfrac{y_2+y_3}{2}\right)$, $F\left(\dfrac{x_3+x_1}{2}, \dfrac{y_3+y_1}{2}\right)$

이고 삼각형 DEF의 무게중심의 좌표를 (x, y)라 하면

$$x = \frac{\dfrac{x_1+x_2}{2} + \dfrac{x_2+x_3}{2} + \dfrac{x_3+x_1}{2}}{3} = \frac{x_1+x_2+x_3}{3}$$

$$y = \frac{\dfrac{y_1+y_2}{2} + \dfrac{y_2+y_3}{2} + \dfrac{y_3+y_1}{2}}{3} = \frac{y_1+y_2+y_3}{3}$$

이므로 삼각형 ABC의 무게중심과 삼각형 DEF의 무게중심은 같습니다.

기울기는 m 아닌가요?

아! 그렇구나

많은 학생들은 시험 문제에 나오는 부분만 골라서 공부합니다. 그래서 교과서에는 별 관심이 없고 문제집에만 매달리지요. 하지만 개념을 충분히 이해하지 않으면 그 개념을 응용할 능력이 제한되므로 좋은 공부 방법이라고 할 수 없습니다. 예를 들어 직선에 대한 문제가 나오면 직선의 방정식을 구하는 공식을 적용하려 드는 학생이 많습니다. 이들은 기울기의 개념은 이해하지 않고 무작정 공식으로 문제를 풀고 문제가 조금만 바뀌면 모르는 문제라고 합니다. 기울기를 정의하는 과정을 충분히 이해하면 직선의 방정식에 관한 응용문제를 해결할 수 있는 범위가 넓어진답니다.

30초 정리

- **직선의 방정식**

  점 $(x_1,\ y_1)$을 지나고 기울기가 m인 직선의 방정식

  $y=m(x-x_1)+y_1$ 또는 $y-y_1=m(x-x_1)$

◆ 직선의 방정식 ◆

좌표평면 위에서 직선의 방정식을 구하는 것은 서로 다른 두 점이 주어진 경우와 한 점과 기울기가 주어진 경우 등 크게 2가지로 나누어 생각할 수 있습니다.

직선이 단 하나로 결정되는 조건을 직선의 **결정 조건**이라고 합니다. 서로 다른 두 점을 동시에 지나는 직선은 유일하므로 서로 다른 두 점이 직선의 결정 조건이라고 할 수 있습니다. 또 직선의 기울기와 한 점이 주어진 경우에도 직선이 단 하나로 결정됩니다. 두 점으로 직선을 구하는 것은 다음 주제로 다루고 한 점과 기울기가 주어졌을 때 직선의 방정식을 구해 보겠습니다.

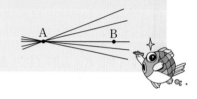

직선의 결정 조건

한 점 A를 지나는 직선은 무수히 많지만, 서로 다른 두 점 A, B를 지나는 직선은 오직 하나뿐이다. 그러므로 직선이 결정되려면 서로 다른 두 점이 주어져야 한다.

예를 들어, 좌표평면 위의 한 점 $A(3, 2)$를 지나고 기울기가 $\dfrac{1}{3}$인 직선의 방정식을 구해 봅시다. 일차함수 $y=ax+b$의 그래프가 기울기가 a인 직선이므로 이 직선의 방정식은 $y=\dfrac{1}{3}x+b$로 나타낼 수 있습니다. 이 직선이 점 $A(3, 2)$를 지나므로

$$2=\frac{1}{3}\times 3+b \text{에서} \quad b=1$$

따라서 구하는 직선의 방정식은 $y=\dfrac{1}{3}x+1$입니다.

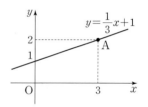

일반적으로 좌표평면 위의 점 $A(x_1, y_1)$을 지나고 기울기가 m인 직선의 방정식을 $y=mx+n$이라 하면, 이 직선은 점 $A(x_1, y_1)$을 지나므로

$$y_1=mx_1+n \text{에서} \quad n=y_1-mx_1$$

이를 직선의 방정식에 대입해서 정리하면

$$y=m(x-x_1)+y_1 \text{ 또는 } y-y_1=m(x-x_1)$$

을 구할 수 있습니다.

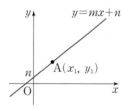

특히 점 $A(x_1, y_1)$을 지나고 x축에 평행한 직선의 기울기는 0이므로 이 직선의 방정식은

$$y-y_1=0\times(x-x_1) \text{에서} \quad y=y_1$$

입니다.

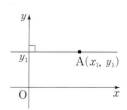

◆ 일차함수와 직선의 방정식 ◆

중학교에서 배운 일차함수를 되돌아봅시다.

일차함수는 $y=ax+b$의 꼴이며, 그래프는 직선으로 나타납니다. 여기서 a는 직선의 기울기, b는 y절편을 나타냅니다.

두 변수 사이의 관계로도 일차함수를 설명할 수 있는데, 한 변수 x가 변함에 따라 다른 변수 y가 일정하게 변하는 관계가 일차함수입니다. 다음 표를 보면 x가 1씩 커지면 y는 2씩 일정하게 작아지는 것을 발견할 수 있습니다. 이와 같은 점을 순서쌍으로 좌표평면에 나타내면 그 점들은 일직선 위에 놓이게 되며, 이런 점들을 더욱 좁은 간격으로 찍으면 언젠가는 모두 이어지는 직선이 만들어집니다.

x	-2	-1	0	1	2
y	5	3	1	-1	-3

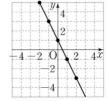

그래프에서 x가 1 증가함에 따라 y는 2 감소합니다.

따라서 기울기는 $\dfrac{(y\text{의 값의 증가량})}{(x\text{의 값의 증가량})}=\dfrac{-2}{1}=-2$이고 $(0,\,1)$을 지나므로 y절편은 1입니다.

이를 이용해 일차함수의 식을 작성하면 $y=-2x+1$이 됩니다.

$y=ax+b$의 그래프 중 기울기가 0, 즉 $a=0$인 경우 $y=b$ 형태의 식이 되는데, 기울기가 0이므로 이는 x축에 평행한 직선의 방정식입니다.

일반적으로 x축 위의 점 $(p,\,0)$을 지나고 y축에 평행한 직선의 방정식은 $x=p$이며, y축 위의 점 $(0,\,q)$를 지나고 x축에 평행한 직선의 방정식은 $y=q$입니다.

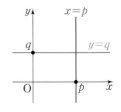

공통수학2	공통수학2	공통수학2	공통수학2	공통수학2
두 점 사이의 거리	선분의 내분점과 외분점	기울기가 m인 직선의 방정식	두 점을 지나는 직선의 방정식	두 직선의 평행과 수직

Q 왜 기울기의 정의가 $\dfrac{(x의\ 값의\ 증가량)}{(y의\ 값의\ 증가량)}$이 아니고 $\dfrac{(y의\ 값의\ 증가량)}{(x의\ 값의\ 증가량)}$인가요?

A 아주 중요한 질문입니다. 기울기를 왜 $\dfrac{(y의\ 값의\ 증가량)}{(x의\ 값의\ 증가량)}$으로 계산하는지에 대한 이해가 필요합니다.

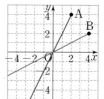

그림의 두 직선을 보면 둘 중 빨간 직선의 경사도가 더 큽니다.

원점 O와 점 A 사이의 x와 y의 값의 증가량은 각각 2, 4이므로

$$\frac{(y의\ 값의\ 증가량)}{(x의\ 값의\ 증가량)}=2,\ \frac{(x의\ 값의\ 증가량)}{(y의\ 값의\ 증가량)}=\frac{1}{2}$$

원점 O와 점 B 사이의 x와 y의 값의 증가량은 각각 4, 2이므로

$$\frac{(y의\ 값의\ 증가량)}{(x의\ 값의\ 증가량)}=\frac{1}{2},\ \frac{(x의\ 값의\ 증가량)}{(y의\ 값의\ 증가량)}=2$$

수치로 비교하면 기울기를 $\dfrac{(y의\ 값의\ 증가량)}{(x의\ 값의\ 증가량)}$으로 정의했을 때 경사도가 큰 빨간 직선의 기울기가 크다는 것을 알 수 있습니다. 만약 기울기를 $\dfrac{(x의\ 값의\ 증가량)}{(y의\ 값의\ 증가량)}$으로 구한다면 경사도가 큰 직선의 기울기가 작아져 혼동하기 쉬울 것입니다. 그러므로 기울기를 $\dfrac{(y의\ 값의\ 증가량)}{(x의\ 값의\ 증가량)}$으로 정하는 것이 타당하다는 것을 이해할 수 있습니다.

Q y축에 평행한 직선 $x=p$의 기울기는 얼마인가요?

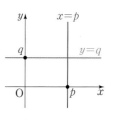

A 직선 $x=p$의 기울기는 교과서에서 다루지 않습니다. 하지만 궁금하지요. 직선 $y=mx+n$에서 직선의 기울기가 커질수록 m의 값이 커집니다. y축에 평행한 직선은 m이 무한히 계속 커지는 상태가 되기 때문에 얼마라고 특정해서 쓸 수 없게 됩니다. 수학에서는 이를 무한대라고 하는데, 무한대는 한없이 커지는 상태를 말하므로 특정한 수가 아닙니다. 따라서 y축에 평행한 직선은 기울기가 존재하지 않습니다.

그럼 $x=p$는 어떤 직선일까요? 그림에서 빨간 직선 위의 점들의 좌표를 보면 $(p,\ 0)$, $(p,\ 1)$, $(p,\ 2)$, $(p,\ 3)$, …… 등으로 y좌표는 계속 변하지만 x좌표는 항상 p입니다. y좌표는 모든 값을 갖지만 x의 값은 항상 p라는 뜻에서 이 직선의 방정식을 $x=p$라고 나타내는 것입니다.

참고로 $y=q$는 x축에 평행하고 $(0,\ q)$를 지나는 직선입니다.

기울기, y절편이 아니라 두 점만으로 직선의 방정식을 알 수 있나요?

직선 하나 주세요!

네. 가격은 '두 점'입니다!

직선은 기울기랑 절편으로 구하는 거 아니었나??

Sale 직선
기울기와 절편 '두 점'

아! 그렇구나

중학교에서는 직선의 방정식을 일차함수와 연관 지어 생각했습니다. 그래서 항상 $y=ax+b$라는 일차함수의 식을 떠올리게 됩니다. 또한 공식처럼 a는 기울기, b는 y절편이라는 것만 생각하느라 두 점이 주어진 상황에 유연하게 대처하지 못하는 경우가 발생합니다. 기울기라는 것은 시각적으로는 직각삼각형에서 생각하게 되지만 실제로는 x축과 y축 방향의 증가량을 구하는 것이므로 두 점의 좌표만 알아도 구할 수 있습니다.

30초 정리

- 점 $(x_1,\ y_1)$을 지나고 기울기가 m인 직선의 방정식

  $y-y_1=m(x-x_1)$ 또는 $y=m(x-x_1)+y_1$

- 서로 다른 두 점 $(x_1,\ y_1),\ (x_2,\ y_2)$를 지나는 직선의 방정식

  ① $x_1 \neq x_2$일 때, $y-y_1=\dfrac{y_2-y_1}{x_2-x_1}(x-x_1)$

  ② $x_1=x_2$일 때, $x=x_1$

◆ 두 점을 지나는 직선의 방정식 ◆

기울기 m과 y절편 n이 주어진 직선의 방정식은 간단하게 $y=mx+n$으로 구할 수 있습니다. 그리고 y절편 대신 직선이 지나는 한 점 (x_1, y_1)이 주어져도 직선의 방정식은 $y-y_1=m(x-x_1)$로 구할 수 있습니다.

이제는 기울기가 주어지지 않는 대신 직선이 지나는 서로 다른 두 점 $A(x_1, y_1)$, $B(x_2, y_2)$가 주어졌을 때 그 직선의 방정식을 구하는 방법을 생각해 보겠습니다.

기울기란 무엇일까요? 기울기의 정의는 x의 값의 증가량에 대한 y의 값의 증가량의 비율입니다. 즉, $\dfrac{(y의 \ 값의 \ 증가량)}{(x의 \ 값의 \ 증가량)}$으로 구할 수 있기 때문에 증가량을 계산할 수 있는 두 점이 필요합니다. 그게 바로 A, B입니다.

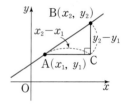

그림에서 기울기 m은 $m=\dfrac{y_2-y_1}{x_2-x_1}$ (단, $x_1 \neq x_2$)이므로 점 (x_1, y_1)을 지나는 직선의 방정식 $y-y_1=m(x-x_1)$에 대입하면

$$y-y_1=\frac{y_2-y_1}{x_2-x_1}(x-x_1)$$

을 구할 수 있습니다.

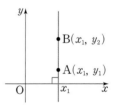

이때 $x_1=x_2$인 경우는 점 $A(x_1, y_1)$을 지나고 y축에 평행한 직선이므로 직선 위의 모든 점의 x좌표는 모두 x_1입니다. 따라서 이 직선의 방정식은

$$x=x_1$$

입니다.

> **좌표축에 평행한 직선의 방정식**
>
> x축 위의 점 $(p, \ 0)$을 지나고 y축에 평행한 직선의 방정식은 $x=p$이고, y축 위의 점 $(0, \ q)$를 지나고 x축에 평행한 직선의 방정식은 $y=q$이다.

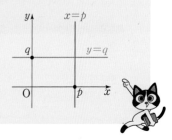

◆ 두 점을 지나는 직선의 방정식 ◆

두 점 A$(-2, -3)$, B$(2, 5)$를 지나는 직선의 기울기를 구해 볼까요?

점 A에서 점 B까지의 증가량을 생각하면

$$(x의 \ 값의 \ 증가량) = 2 - (-2) = 4$$
$$(y의 \ 값의 \ 증가량) = 5 - (-3) = 8$$

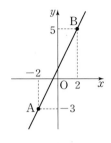

이므로 두 점 A, B를 지나는 직선의 기울기 m은

$$m = \frac{(y의 \ 값의 \ 증가량)}{(x의 \ 값의 \ 증가량)} = \frac{8}{4} = 2$$

임을 알 수 있습니다.

기울기가 2이므로 두 점 A, B를 지나는 직선의 방정식은 $y = 2x + n$으로 둘 수 있고, 여기에 이 직선이 지나는 점 중 하나만 대입하면 n의 값을 구할 수 있습니다.

두 점 A$(-2, -3)$, B$(2, 5)$ 중 어떤 점을 대입해도 결과는 같음을 확인해 보겠습니다.

먼저 점 A$(-2, -3)$의 좌표를 대입하면

$$-3 = 2 \times (-2) + n에서 \ n = 1$$

입니다. 이번에는 점 B$(2, 5)$의 좌표를 대입합니다.

$$5 = 2 \times 2 + n에서 \ n = 1$$

입니다. 어느 점을 대입해도 $n = 1$로 결과가 같습니다.

정리하면, 직선의 방정식 $y = mx + n$에서 기울기 m과 y절편 n을 알면 직선의 방정식을 구할 수 있는데, 기울기나 y절편이 직접적으로 제시되지 않고 기울기와 한 점의 좌표가 주어지거나 기울기가 아닌 두 점의 좌표가 주어져도 기울기는 물론 y절편까지 계산할 수 있습니다.

공통수학2	공통수학2	공통수학2	공통수학2	공통수학2
선분의 내분점과 외분점	기울기가 m인 직선의 방정식	두 점을 지나는 직선의 방정식	일차방정식의 그래프	두 직선의 평행과 수직

x절편이 a, y절편이 b인 직선의 방정식이 왜 $\dfrac{x}{a}+\dfrac{y}{b}=1$인가요?

두 절편이 주어졌다고 해서 특수한 경우라고 생각할 필요는 없습니다. 절편이 주어지면 그 점의 좌표를 알 수 있으므로 결국 두 점의 좌표가 주어진 경우와 같습니다.

x절편이 a, y절편이 b이므로 두 점의 좌표는 $(a, 0)$, $(0, b)$입니다.

따라서 두 점 $(a, 0)$, $(0, b)$를 지나는 직선의 기울기는

$$\frac{b-0}{0-a}=-\frac{b}{a}$$

이고, y절편이 b이므로 이 직선의 방정식은

$$y=-\frac{b}{a}x+b$$

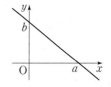

입니다. 양변을 b로 나누어 정리하면 $\dfrac{x}{a}+\dfrac{y}{b}=1$이 됩니다. 두 절편이 주어진 경우 직선의 방정식은 그 모양이 독특하지요. 그래서 공식으로 외우는 학생들이 많은데, 무작정 외울 것이 아니라 만들어진 원리를 이해하는 것이 중요합니다.

세 점 $A(-1, -1)$, $B(1, 3)$, $C(2, 5)$를 지나는 직선의 방정식을 구하는 공식은 무엇인가요?

기울기와 한 점을 지나는 직선 또는 두 점을 지나는 직선의 방정식을 구하는 공식이 있지요. 세 점을 지나는 직선을 구하라고 하니 당황스러울 것입니다.

세 점을 지나는 직선을 구하라는 것은 이미 이 세 점이 일직선 위에 놓여 있다는 뜻으로 해석할 수 있습니다. 만약 세 점 중 일직선 위에 있지 않은 점이 있다면 세 점을 지나는 직선을 구한다는 것 자체가 불가능하겠지요. 그러므로 이 세 점 중 어느 두 점을 이용해서 직선의 방정식을 구하더라도 결과는 같습니다. 아무거나 두 점을 선택하고, 그 두 점을 지나는 직선의 방정식을 구하면 됩니다.

예를 들어, 두 점 $A(-1, -1)$, $B(1, 3)$을 지나는 직선의 기울기는 2이므로 직선의 방정식을 $y=2x+n$으로 두고 세 점 중 아무 점이나 대입하면 n의 값을 구할 수 있습니다. 점 $A(-1, -1)$을 대입하면 $n=1$이므로 직선의 방정식은 $y=2x+1$입니다. 점 A 대신 점 $C(2, 5)$를 대입해도 $n=1$입니다.

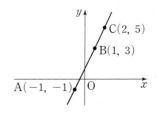

이번에는 두 점 $A(-1, -1)$, $C(2, 5)$를 지나는 직선의 기울기를 구하면 역시 2가 나옵니다. 세 점 중 어느 두 점을 가지고 직선의 방정식을 만들어도 같은 식이 나오는 것을 알 수 있습니다.

방정식에도 그래프가 있나요?

아! 그렇구나

'그래프' 하면 함수가 떠오를 것입니다. 함수는 x에서 y로의 대응이기 때문에 x와 y의 관계를 x축, y축으로 표현된 좌표평면에 그래프로 나타낼 수 있습니다. 한편, 보통 방정식이라고 하는 것은 주로 x에 관한 것이 많기 때문에 방정식에 y가 포함되는 경우는 떠올리기가 어려울 것입니다. 그런데 방정식에는 x만 포함되어야 한다는 규정이 없답니다. 그러므로 여기서 취급하는 일차방정식은 차수가 일차라면 변수는 x든 y든 다 포함할 수 있습니다. 방정식에 두 변수 x, y가 모두 포함되면 y를 x에 대한 함수로 볼 수 있고, 이때 그래프가 그려질 수 있습니다.

30초 정리

- **일차방정식의 그래프**

  좌표평면 위의 직선의 방정식은 모두 x, y에 대한 일차방정식

    $ax+by+c=0$

  의 꼴로 나타낼 수 있다.

  x, y에 대한 일차방정식 $ax+by+c=0$이 나타내는 도형은 항상 직선이 된다.

◆ 일차방정식의 그래프 ◆

흔히 일차방정식이라고 하면 $5x-7=3$, $2x+5=3$과 같은 x에 대한 일차방정식만을 생각합니다. 일차방정식은 차수가 일차라는 것이지 변수가 정해진 것은 아니기 때문에 변수를 2개 포함하는 $ax+by+c=0$의 꼴도 x, y에 대한 일차방정식입니다.

일차함수의 식 $y=mx+n$도 $mx-y+n=0$으로 바꾸면 x, y에 대한 일차방정식의 꼴로 나타낼 수 있습니다.

이 외에 일차함수는 아니지만 축에 평행한 직선의 방정식, 예를 들어 $x=2$나 $y=-5$와 같은 방정식도 우변이 0이 되도록 식을 변형하면 각각

$$x-2=0, \quad y+5=0$$

과 같이 x, y에 대한 일차방정식 $ax+by+c=0$의 꼴로 나타낼 수 있습니다.

> **방정식**
>
> 방정식(方程式)이라는 말이 조금 투박하게 들릴 수 있는데, '방(方)'의 뜻 중 '뾰족한 것'이나 '모난 것'을 연상하면 이해하는 데 도움이 된다. 항등식(恒等式)은 항상 성립한다는 뜻인데, 그에 상대적인 방정식은 항상 성립하는 것은 아니고 특정한 경우에만 성립하는 등식이라고 이해할 수 있다.

한편 x, y에 대한 일차방정식 $ax+by+c=0$은

$$b \neq 0 \text{일 때,} \quad y=-\frac{a}{b}x-\frac{c}{b}$$

이므로 기울기가 $-\dfrac{a}{b}$, y절편이 $-\dfrac{c}{b}$인 직선을 나타내고

$$b=0, a \neq 0 \text{일 때,} \quad x=-\frac{c}{a}$$

이므로 x절편이 $-\dfrac{c}{a}$이고 y축에 평행한 직선(또는 x축에 수직인 직선)을 나타냅니다.

정리하면, 좌표평면 위의 직선의 방정식은 모두 일차방정식 $ax+by+c=0$의 꼴로 나타낼 수 있고, x, y에 대한 일차방정식 $ax+by+c=0\,(a \neq 0$ 또는 $b \neq 0)$이 나타내는 도형은 항상 직선입니다.

◆ 일차방정식과 일차함수 ◆

일차방정식 $ax+by+c=0$에서 a, b가 동시에 0이면 $c=0$만 남게 되는데, 이는 일차방정식도 직선의 방정식도 아니기 때문에 a, b 중 적어도 하나는 남아 있어야 합니다. 이때 a, b 중 적어도 하나는 0이 아니라는 말을 '또는'이라는 용어를 사용하여 $a \neq 0$ 또는 $b \neq 0$로 나타내고 있습니다. 이는 a, b가 동시에 0일 수는 없다고 해석할 수도 있습니다.

x, y에 대한 일차방정식 $ax+by+c=0$ ($a \neq 0$ 또는 $b \neq 0$)을 분류하면 다음과 같이 3가지 경우를 생각할 수 있습니다.

(1) $a \neq 0$, $b \neq 0$일 때	(2) $a=0$, $b \neq 0$일 때	(3) $a \neq 0$, $b=0$일 때
$y = -\dfrac{a}{b}x - \dfrac{c}{b}$	$y = -\dfrac{c}{b}$	$x = -\dfrac{c}{a}$
→ 기울기가 $-\dfrac{a}{b}$인 직선	→ x축에 평행한 직선	→ y축에 평행한 직선

따라서 일차방정식 $ax+by+c=0$ ($a \neq 0$ 또는 $b \neq 0$)이 나타내는 그래프는 항상 직선임을 알 수 있습니다.

한 가지 더 고민할 것은 일차방정식 $ax+by+c=0$의 그래프도 직선이고 일차함수 $y=mx+n$의 그래프도 직선이므로 일차방정식과 일차함수가 일치하는가의 문제입니다. 일차방정식 $ax+by+c=0$에서 $b=0$인 경우는 함수가 아니므로 당연히 일차함수가 될 수 없고, $a=0$인 경우도 일차함수라고 할 수 없으므로 둘은 같지 않습니다.

공통수학2	공통수학2	공통수학2	공통수학2	공통수학2
선분의 내분점과 외분점	직선의 방정식	일차방정식의 그래프	두 직선의 평행과 수직	도형의 이동

자연수 x, y에 대한 일차방정식 $x+y=7$의 모든 해를 좌표평면에
그래프로 어떻게 나타낼 수 있나요?

x, y가 자연수이므로 $x+y=7$의 해를 표로 나타내면 다음과 같습니다.

x	1	2	3	4	5	6
y	6	5	4	3	2	1

순서쌍 (x, y)로 나타내면 다음과 같이 6개가 됩니다.

$$(1,\ 6),\ (2,\ 5),\ (3,\ 4),\ (4,\ 3),\ (5,\ 2),\ (6,\ 1)$$

이를 좌표평면 위에 나타내면 그래프는 오른쪽 그림과 같습니다. 식
만 보고 직선이라고 생각해서 무작정 그래프를 그릴 것이 아니라 문제
에 주어진 조건을 꼼꼼히 살피는 습관을 길러야 합니다.

섭씨온도 x℃와 화씨온도 y℉ 사이의 관계를 그래프로 나타내면 직선이 된다고 해요.
그리고 물의 어는점은 섭씨로 0℃, 화씨로는 32℉이고, 물의 끓는점은 섭씨로 100℃,
화씨로는 212℉이라고 해요. 오늘 섭씨온도가 20℃일 때, 화씨온도는 어떻게 구하나요?

물의 어는점과 끓는점을 순서쌍 (x, y)로 나타내면

$$(0,\ 32),\ (100,\ 212)$$

입니다. 구하는 직선은 두 점 $(0,\ 32)$, $(100,\ 212)$를 지나므로 기울기는

$$\frac{212-32}{100-0}=\frac{180}{100}=\frac{9}{5}$$

이고, 이 직선이 점 $(0,\ 32)$를 지나므로 y절편은 32입니다. 따라서 구하는 직선의 방정식은

$$y=\frac{9}{5}x+32$$

입니다. 오늘 섭씨온도가 20℃이므로 $x=20$을 직선의 방정식에 대입하면

$$y=\frac{9}{5}\times20+32=68$$

따라서 오늘의 화씨 온도는 68℉입니다.

직선의 방정식만 보고 평행인지, 수직인지 어떻게 알 수 있나요?

아! 그렇구나

　두 직선이 평행이거나 수직인 것에는 도형적인 의미가 담겨 있습니다. 그래서 그림이나 그래프를 보면 평행인지 수직인지 직관적으로 알 수 있지요. 고등학교 과정에서는 직선을 방정식으로 표현했기 때문에 직선을 그려 보지 않고도 수식을 통해 이를 파악할 수 있습니다. 두 직선의 기울기를 이용하여 평행인지 수직인지 확인해봅시다.

30초 정리

• **두 직선의 평행과 수직**

　① 두 직선의 평행 조건

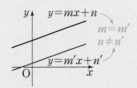

$m=m'$
$n \neq n'$

　② 두 직선의 수직 조건

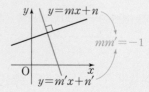

$mm'=-1$

◆ 두 직선의 평행 조건 ◆

두 직선이 평행하다는 것은 두 직선을 한없이 연장해도 만나지 않는다는 뜻입니다. 두 직선이 평행하려면 두 직선의 경사, 즉 기울기가 같아야 합니다.

두 직선의 방정식이

$$y=mx+n, \quad y=m'x+n'$$

일 때, 두 직선의 기울기 m, m'이 서로 같으면 두 직선은 **평행**합니다. 만약 y절편 n, n'도 같다면 두 직선은 일치하게 되므로 두 직선이 평행할 조건은

$$m=m', \quad n \ne n'$$

거꾸로 $m=m'$, $n \ne n'$이면 두 직선은 서로 평행합니다.

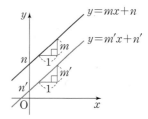

◆ 두 직선의 수직 조건 ◆

이제 두 직선 $y=mx+n$, $y=m'x+n'$이 수직일 조건을 알아봅시다.

계산이 복잡하므로 모두 원점을 지나도록 평행이동한 두 직선의 방정식으로 고쳐서 생각하는 것이 편리합니다.

$$y=mx, \quad y=m'x$$

오른쪽 그림과 같이 직선 $x=1$이 두 직선 $y=mx$, $y=m'x$와 만나는 점을 각각 P, Q라 하면

$$P(1, \ m), \quad Q(1, \ m')$$

입니다. 두 직선이 서로 수직이면 삼각형 OPQ는 직각삼각형이므로 피타고라스 정리에 따라

$$\overline{OP}^2 + \overline{OQ}^2 = \overline{PQ}^2$$

이 성립합니다. 이때 $\overline{OP}^2 = 1+m^2$, $\overline{OQ}^2 = 1+m'^2$, $\overline{PQ}^2 = (m-m')^2$이므로

$$(1+m^2)+(1+m'^2)=(m-m')^2 \quad \cdots\cdots \ ㉠$$

이고, 이 식을 정리하면 다음과 같습니다.

$$mm' = -1$$

거꾸로 $mm' = -1$이면 ㉠이 성립하므로 삼각형 OPQ는 직각삼각형이 됩니다. 그러면 두 직선 $y=mx$, $y=m'x$가 서로 수직이므로 이들과 평행한 두 직선 $y=mx+n$, $y=m'x+n'$도 서로 수직입니다.

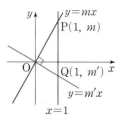

◆ 일차함수의 그래프의 평행이동 ◆

두 일차함수 $y=2x$와 $y=2x+3$의 그래프를 그려 볼까요?

두 일차함수의 그래프를 그리기 위해서 x의 값에 대응하는 y의 값을 각각 구해 표로 나타내면 다음과 같습니다.

x	$\cdots$	-2	$\cdots$	-1	$\cdots$	0	$\cdots$	1	$\cdots$	2	$\cdots$
$2x$	$\cdots$	-4	$\cdots$	-2	$\cdots$	0	$\cdots$	2	$\cdots$	4	$\cdots$
$2x+3$	$\cdots$	-1	$\cdots$	1	$\cdots$	3	$\cdots$	5	$\cdots$	7	$\cdots$

표에서 보면 두 일차함수 $y=2x$, $y=2x+3$에 대하여 각각의 x의 값에 대응하는 $2x+3$의 값은 $2x$의 값보다 항상 3만큼 크기 때문에 일차함수 $y=2x+3$의 그래프는 일차함수 $y=2x$의 그래프를 y축의 방향으로 3만큼 평행하게 이동한 것과 같습니다.

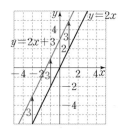

이처럼 한 도형을 일정한 방향으로 일정한 거리만큼 옮기는 것을 평행이동이라고 합니다.

일반적으로 일차함수 $y=ax+b$의 그래프는 일차함수 $y=ax$의 그래프를 y축의 방향으로 b만큼 평행이동한 직선입니다.

일차함수의 그래프를 평행이동한 직선은 기울기가 변하지 않고 y절편만 달라지므로 두 직선 $y=mx+n$, $y=m'x+n'$이 평행할 조건은

$$m=m', \ n\neq n'$$

이 되겠지요.

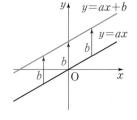

공통수학2	공통수학2	공통수학2	공통수학2	공통수학2
직선의 방정식	일차방정식의 그래프	두 직선의 평행과 수직	평행이동	도형의 이동

두 직선 $ax+by+c=0$, $a'x+b'y+c'=0$이 서로 평행일 조건은 무엇인가요?

두 직선의 방정식을 $y=mx+n$의 꼴로 바꾸면 각각

$$y=-\frac{a}{b}x-\frac{c}{b}, \quad y=-\frac{a'}{b'}x-\frac{c'}{b'}$$

두 직선이 평행할 조건은 두 직선의 기울기가 같고 y절편은 달라야 하므로

$$-\frac{a}{b}=-\frac{a'}{b'}, \quad -\frac{c}{b}\neq-\frac{c'}{b'}$$

두 식을 변형하면 다음과 같이 정리할 수도 있습니다.

$$\frac{a}{a'}=\frac{b}{b'}\neq\frac{c}{c'}$$

추가로

$$\frac{a}{a'}=\frac{b}{b'}=\frac{c}{c'}$$

인 경우에는 두 직선이 일치합니다.

두 직선 $ax+by+c=0$, $a'x+b'y+c'=0$에서 $aa'+bb'=0$이면
두 직선이 수직이 되나요?

두 직선의 기울기의 곱이 -1일 때 서로 수직이므로, 두 직선의 방정식을 $y=mx+n$의 꼴로 바
꾼 $y=-\frac{a}{b}x-\frac{c}{b}, \quad y=-\frac{a'}{b'}x-\frac{c'}{b'}$에서 수직일 조건은

$$\left(-\frac{a}{b}\right)\times\left(-\frac{a'}{b'}\right)=-1$$

입니다. 양변에 bb'을 곱하면

$$aa'=-bb'$$

이므로, 정리하면 $aa'+bb'=0$입니다.

즉, 두 직선 $ax+by+c=0$, $a'x+b'y+c'=0$에서 $aa'+bb'=0$이면 두 직선은 수직입니다.

점과 직선 사이의 거리는
어떻게 재나요?

아! 그렇구나

직선 위에는 무수히 많은 점이 있답니다. 어떤 점과 직선 위의 한 점을 이은 선분의 길이가 무수히 많은데, 이들 중 어떤 것을 점과 직선 사이의 거리라고 정했을까요? 중학교에서 이미 무수히 많은 거리 중에 최솟값을 거리로 정했답니다. 어떤 점이 가장 최소일까요? 수선의 발을 내리면 그 점을 찾을 수 있겠지요.

30초 정리

• 점과 직선 사이의 거리

좌표평면 위의 한 점 $P(x_1, y_1)$에서 점 P를 지나지 않는 직선
$l : ax+by+c=0$에 내린 수선의 발을 H라 하면, 점 P와 직선
l 사이의 거리는 선분 PH의 길이와 같다.

$$\overline{PH}=\frac{|ax_1+by_1+c|}{\sqrt{a^2+b^2}}$$

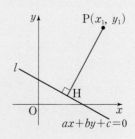

◆ 점과 직선 사이의 거리 ◆

점과 직선 사이의 거리는 어떻게 구할까요?

좌표평면 위의 한 점 $P(x_1, y_1)$과 점 P를 지나지 않는 직선 $l : ax+by+c=0$ 사이의 거리는 점 P에서 직선 l에 내린 수선의 발을 $H(x_2, y_2)$라 할 때 선분 PH의 길이와 같습니다.

$\overline{PH}=\sqrt{(x_2-x_1)^2+(y_2-y_1)^2}$ 이고, 직선 PH와 직선 l이 수직임을 생각하면

$\quad$ ($\overline{PH}$의 기울기)$\times$(l의 기울기)$=-1$이므로

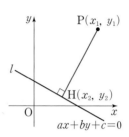

$\quad \dfrac{y_2-y_1}{x_2-x_1}\times\left(-\dfrac{a}{b}\right)=-1$에서 $\dfrac{x_2-x_1}{a}=\dfrac{y_2-y_1}{b}$ 이고,

$\quad \dfrac{x_2-x_1}{a}=\dfrac{y_2-y_1}{b}=k$로 놓으면

$\quad x_2-x_1=ak, \quad y_2-y_1=bk$이고

$\quad x_2=x_1+ak, \quad y_2=y_1+bk \qquad \cdots\cdots\ \text{㉠}$

이를 $\overline{PH}$에 넣고 정리하면

$\quad \overline{PH}=\sqrt{k^2(a^2+b^2)}=|k|\sqrt{a^2+b^2} \qquad \cdots\cdots\ \text{㉡}$

한편 점 $H(x_2, y_2)$는 직선 l 위의 점이므로

$\quad ax_2+by_2+c=0$

이고, 여기에 ㉠을 대입하면

$\quad a(x_1+ak)+b(y_1+bk)+c=0$

$\quad ax_1+a^2k+by_1+b^2k+c=0$

$\quad (a^2+b^2)k=-(ax_1+by_1+c)$

에서 $k=-\dfrac{ax_1+by_1+c}{a^2+b^2}$ 이므로 이를 ㉡에 대입하면

$\quad \overline{PH}=\left|-\dfrac{ax_1+by_1+c}{a^2+b^2}\times\sqrt{a^2+b^2}\right|$

$\qquad\quad =\dfrac{|ax_1+by_1+c|}{\sqrt{a^2+b^2}}$

즉, 점 $P(x_1, y_1)$과 직선 $l : ax+by+c=0$ 사이의 거리는

$\quad \dfrac{|ax_1+by_1+c|}{\sqrt{a^2+b^2}}$

특히, 원점 $O(0, 0)$과 직선 $ax+by+c=0$ 사이의 거리는 $\dfrac{|c|}{\sqrt{a^2+b^2}}$ 입니다.

> **두 직선의 수직 조건**
>
> 두 직선 $y=mx+n$,
> $y=m'x+n'$이 서로 수직일
> 조건은 $mm'=-1$이다.

◆ 여러 가지 거리 ◆

우리는 이미 중학교에서 점과 직선 사이의 거리를 다루었습니다. 고등학교에서는 그때 다루지 않은 직선의 방정식을 이용한 계산을 다룹니다. 중학교에서 배운 점과 직선 사이의 거리를 되돌아봅시다.

점과 직선 사이의 거리를 논하기 전에 떠올려야 할 개념이 바로 두 점 사이의 거리입니다. 두 점 A, B를 양 끝점으로 하는 무수히 많은 선 중 길이가 가장 짧은 것은 선분 AB입니다. 이 때 선분 AB의 길이를 두 점 A, B 사이의 거리로 정의했습니다. 즉, 두 점 사이의 최단 거리가 두 점 사이의 거리가 됩니다.

마찬가지로 점과 직선 사이의 거리도 그 최단 거리를 말합니다. 점과 직선 사이의 최단 거리를 알기 위해서는 수선의 발을 알아야 합니다. 직선 l 위에 있지 않은 점 P에서 직선 l에 수선을 그었을 때, 그 교점 H를 점 P에서 직선 l에 내린 수선의 발이라고 합니다.

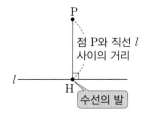

이때 선분 PH는 점 P와 직선 l 위의 점을 이은 선분 중에서 길이가 가장 짧습니다. 이 선분 PH의 길이를 점 P와 직선 l 사이의 거리라고 합니다.

점과 직선 사이의 거리를 구하는 과정에서 수직 조건을 사용했습니다. 두 직선이 수직인지 평행인지는 직선의 방정식을 살펴보면 알 수 있습니다.

예를 들어, 두 직선 $y=2x+3$과 $y=ax-5$가 있을 때,

(1) 두 직선이 서로 평행이려면 기울기가 같아야 하므로 $a=2$입니다.

(2) 두 직선이 서로 수직이려면 기울기의 곱이 -1이어야 하므로 $2a=-1$에서 $a=-\dfrac{1}{2}$입니다.

공통수학2	공통수학2	공통수학2	공통수학2	공통수학2
직선의 방정식	두 직선의 평행과 수직	점과 직선 사이의 거리	원의 방정식	도형의 이동

그림과 같이 육지와 섬을 잇는 다리를 만들 때,
해안에 있는 직선 도로와 섬의 P 지점을 연결하는
다리의 최소 길이는 어떻게 구하나요?

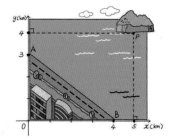

점과 직선 사이의 거리를 구하는 공식을 이용합니다.

A(0, 3), B(4, 0)이고, 해안 도로는 직선 AB로 볼 수 있
으므로 그 방정식은

$$y-3=\frac{0-3}{4-0}(x-0)$$ 에서 $3x+4y-12=0$

섬의 P 지점의 좌표는 (5, 4)이므로 점 P(5, 4)와 직선 $3x+4y-12=0$ 사이의 거리는

$$\frac{|3\times5+4\times4-12|}{\sqrt{3^2+4^2}}=\frac{19}{5}(km)$$ 입니다.

그림과 같이 세 점 O(0, 0), A(3, 0), B(0, 2)를
꼭짓점으로 하는 삼각형 OAB의 내심의 좌표는
어떻게 구하나요?

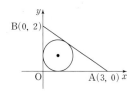

삼각형의 내심은 세 각의 이등분선의 교점이고, 내접원의 중심입니다.

원은 그 중심으로부터 거리가 같은 점들의 모임이므로 내심에서 세 변에 이르는 거리가 같다는
성질을 이용해 내심을 구할 수 있습니다.

삼각형 OAB의 내심의 좌표를 I(a, b)라 하면 $a>0$, $b>0$이고, 내심 I에서 세 직선 OA, OB,
AB에 이르는 거리가 같으므로

$$|b|=|a|=\frac{|2a+3b-6|}{\sqrt{2^2+3^2}}$$ (∵ 직선 AB의 방정식은 $2x+3y-6=0$)

이때 $a>0$, $b>0$이므로 $a=b$이고 이를 대입하면 $a=\frac{|5a-6|}{\sqrt{13}}$

양변을 제곱하여 정리하면 $a^2-5a+3=0$에서 $0<a<2$이고 $a=b$이므로

$$a=\frac{5-\sqrt{13}}{2}, \ b=\frac{5-\sqrt{13}}{2}$$ 입니다.

따라서 삼각형 OAB의 내심의 좌표는 $\left(\frac{5-\sqrt{13}}{2}, \ \frac{5-\sqrt{13}}{2}\right)$입니다.

원에도 방정식이 있나요?

아! 그렇구나

도형의 방정식이라는 용어는 고등학교에서 처음 배웁니다. 도형의 이름에 방정식을 붙이는 것이 생소하게 느껴질 것입니다. 중학교까지 도형은 보통의 평면에 그리는 것에 그쳤지만 고등학교에서는 도형을 좌표평면 위에서 다루기 때문에 x, y를 변수로 사용하는 방정식으로 나타내게 됩니다. 예를 들어 이차함수 $y=ax^2+bx+c$의 그래프의 모양이 포물선이기 때문에 $y=ax^2+bx+c$를 포물선의 방정식이라고 합니다. 이처럼 그래프의 형태가 원인 x, y의 방정식을 원의 방정식이라고 합니다.

30초 정리

• **원의 방정식**

① 좌표평면에서 중심이 $C(a, b)$이고 반지름의 길이가 r인 원의 방정식

$$(x-a)^2+(y-b)^2=r^2$$

② 중심이 원점 $O(0, 0)$이고 반지름의 길이가 r인 원의 방정식

$$x^2+y^2=r^2$$

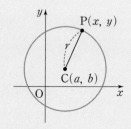

◆ **원의 방정식** ◆

지금까지는 원을 좌표평면 위가 아닌 그냥 평면 위의 도형으로 생각했습니다. 이제부터 원을 좌표평면 위에 올려놓는다고 생각해 보세요.

　좌표평면 위에 원이 있는데 이 원의 중심이 $C(a, b)$이고 반지름의 길이가 r이라면 이 원의 방정식은 어떻게 구할 수 있을까요?

　이 원 위의 임의의 점을 $P(x, y)$라 하면 원의 정의에 따라 $\overline{CP}=r$이므로

$$\sqrt{(x-a)^2+(y-b)^2}=r$$

입니다. 이 식의 양변을 제곱하면

$$(x-a)^2+(y-b)^2=r^2$$

이 나오는데, 이를 중심이 $C(a, b)$이고 반지름의 길이가 r인 원의 방정식이라고 합니다.

　특히 중심이 $O(0, 0)$인 경우 $a=0$, $b=0$을 대입하면 이 원의 방정식은 $x^2+y^2=r^2$과 같이 간단히 표현됩니다.

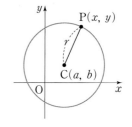

　원의 방정식 $(x-a)^2+(y-b)^2=r^2$의 좌변을 전개해서 정리하면

$$x^2+y^2-2ax-2by+a^2+b^2-r^2=0$$

이 됩니다. $-2a=A$, $-2b=B$, $a^2+b^2-r^2=C$라 하면 원의 방정식은

$$x^2+y^2+Ax+By+C=0$$

과 같이 x, y가 모두 이차이고 이차항의 계수가 모두 1인 방정식의 꼴로 나타낼 수 있습니다.

　다시 이 식을 완전제곱 꼴로 변형하면

$$\left(x+\frac{A}{2}\right)^2+\left(y+\frac{B}{2}\right)^2=\frac{A^2+B^2-4C}{4}$$

이므로, $A^2+B^2-4C>0$이면 이 방정식은 중심이 $\left(-\dfrac{A}{2}, -\dfrac{B}{2}\right)$이고 반지름의 길이가 $\dfrac{\sqrt{A^2+B^2-4C}}{2}$인 원을 나타냅니다.

◆ 두 점 사이의 거리와 원의 방정식 ◆

원의 방정식을 구하기 위해서는 좌표평면 위의 두 점 사이의 거리를 이용해야 합니다.

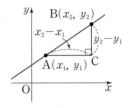

좌표평면 위의 두 점 $A(x_1, y_1)$, $B(x_2, y_2)$ 사이의 거리를 구해 봅시다. 그림과 같이 점 A를 지나고 x축에 평행한 직선과 점 B를 지나고 y축에 평행한 직선의 교점을 C라 하면 $C(x_2, y_1)$이고, 이때 삼각형 ABC는 직각삼각형이므로 피타고라스 정리에 따라

$$\overline{AB}^2 = \overline{AC}^2 + \overline{BC}^2$$
$$= (x_2 - x_1)^2 + (y_2 - y_1)^2$$

따라서 $\overline{AB} = \sqrt{(x_2 - x_1)^2 + (y_2 - y_1)^2}$ 입니다.

이를 이용하면 원의 중심 $C(a, b)$와 원 위의 임의의 점 $P(x, y)$ 사이의 거리

$$\sqrt{(x-a)^2 + (y-b)^2} = r$$

을 구할 수 있고, 이 식의 양변을 제곱하면

$$(x-a)^2 + (y-b)^2 = r^2$$

이라는 원의 방정식이 나옵니다.

◆완전제곱식과 원의 방정식의 일반형 ◆

원의 방정식의 일반형 $x^2 + y^2 + Ax + By + C = 0$이 주어졌을 때 이 원의 중심의 좌표와 반지름의 길이를 구하기 위해서는 원의 방정식을 **표준형**으로 고쳐야 하는데, 이 과정에서 완전제곱식이 사용됩니다. 완전제곱식으로 고칠 때는 다음과 같은 인수분해 공식을 이용합니다.

$$x^2 + 2xy + y^2 = (x+y)^2, \quad x^2 - 2xy + y^2 = (x-y)^2$$

이를 이용하면 위의 일반형을 표준형 $\left(x + \dfrac{A}{2}\right)^2 + \left(y + \dfrac{B}{2}\right)^2 = \dfrac{A^2 + B^2 - 4C}{4}$ 로 바꿀 수 있습니다.

공통수학2	공통수학2	공통수학2	공통수학2	기하
직선의 방정식	두 점 사이의 거리	원의 방정식	도형의 이동	이차곡선

원의 중심의 좌표와 반지름의 길이 대신 지름의 양 끝점의 좌표만으로
원의 방정식을 구할 수 있나요?

 네. 구할 수 있습니다. 지름의 양 끝점의 좌표로 원의 중심의 좌표와 반지름의 길이를 어떻게
구할 수 있을지 생각해 보세요.

우선 중심의 좌표는 지름의 양 끝점의 중점, 즉 $1:1$로 내분하는 점이 되겠지요? 또 반지름의
길이는 지름의 절반이므로 지름의 양 끝점의 좌표로 지름의 길이를 구할 수 있습니다.

예를 들어, 지름의 양 끝점이 $A(-3, 2)$, $B(5, 4)$라면
중심 C의 좌표는 $C(1, 3)$일 것이고, 반지름의 길이는 선
분 AC의 길이와 같습니다.

$$\overline{AC}=\sqrt{\{1-(-3)\}^2+(3-2)^2}=\sqrt{17}$$

이므로 구하는 원의 방정식은 $(x-1)^2+(y-3)^2=17$입
니다.

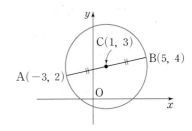

 두 점으로부터의 거리의 비가 일정한 점들이 이루는 도형이 원이라는데, 사실인가요?

 두 점으로부터 거리의 비가 일정한 점들이 원을 이룬다는 사실은 고대 그리스 수학자 아폴로니오
스가 발견한 것으로 알려져 있습니다. 이러한 원을 **아폴로니오스의 원**이라고 합니다.

예를 들어, 두 점 $A(2, 1)$, $B(5, 1)$로부터 거리의 비가 $2:1$인 점 $P(x, y)$가 나타내는 도형의 방
정식을 구해 보겠습니다. $\overline{AP}:\overline{BP}=2:1$이므로 $\overline{AP}^2=4\overline{BP}^2$에서

$$(x-2)^2+(y-1)^2=4\{(x-5)^2+(y-1)^2\}$$

이 식을 정리하면 $(x-6)^2+(y-1)^2=4$이므로 점 P가 나타내는 도형은 중심의 좌표가 $(6, 1)$이
고 반지름의 길이가 2인 원이 됩니다.

한편 이 아폴로니오스의 원은 선분 AB를 $2:1$로 내분하는 점과 $2:1$로 외분하는 점을 지름의 양
끝점으로 하는 성질이 있습니다.

선분 AB를 $2:1$로 내분하는 점의 좌표는 $D(4, 1)$, 선분
AB를 $2:1$로 외분하는 점의 좌표는 $E(8, 1)$입니다. 선분 DE
의 중점의 좌표는 $C(6, 1)$이고 반지름의 길이가 2이므로 위에
서 구한 원의 방정식 $(x-6)^2+(y-1)^2=4$와 일치하는 것을
확인할 수 있습니다.

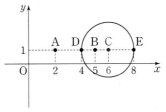

그림도 안 그리고 식만 봐서 원과 직선이 만나는지 어떻게 알 수 있나요?

> 직선 씨… 저희가 만날 수 있는 운명인지 판별식 님에게 물어볼까요?

> 아… 거기도 좋지만 d와 r 님도 운명을 잘 보신다고 합니다! 그리 가시죠!

> 이차함수와 직선이 만날 수 있는지도 내가 알려 줬었지.

d와 r의 애정 운세

판별식 D

아! 그렇구나

원과 직선이 만나는지 알기 위해 그래프를 그려 봐도 판단하기 어려운 경우가 많습니다. 그림으로 판단하기 곤란한 경우 계산을 해 보면 알 수 있습니다. 2가지 방법이 있는데, 하나는 원의 중심과 직선 사이의 거리를 구해서 반지름의 길이와 비교하는 것이고, 다른 하나는 직선의 방정식과 원의 방정식을 연립하여 판별식을 사용하는 방법입니다.

30초 정리

● **원과 직선의 위치 관계**

원과 직선의 방정식이 주어졌을 때 두 방정식에서 어느 한 문자를 소거하여 얻은 이차방정식의 판별식을 D라 하면 원과 직선의 위치 관계는 다음과 같다.

D의 값의 부호	원과 직선의 위치 관계	그림
$D>0$	서로 다른 두 점에서 만난다.	$D>0$ $D=0$ $D<0$
$D=0$	한 점에서 만난다.(접한다.)	
$D<0$	만나지 않는다.	

◆ 원과 직선의 위치 관계 ◆

원과 직선의 위치 관계, 즉 서로 만나는지는 그래프를 그리면 바로 알 수 있는 경우도 있지만 정확하지 않은 경우도 있으므로 계산해서 판단할 수 있는 방법을 알아야 합니다. 계산으로 판단하는 방법은 2가지입니다.

⑴ 이차방정식의 판별식을 이용하는 방법

원 $x^2+y^2=r^2$과 직선 $y=mx+n$에서 원과 직선이 만나는지는 결국 교점의 개수와 직결되므로 두 식을 연립합니다. y를 소거하기 위해 $y=mx+n$을 $x^2+y^2=r^2$에 대입해 정리하면

$$x^2+(mx+n)^2=r^2$$
$$(m^2+1)x^2+2mnx+n^2-r^2=0$$

이라는 x에 관한 이차방정식을 얻을 수 있습니다.

이 이차방정식의 실근의 개수는 원과 직선의 교점의 개수와 같기 때문에 다음과 같이 판별식 D의 값을 이용해서 원과 직선의 위치 관계를 판단할 수 있습니다.

D의 값의 부호	원과 직선의 위치 관계
$D>0$	서로 다른 두 점에서 만난다.
$D=0$	한 점에서 만난다.(접한다.)
$D<0$	만나지 않는다.

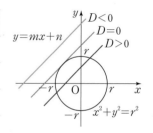

⑵ 원의 중심과 직선 사이의 거리를 이용하는 방법

점과 직선 사이의 거리 공식 $\dfrac{|ax_1+by_1+c|}{\sqrt{a^2+b^2}}$를 이용해 원의 중심 $O(x_1,\ y_1)$과 직선 $l:ax+by+c=0$ 사이의 거리 d를 구하면, 원의 반지름의 길이 r과 비교해서 다음과 같이 원과 직선의 위치 관계를 파악할 수 있습니다.

d와 r의 대소 관계	원과 직선의 위치 관계
$d<r$	서로 다른 두 점에서 만난다.
$d=r$	한 점에서 만난다.(접한다.)
$d>r$	만나지 않는다.

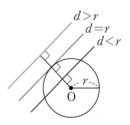

◆ **판별식과 위치 관계** ◆

이차방정식의 판별식은 어떻게 만들어진 것일까요?

계수가 실수인 이차방정식 $ax^2+bx+c=0$의 근 $x=\dfrac{-b\pm\sqrt{b^2-4ac}}{2a}$ 는 근호 안의 식 b^2-4ac의 값

의 부호에 따라 다음과 같이 실근인지 허근인지 결정됩니다.

(1) $b^2-4ac>0$이면 서로 다른 두 실근

(2) $b^2-4ac=0$이면 서로 같은 두 실근(중근)

(3) $b^2-4ac<0$이면 서로 다른 두 허근

이때 b^2-4ac를 이차방정식 $ax^2+bx+c=0$의 판별식이라 하고, 기호 D로 나타냅니다.

$$D=b^2-4ac$$

판별식을 이용하여 원과 직선의 위치 관계를 파악하듯 이차함수 그래프와 직선의 위치 관계를 파악했습니다.

이차함수 $y=ax^2+bx+c$의 그래프와 직선 $y=mx+n$의 위치 관계는 두 식을 연립한 이차방정식 $ax^2+(b-m)x+(c-n)=0$의 판별식 $D=(b-m)^2-4a(c-n)$의 값의 부호에 따라 다음과 같이 나눌 수 있습니다.

	$D>0$	$D=0$	$D<0$
$y=ax^2+bx+c$의 그래프와 $y=mx+n$의 위치 관계	서로 다른 두 점에서 만난다.	한 점에서 만난다. (접한다.)	만나지 않는다.

공통수학1	공통수학2	공통수학2	공통수학2	공통수학2
판별식과 위치 관계	원의 방정식	원과 직선의 위치 관계	원의 접선의 방정식	도형의 이동

원 $x^2+y^2=4$와 직선 $y=x-3$의 위치 관계를 어떻게 파악할 수 있나요?

2가지 방법으로 파악할 수 있습니다.

(1) 판별식을 이용하는 방법

$y=x-3$을 $x^2+y^2=4$에 대입하면

$x^2+(x-3)^2=4$에서 $2x^2-6x+5=0$이고,

이 이차방정식의 판별식을 D라 하면

$D=(-6)^2-4\times2\times5=-4<0$

이므로 원과 직선의 교점이 없습니다. 즉, 원과 직선은 서로 만나지 않습니다.

(2) 원의 중심과 직선 사이의 거리를 원의 반지름의 길이와 비교하는 방법

원의 중심 $(0, 0)$에서 직선 $x-y-3=0$까지의 거리를 d라 하면

$$d=\frac{|0-0-3|}{\sqrt{1^2+(-1)^2}}=\frac{3}{\sqrt{2}}>2(\text{원의 반지름})$$

이므로 원과 직선은 서로 만나지 않습니다.

원 $x^2+y^2=9$와 직선 $y=2x+k$의 위치 관계는 실수 k의 값에 따라 어떻게 구분할 수 있나요?

$y=2x+k$를 $x^2+y^2=9$에 대입하면

$x^2+(2x+k)^2=9$

이를 정리하면, $5x^2+4kx+k^2-9=0$이고 판별식을 D라 하면

$D=(4k)^2-4\times5\times(k^2-9)=4(45-k^2)$

이므로 원과 직선의 위치 관계는 다음과 같이 구분할 수 있습니다.

(ⅰ) $D>0$, 즉 $-3\sqrt{5}<k<3\sqrt{5}$일 때: 원과 직선은 서로 다른 두 점에서 만난다.

(ⅱ) $D=0$, 즉 $k=\pm3\sqrt{5}$일 때: 원과 직선은 한 점에서 만난다.(접한다.)

(ⅲ) $D<0$, 즉 $k<-3\sqrt{5}$ 또는 $k>3\sqrt{5}$일 때: 원과 직선은 만나지 않는다.

원과 직선의 위치 관계는 원의 중심과 직선까지의 거리를 원의 반지름과 비교하는 방법으로도 파악할 수 있습니다.

원과 한 점에서 만나는 직선은 모두 접선인가요?

아! 그렇구나

원과 직선이 한 점에서 만나는 경우를 접한다고 하며, 이 직선을 원의 **접선**이라고 합니다. 그런데 그림과 같이 직선의 일부만 그려 놓고 원과 만나는 점이 하나라고 생각하면 이 직선도 원의 접선이라고 착각할 수 있지요. 직선이라고 하는 것은 양쪽으로 무한히 확장되기 때문에 이 직선을 오른쪽으로 확장해 보면 원과 만나는 점이 또 생깁니다. 따라서 이 직선은 한 점에서 만나는 접선이 아니라 두 점에서 만나는 할선이 됩니다.

30초 정리

• **원의 접선의 방정식**

① 원 $x^2+y^2=r^2$에 접하고 기울기가 m인 접선의 방정식

$$y=mx\pm r\sqrt{m^2+1}$$

② 원 $x^2+y^2=r^2$ 위의 한 점 (x_1, y_1)에서 접하는 접선의 방정식

$$x_1x+y_1y=r^2$$

◆ 원의 접선의 방정식 ◆

원에서 접선을 구하는 상황은 2가지로 구분합니다. 하나는 기울기가 주어진 상황이고, 또 하나는
원 위의 접점이 주어진 상황입니다.

(1) 원 $x^2+y^2=r^2$에 접하고 기울기가 m인 접선의 방정식

    기울기가 m이므로 접선의 방정식을

$$y=mx+n \qquad \cdots\cdots \text{㉠}$$

    으로 놓고 y절편 n을 구합니다.

    ㉠을 $x^2+y^2=r^2$에 대입하고 정리하면

$$(m^2+1)x^2+2mnx+n^2-r^2=0 \quad \cdots\cdots \text{㉡}$$

    입니다. 이차방정식 ㉡의 판별식을 D라 하면

$$\frac{D}{4}=(mn)^2-(m^2+1)(n^2-r^2)$$
$$=(m^2+1)r^2-n^2$$

    이 나오는데, 원과 직선이 접하면 $D=0$일 때이므로

$$(m^2+1)r^2-n^2=0 \text{에서 } n=\pm r\sqrt{m^2+1}$$

    입니다. 이를 ㉠에 대입하면 다음과 같은 접선의 방정식을
얻을 수 있습니다.

$$y=mx\pm r\sqrt{m^2+1}$$

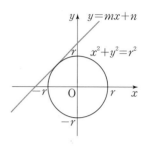

접선이 2개인 이유

기울기가 m인 접선의 방정식이
$y=mx\pm r\sqrt{m^2+1}$로 2개인 이
유는 한 원에 기울기가 같은 접
선이 2개이기 때문이다.

(2) 원 위의 한 점에서 접하는 접선의 방정식

    원 $x^2+y^2=r^2$ 위의 접점 $\mathrm{P}(x_1, y_1)$에서의 접선은 직선 OP와 수직이고, 직선 OP의 기울기

    는 $\dfrac{y_1}{x_1}$이므로 접선의 기울기는 $-\dfrac{x_1}{y_1}$입니다. 따라서 접선의 방정식은

$$y-y_1=-\frac{x_1}{y_1}(x-x_1) \text{에서 } x_1x+y_1y=x_1{}^2+y_1{}^2 \quad \cdots\cdots \text{㉢}$$

    이고, 점 $\mathrm{P}(x_1, y_1)$이 원 $x^2+y^2=r^2$ 위의 점이므로

$$x_1{}^2+y_1{}^2=r^2$$

    입니다. 이를 ㉢에 대입하면 다음과 같은 접선의 방정식을 얻
을 수 있습니다.

$$x_1x+y_1y=r^2$$

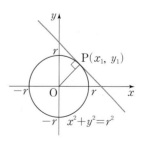

원의 접선의 방정식을 구할 때 여러 가지 개념들이 사용되었습니다.

◆ 원과 직선의 위치 관계 ◆

먼저, 원과 직선의 위치 관계입니다.

원 $x^2+y^2=r^2$과 직선 $y=mx+n$에서 $y=mx+n$을 $x^2+y^2=r^2$에 대입해 정리한 이차방정식 $(m^2+1)x^2+2mnx+n^2-r^2=0$의 판별식을 D라 하면, 이 판별식 D의 값을 이용해서 원과 직선의 위치 관계를 판단할 수 있습니다.

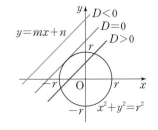

판별식의 값의 부호	원과 직선의 위치 관계
$D>0$	서로 다른 두 점에서 만난다.
$D=0$	한 점에서 만난다.(접한다.)
$D<0$	만나지 않는다.

또 원의 접선의 정의와 성질이 사용되었습니다. 직선 l이 원 O와 한 점에서 만날 때, 직선 l은 원 O에 접한다고 하며, 직선 l을 원 O의 접선, 만나는 점 T를 접점이라고 합니다. 또한 접선 l은 그 접점을 지나는 원의 반지름과 수직, 즉 $\overline{OT}\perp l$입니다.

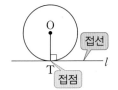

◆ 두 직선의 수직 조건 ◆

두 직선의 수직 조건도 사용되었습니다. 기울기가 m, m'인 두 직선이 서로 수직일 때 두 직선의 기울기의 곱이 -1, 즉 $mm'=-1$입니다. 이 조건은 접점이 주어진 상황에서 접선의 방정식을 구하는 과정에 사용되었습니다.

공통수학2	공통수학2	공통수학2	공통수학2	기하
원의 방정식	원과 직선의 위치 관계	원의 접선의 방정식	도형의 이동	이차곡선의 접선

Q 접선의 방정식을 구하는 2가지 상황을 정리했는데, 또 다른 경우는 없나요?

A 한 가지가 더 있지요. 원 밖의 한 점에서 원에 그은 2개의 접선을 구하는 상황입니다. 예를 들어, 점 $(0, 2)$에서 원 $x^2+y^2=2$에 그은 두 접선의 방정식을 구해 보겠습니다.

(1) 기울기를 m으로 놓고 판별식을 이용하는 방법

기울기가 m이고 점 $(0, 2)$가 y축과 만나는 점이므로 직선의 방정식은

$$y=mx+2 \qquad \cdots\cdots \text{㉠}$$

로 놓을 수 있습니다.

㉠을 원의 방정식 $x^2+y^2=2$에 대입해서 정리하면

$$(m^2+1)x^2+4mx+2=0$$

이고, 이 이차방정식의 판별식을 D라 하면

$$D=(4m)^2-4\times(m^2+1)\times2=8m^2-8$$

입니다. 원과 직선이 접하므로 $D=0$에서

$$m=\pm1$$

따라서 구하는 접선의 방정식은 $y=x+2$ 또는 $y=-x+2$입니다.

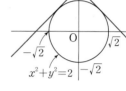

(2) 접점을 (x_1, y_1)로 놓고 공식을 이용하는 방법

원 $x^2+y^2=2$ 위의 접점을 $\mathrm{P}(x_1, y_1)$이라 하면 점 P에서의 접선의 방정식은

$$x_1x+y_1y=2 \qquad \cdots\cdots \text{㉠}$$

입니다. 접선은 점 $(0, 2)$를 지나므로 이 점의 좌표를 ㉠에 대입하면

$$x_1\times0+y_1\times2=2\text{에서} \quad y_1=1 \qquad \cdots\cdots \text{㉡}$$

또, $\mathrm{P}(x_1, y_1)$이 원 $x^2+y^2=2$ 위의 점이므로

$$x_1{}^2+y_1{}^2=2 \qquad \cdots\cdots \text{㉢}$$

㉡을 ㉢에 대입하면

$$x_1=\pm1$$

따라서 구하는 접선은 $x+y=2$ 또는 $-x+y=2$입니다.

참고로 이는 (1)에서 구한 두 접선의 방정식과 일치합니다. (2)를 이용하면 접선뿐만 아니라 두 접점까지도 구할 수 있다는 장점이 있습니다.

대각선 평행이동이 가능한가요?

예준아 식탁 위에 이것들 좀 갖다 놓아라~ 쏟지 않게 조심하고!

뒤집거나 기울이면 쏟아지니까 조심조심….

안 쏟고 잘 '평행이동' 시켰네!

아! 그렇구나

　도형을 밀 때 가능한 방향이 정해져 있는 것은 아닙니다. 동서남북 또는 상하좌우로만 미는 것이 아니라 45°로 밀 수도 있지요. 45°뿐만 아니라 다양한 각도로 이동시킬 수 있지만, 매번 달라지는 각도로 설명하는 것은 쉽지 않습니다. 그래서 x축 방향(좌우)과 y축 방향(상하) 이동으로 나누어 설명합니다. 또한 평행이동에서는 도형의 모양이 변하지 않고 움직인다는 점이 중요합니다. 즉, 상하좌우가 바뀌거나 기울어진다면 그건 평행이동이 아닙니다.

30초 정리

- **평행이동**

　① 점의 평행이동

$$\text{점: } P(x, y) \xrightarrow{\text{평행이동}} P(x+a, y+b)$$

　　x축의 방향으로 a만큼　　　y축의 방향으로 b만큼

　② 도형의 평행이동

$$\text{도형: } f(x, y)=0 \xrightarrow{\text{평행이동}} f(x-a, y-b)=0$$

◆ 평행이동 ◆

한 도형을 일정한 방향으로 일정한 거리만큼 옮기는 것을 **평행이동**이라고 합니다. 고등학교에서는 좌표평면 위에서 이동하는 것을 생각하기 때문에 점의 좌표에 변화가 일어나는 것도 생각해야 하고, 도형의 방정식의 변화도 생각해야 합니다.

변하는 것을 생각하는 방식도 2가지로 나눌 수 있는데, 방향과 거리를 동시에 생각하는 방식과 가로, 세로 방향으로 움직인 양을 생각하는 방식이 있습니다. 여기서는 가로, 세로 방향, 즉 x축, y축의 방향으로 움직인 양을 생각하는 방식만을 배우게 됩니다.

(1) 점의 평행이동

좌표평면 위의 점 $P(x, y)$를 x축의 방향으로 a만큼, y축의 방향으로 b만큼 평행이동한 점을 $P'(x', y')$이라 하면

$$x' = x + a, \quad y' = y + b$$

이므로 점 P'의 좌표는 $(x+a, y+b)$입니다.

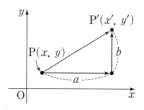

(2) 도형의 평행이동

좌표평면 위의 방정식 $f(x, y) = 0$으로 나타내는 도형 F를 x축의 방향으로 a만큼, y축의 방향으로 b만큼 평행이동한 도형 F'의 방정식은 어떻게 될까요?

우선 도형 F 위의 점 $P(x, y)$를 x축의 방향으로 a만큼, y축의 방향으로 b만큼 평행이동한 점을 $P'(x', y')$이라 하면, 점의 평행이동에서 봤듯이

$$x' = x + a, \quad y' = y + b$$

이므로 $x = x' - a$, $y = y' - b$를 얻을 수 있습니다.

이를 $f(x, y) = 0$에 대입하면

$$f(x' - a, y' - b) = 0$$

이므로, $P'(x', y')$은 방정식

$$f(x - a, y - b) = 0$$

이 나타내는 도형 위의 점이고, 이 방정식이 도형 F'의 방정식이 됩니다.

> **도형의 방정식** $f(x, y) = 0$
>
> 원 $x^2 + y^2 = r^2$은 함수처럼 $y = f(x)$의 형태로 표현할 수 없다. 반대로 이차함수 $y = x^2$은 $x^2 - y = 0$으로 나타낼 수 있다. 이처럼 $f(x, y) = 0$으로 모든 도형의 방정식을 표현할 수 있다.

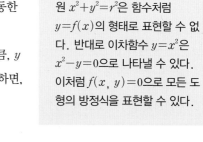

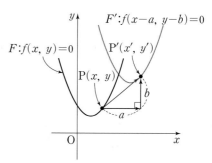

참고로, 변하는 것을 생각하는 방식 중 방향과 거리를 동시에 생각하는 방식은 '기하' 과목에서 배우게 됩니다. 방향과 거리를 같이 갖는 양을 벡터라고 합니다.

◆ 일차함수와 이차함수의 그래프의 평행이동 ◆

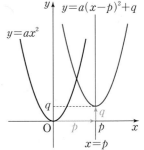

중학교에서 다룬 이차함수의 이동은 $f(x, y)=0$이라는 방정식으로 표현하지는 않았지만 사실상 x축, y축의 방향으로 평행이동하는 것이었습니다.

이차함수 $y=a(x-p)^2+q$의 그래프는 이차함수 $y=ax^2$의 그래프를 x축의 방향으로 p만큼, y축의 방향으로 q만큼 평행이동한 것입니다. 이때 이차함수의 식 $y=a(x-p)^2+q$를 변형해서 $y-q=a(x-p)^2$이라고 표현하면, 고등학교에서 다루는 평행이동에서의 식의 변형과 똑같아집니다.

$$f(x, y)=0 \xrightarrow[\substack{x\text{축의 방향으로 } a\text{만큼} \\ \text{평행이동} \\ y\text{축의 방향으로 } b\text{만큼}}]{} f(x-a, y-b)=0$$

다만 직선의 평행이동을 생각할 때는 x축의 방향으로 평행이동하는 개념은 다루지 않았고, y축의 방향으로 평행이동하는 것만을 다루었습니다. 즉, 직선 $y=ax+b$의 그래프는 직선 $y=ax$의 그래프를 y축의 방향으로 b만큼 평행이동한 것입니다.

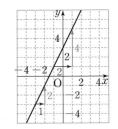

한편 점과 도형의 평행이동을 대각선 방향이 아닌 x축의 방향과 y축의 방향의 평행이동으로 나누어 생각하는 방식은 직선의 기울기를 구하는 방식과 비슷합니다.

예를 들어, 일차함수 $y=2x+3$의 그래프에서 기울기를 $\dfrac{(y\text{의 값의 증가량})}{(x\text{의 값의 증가량})}$으로 정의한 것에서 기울기의 변화를 대각선 방향으로 생각하지 않고 x축의 방향과 y축의 방향의 변화의 비율로 구한 것을 확인할 수 있습니다. 기울어진 정도, 즉 기울기를 표현하는 방식과 평행이동에서 변화를 표현하는 방식은 대각선 방향의 변화를 x축의 방향과 y축의 방향으로 나누어 생각한다는 공통점이 있습니다.

꼬리에 꼬리를 무는 개념

공통수학2	공통수학2	공통수학2	공통수학2	기하
원의 방정식	원과 직선의 위치 관계	평행이동	대칭이동	이차곡선

무엇이든 물어보세요

Q 좌표평면에서 직선이나 원을 평행이동할 때, 변하는 것과 변하지 않는 것이
각각 무엇인가요?

A 좌표평면에서 도형을 이동하더라도 변하는 것이 있고 변하지 않는 것이 있을 수 있습니다.

(1) 직선의 경우

직선을 아무리 평행이동하더라도 직선의 방향, 즉 기울기는 변하지 않습니다.
대신 x절편과 y절편 등은 모두 변하지요. 원점과 직선 사이의 거리도 변합니다.

(2) 원의 경우

원을 아무리 평행이동하더라도 원의 반지름의 길이는 변하지 않습니다. 즉, 원의 크기가
변하지 않기 때문에 원의 넓이나 둘레의 길이도 변하지 않지요. 대신 원의 중심의 좌표,
원이 위치하는 사분면 등은 달라집니다.

이처럼 도형을 평행이동했을 때 기울기와 반지름 등 그 도형의 모양과 크기는 변하지 않고 위치
만 변하는 것을 알 수 있습니다.

Q 일차함수 $y=\dfrac{1}{3}x+1$의 그래프는 일차함수 $y=\dfrac{1}{3}x$의 그래프를 x축의 방향으로
얼마만큼 평행이동한 것인가요?

A 중학교에서는 일차함수의 그래프를 평행이동할 때 y축의 방향으로 이동하는 것만 생각했습니다.

일차함수 $y=\dfrac{1}{3}x+1$의 그래프는 일차함수 $y=\dfrac{1}{3}x$의 그래
프를 y축의 방향으로 1만큼 평행이동한 것입니다. 이는 y절편
을 생각하면 설명할 수 있습니다.

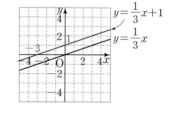

그런데 그래프에서 보면 x축의 방향으로 이동한 양은 -3
입니다. 일차함수 $y=\dfrac{1}{3}x+1$의 그래프는 일차함수 $y=\dfrac{1}{3}x$의
그래프를 x축의 방향으로 -3만큼 평행이동한 것입니다. 갑자
기 -3이 나오게 된 이유가 무엇일까요? 이는 식의 변형을 통해서 알아볼 수 있습니다.

$y=\dfrac{1}{3}x+1$을 변형해서 $y=\dfrac{1}{3}(x+3)$으로 생각하면 도형 $y=\dfrac{1}{3}(x+3)$은 도형 $y=\dfrac{1}{3}x$를 x축
의 방향으로 -3만큼 평행이동한 것이 분명합니다.

Ⅰ 도형의 방정식

이동이라고 하면 모두 x축, y축의 방향으로 이동하면 되는 것 아닌가요?

점 (3, 2)는 점 (−3, 2)를 y축에 대하여 대칭이동한 점이야.

대칭이동??
그냥 x축으로 +6만큼 평행이동한 거 아닌가…?

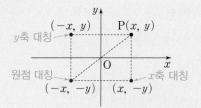

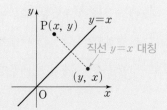

두 말이 다 일리가 있네.

아! 그렇구나

점의 이동은 어떤 이동이든 평행이동으로 모두 설명할 수 있습니다. 하지만 도형의 이동은 평행이동만으로 설명할 수 없는 때도 있습니다. 대표적으로 대칭이동이 있지요. 점은 어떤 이동을 해도 모양이 변하지 않으므로 대칭이동을 평행이동으로도 설명할 수 있는데, 경우에 따라 대칭이동으로 설명하는 것이 더 간편할 수 있습니다.

30초 정리

• 점의 대칭이동

◆ 점의 대칭이동 ◆

좌표평면에서 점을 옮기는 방법 중 평행이동과 더불어 가장 많이 사용하는 것은 대칭이동입니다. 그리고 여기서 다루지는 않지만 회전이동도 있지요.

대칭이동은 그 이동하는 대상에 따라 점의 이동과 도형의 이동을 생각할 수 있습니다. 이번 주제는 점의 대칭이동이고, 도형의 대칭이동은 바로 다음 주제로 다룰 것입니다.

좌표평면 위의 한 점 P를 한 직선 또는 한 점에 대하여 대칭인 점으로 옮기는 것을 각각 그 직선 또는 그 점에 대한 **대칭이동**이라고 합니다. 즉, 대칭이동은 점에 대한 이동(점대칭)이 있고, 직선에 대한 이동(선대칭)이 있습니다.

이 중 간단한 것은 x축, y축, 원점에 대한 대칭이동입니다. 그림에서 볼 수 있듯이 좌표평면 위의 한 점 $P(x, y)$를

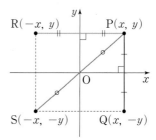

   (1) x축에 대하여 대칭이동한 점은 $Q(x, -y)$

   (2) y축에 대하여 대칭이동한 점은 $R(-x, y)$

   (3) 원점에 대하여 대칭이동한 점은 $S(-x, -y)$

입니다.

이제 점 $P(x, y)$를 직선 $y=x$에 대하여 대칭이동한 점 $P'(x', y')$의 좌표를 구해 보겠습니다. x', y'을 구하기 위해서 2가지 조건, 즉 직선 PP′과 직선 $y=x$가 서로 수직이라는 조건과 선분 PP′의 중점이 직선 $y=x$ 위에 있다는 조건을 사용합니다.

점 P′의 좌표를 (x', y')이라 하면 직선 PP′은 직선 $y=x$와 서로 수직이므로

$$\frac{y'-y}{x'-x} \times 1 = -1$$에서 $x'+y'=x+y$ …… ㉠

를 얻을 수 있습니다.

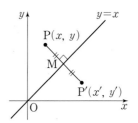

선분 PP′의 중점 $M\left(\dfrac{x+x'}{2}, \dfrac{y+y'}{2}\right)$이 직선 $y=x$ 위에 있으므로

$$\frac{y+y'}{2} = \frac{x+x'}{2}$$ …… ㉡

이고, 이제 두 방정식 ㉠, ㉡을 연립해 풀면

$$x'=y, \ y'=x$$

를 얻을 수 있습니다. 따라서 점 $P(x, y)$를 직선 $y=x$에 대하여 대칭이동한 점 P′의 좌표는 (y, x) 입니다.

◆ 두 직선의 수직 조건 ◆

선대칭에 있는 두 점은 다음 두 조건을 만족해야 합니다.

(i) 직선 PQ와 대칭축이 서로 수직이다.

(ii) 선분 PQ의 중점 M이 대칭축 위에 있다.

(i)에서 직선 PQ와 대칭축이 서로 수직인 것은 두 직선의 수직 조건을 이용하여 확인할 수 있습니다.

두 직선 $y=mx$, $y=m'x$가 수직일 조건은 $mm'=-1$입니다. 이 조건은 어떻게 나왔을까요?

그림과 같이 직선 $x=1$이 두 직선 $y=mx$, $y=m'x$와 만나는 점을 각각 P, Q라 하면

$$P(1,\ m),\ Q(1,\ m')$$

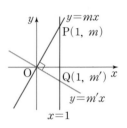

입니다. 두 직선이 서로 수직이면 삼각형 OPQ는 직각삼각형이므로 피타고라스 정리에 따라

$$\overline{OP}^2+\overline{OQ}^2=\overline{PQ}^2$$

이 성립합니다. 이때 $\overline{OP}^2=1+m^2$, $\overline{OQ}^2=1+m'^2$, $\overline{PQ}^2=(m-m')^2$이므로

$$(1+m^2)+(1+m'^2)=(m-m')^2$$

이고, 이 식을 정리하면

$$mm'=-1$$

을 얻을 수 있습니다.

꼬리에 꼬리를 무는 개념

공통수학2	공통수학2	공통수학2	공통수학2	기하
도형의 방정식	평행이동	점의 대칭이동	도형의 대칭이동	이차곡선

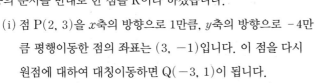

 좌표평면 위의 한 점을 2가지 이동 방법, 즉 평행이동과 대칭이동을 통해 옮겼을 때, 옮긴 점의 좌표는 두 이동의 순서를 달리해도 똑같은가요?

 아주 중요한 질문입니다. 평행이동과 대칭이동의 순서를 달리하더라도 결과가 같을 것으로 생각하기 쉬운데 실제로는 다를 수 있습니다.

예를 들어, 점 P(2, 3)을 x축의 방향으로 1만큼, y축의 방향으로 −4만큼 평행이동한 후 원점에 대하여 대칭이동한 점을 Q라 하고, 이동의 순서를 반대로 한 점을 R이라 하겠습니다.

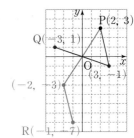

(i) 점 P(2, 3)을 x축의 방향으로 1만큼, y축의 방향으로 −4만큼 평행이동한 점의 좌표는 (3, −1)입니다. 이 점을 다시 원점에 대하여 대칭이동하면 Q(−3, 1)이 됩니다.

(ii) 점 P(2, 3)을 원점에 대하여 대칭이동한 점의 좌표는 (−2, −3)입니다. 이 점을 다시 x축의 방향으로 1만큼, y축의 방향으로 −4만큼 평행이동하면 R(−1, −7)이 됩니다.

결론적으로 두 점 Q(−3, 1)와 R(−1, −7)은 전혀 다른 점입니다.

 어떤 직선의 같은 쪽에서 두 점 A, B가 직선 위의 임의의 점 P에 대하여 $\overline{AP}+\overline{PB}$의 값이 최소인 위치를 어떻게 찾을 수 있나요?

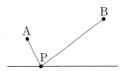

 선대칭을 이용합니다.

점 A의 직선에 대한 대칭점을 A′이라 하면 $\overline{AP}+\overline{PB}$의 최솟값은 선분 A′B의 길이입니다. 그 이유는 다음과 같습니다.

그림에서 두 삼각형 APM, A′PM은 서로 합동입니다. 따라서 $\overline{AP}=\overline{A′P}$이므로

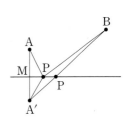

$$\overline{AP}+\overline{PB}=\overline{A′P}+\overline{PB}$$

이고, 이는 점 A′에서 직선 위의 점 P를 거쳐 점 B에 이르는 거리이므로 직선으로 가는 것이 최소 거리가 됩니다. 그래서 $\overline{AP}+\overline{PB}$의 값이 최소인 거리는 $\overline{A′B}$이고 이때 점 P의 위치는 선분 A′B가 직선과 만나는 점입니다.

도형의 대칭이동은
평행이동으로 설명할 수 없나요?

> 데칼코마니는 왼쪽에 그린 그림이
> 오른쪽으로 y축 대칭이동한 모습을 보이죠?

> 엥? 그냥 오른쪽으로 평행이동한거 아닌가?

> 평행이동했으면
> 이런 그림이 됐겠지!

> 점으로만 보면 같은 이동인데
> 도형으로 보니까 다르구나.

아! 그렇구나

점의 대칭이동은 평행이동으로도 설명할 수 있습니다. 하지만 도형에서는 대칭이동과 평행이동의
차이가 분명하게 드러납니다. 도형에는 상하좌우가 있기 때문입니다. 평행이동은 도형을 뒤집거나
기울이지 않고 그대로 밀어 이동시키는 반면 대칭이동은 상하나 좌우가 반전되기 때문에 둘의 차이
점을 명확하게 알 수 있습니다.

30초 정리

• 점과 도형의 대칭이동

대칭이동	점 (x, y)	도형 $f(x, y)=0$
x축	점 $(x, -y)$	도형 $f(x, -y)=0$
y축	점 $(-x, y)$	도형 $f(-x, y)=0$
원점	점 $(-x, -y)$	도형 $f(-x, -y)=0$
직선 $y=x$	점 (y, x)	도형 $f(y, x)=0$

◆ 도형의 대칭이동 ◆

좌표평면 위에서 방정식 $f(x, y)=0$이 나타내는 도형 F를 x축, y축, 원점, 직선 $y=x$에 대하여 대칭이동한 도형 F'의 방정식을 구해 보겠습니다.

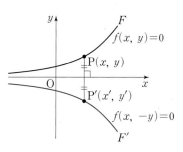

도형 F 위의 점 $P(x, y)$를 x축에 대하여 대칭이동한 점을 $P'(x', y')$이라 하면

$$x'=x, \; y'=-y\text{에서} \quad x=x', \; y=-y'$$

을 얻을 수 있고, 이를 도형 F의 방정식 $f(x, y)$에 대입하면

$$f(x', -y')=0$$

따라서 점 $P'(x', y')$은 방정식 $f(x, -y)=0$이 나타내는 도형 위의 점이므로 이 방정식이 도형 F'의 방정식입니다.

이와 같은 방법으로 방정식 $f(x, y)=0$이 나타내는 도형 F를 y축과 원점에 대하여 대칭이동한 도형의 방정식은 각각 $f(-x, y)=0$, $f(-x, -y)=0$임을 구할 수 있습니다.

또한 점 $P(x, y)$를 직선 $y=x$에 대하여 대칭이동한 점을 $P'(x', y')$이라 하면

직선 PP'은 직선 $y=x$와 서로 수직이므로

$$\frac{y'-y}{x'-x}\times 1=-1\text{에서} \quad x'+y'=x+y \qquad \cdots\cdots \text{㉠}$$

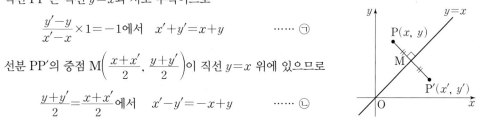

선분 PP'의 중점 $M\left(\dfrac{x+x'}{2}, \dfrac{y+y'}{2}\right)$이 직선 $y=x$ 위에 있으므로

$$\frac{y+y'}{2}=\frac{x+x'}{2}\text{에서} \quad x'-y'=-x+y \qquad \cdots\cdots \text{㉡}$$

두 방정식 ㉠, ㉡을 연립해서 풀면

$$x'=y, \; y'=x\text{에서} \quad x=y', \; y=x'$$

을 얻을 수 있습니다. 이를 도형 F의 방정식 $f(x, y)=0$에 대입하면

$$f(y', x')=0$$

점 $P'(x', y')$은 방정식 $f(y, x)=0$이 나타내는 도형 위의 점이므로 이 방정식이 도형 F'의 방정식입니다.

◆ 선대칭도형과 점대칭도형 ◆

선대칭도형은 한 직선을 따라 접어서 완전히 포개어지는 도형입니다. 어떤 도형이 한 직선을 중심으로 선대칭이라는 것은 이 직선을 접는 선으로 하여 접었을 때 완전히 겹쳐진다는 것이지요. 데칼코마니가 전형적인 선대칭도형입니다.

이때 그 직선(접는 선)을 대칭축이라고 합니다. 대칭축을 따라 포개었을 때 겹치는 점은 대응점, 겹치는 변은 대응변, 겹치는 각은 대응각이라고 합니다. 선대칭도형에서 대응변의 길이와 대응각의 크기는 각각 같습니다.

선대칭도형은 대칭이동과는 다릅니다. 선대칭도형은 이동시키는 것이 아니라 도형 자체가 대칭축을 가지고 있습니다. 대칭축이 없는 도형은 선대칭도형이 아닙니다. 그러나 대칭이동은 도형을 이동시켜서 새로운 도형을 만드는 것입니다.

점대칭도형은 한 도형을 어떤 점을 중심으로 $180°$ 돌렸을 때 처음 도형과 완전히 겹쳐지는 도형입니다.

이때 그 점을 대칭의 중심이라고 합니다. 대칭의 중심을 중심으로 $180°$ 돌렸을 때 겹치는 점은 대응점, 겹치는 변은 대응변, 겹치는 각은 대응각이라고 합니다.

점대칭도형도 대칭이동과는 다릅니다. 점대칭도형은 이동시키는 것이 아니라 도형 자체가 대칭의 중심을 가지고 있습니다.

꼬리에 꼬리를 무는 개념

공통수학2	공통수학2	공통수학2	공통수학2	기하
도형의 방정식	평행이동	점의 대칭이동	도형의 대칭이동	이차곡선

무엇이든 물어보세요

$2x-y=2$를 만족하는 실수 x, y에 대하여 $\sqrt{x^2+(y+1)^2}+\sqrt{x^2+(y-3)^2}$의 최솟값을 어떻게 구하나요?

이 문제는 $\sqrt{x^2+(y+1)^2}+\sqrt{x^2+(y-3)^2}$의 뜻을 해석하는 것이 중요한 핵심입니다.

$\sqrt{x^2+(y+1)^2}$은 두 점 $P(x,\ y)$와 $A(0,\ -1)$ 사이의 거리, 즉 $\overline{PA}$의 길이를 뜻하며,

$\sqrt{x^2+(y-3)^2}$은 두 점 $P(x, y)$와 $B(0, 3)$ 사이의 거리, 즉 $\overline{PB}$의 길이를 뜻합니다.

즉, $\sqrt{x^2+(y+1)^2}+\sqrt{x^2+(y-3)^2}=\overline{PA}+\overline{PB}$이고, $\overline{PA}+\overline{PB}$의 최솟값은 그림에서 $\overline{AB'}$입니다. (단, B'은 점 B의 직선 $2x-y=2$에 대한 대칭점이며, 최소가 되는 이유는 163쪽을 참고하세요.)

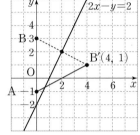

두 점 $A(0, -1)$, $B'(4, 1)$ 사이의 거리는
$$\overline{AB'}=\sqrt{(0-4)^2+(-1-1)^2}=2\sqrt{5}$$

따라서 구하는 최솟값은 $2\sqrt{5}$입니다.

꼭짓점의 좌표가 $(h,\ k)$인 포물선 $y=ax^2+bx+c$를 직선 $y=k$에 대하여 대칭이동한 포물선의 방정식이 $y=dx^2+ex+f$일 때, $a+b+c+d+e+f$의 값은 어떻게 구하나요? (단, a, b, c, d, e, f는 상수)

포물선 $y=ax^2+bx+c$의 꼭짓점의 좌표가 $(h,\ k)$이므로
$$y=ax^2+bx+c=a(x-h)^2+k$$
$$=ax^2-2ahx+ah^2+k$$

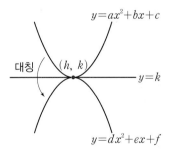

직선 $h=k$에 대하여 대칭이동한 포물선도 원래의 포물선과 같은 꼭짓점을 가지고, 위로 볼록이면 아래로 볼록으로, 아래로 볼록이면 위로 볼록으로 그 상태만 바뀌므로 대칭이동한 포물선의 방정식은
$$y=dx^2+ex+f=-a(x-h)^2+k$$
$$=-ax^2+2ahx-ah^2+k$$

따라서 구하는 값은
$$a+b+c+d+e+f=a+(-2ah)+(ah^2+k)+(-a)+2ah+(-ah^2+k)$$
$$=2k$$

I 도형의 방정식

Ⅱ 집합과 명제

학습목표

집합은 수학적 대상을 논리적으로 표현하고 이해하는 도구이며,
명제는 증명을 통해 그 타당성을 입증하는 것이다.
집합과 명제의 학습을 통해 수학적인 식이나 문장을 이해하고
논리적으로 추론하는 능력을 기를 수 있다.

꼬리에 꼬리를 무는 개념 연결

중1 정수와 유리수

정수와 유리수의 뜻
정수와 유리수의 대소 관계
정수와 유리수의 사칙연산

공통수학 1-Ⅱ 방정식과 부등식

복소수와 그 연산
이차방정식
이차방정식과 이차함수의 관계
삼차방정식과 사차방정식
이차부등식
연립방정식과 연립부등식

공통수학 2-Ⅱ 집합과 명제

집합
명제와 조건
명제의 증명과 절대부등식의 증명

공통수학 2-Ⅲ 함수

함수의 뜻과 그래프
합성함수와 역함수
유리함수와 무리함수

우리 반에서 키가 큰 학생은 몇 명인가요?

아! 그렇구나

우리 반에서 키가 큰 학생의 수는 생각하는 사람의 기준에 따라 다릅니다. 키가 크다는 말은 기준이나 대상이 명확하지 않기 때문이지요. 수학에서는 이렇게 사람마다 서로 다르게 생각하는 것을 대상으로 정하지 않습니다. 의사소통에 문제가 생기기 때문입니다. 그래서 '집합'을 그 대상을 분명하게 정할 수 있는 것들의 모임이라고 정한 것입니다.

30초 정리

• 집합과 원소

① 그 대상을 분명하게 정할 수 있는 것들의 모임을 집합이라 한다. 집합을 이루는 대상 하나하나를 원소라 한다.

② a가 집합 A의 원소일 때, $a \in A$
b가 집합 B의 원소가 아닐 때, $b \notin B$

• 집합의 표현 방법

① 조건제시법: 집합에 속하는 원소들의 공통된 성질을 제시하여 나타내는 방법

$A = \{x \mid x$는 50 이하의 홀수$\}$

② 원소나열법: 집합에 속하는 모든 원소를 { } 안에 나열하여 나타내는 방법

$\{1, 3, 5, \cdots, 49\}$

◆ 집합과 원소 ◆

집합(集合)이란 여러 가지 모임을 말합니다. 모임은 분류를 할 때 만들어집니다. 그런데 무언가를 분류할 때 기준이 명확하지 않으면 각 모임을 이루는 대상이 분명하지 않아서 애매한 경우가 발생합니다. 수학에서는 어떤 기준에 따라 대상을 분명히 정할 수 있을 때, 그 대상들의 모임을 집합이라 하고, 집합을 이루는 대상 하나하나를 그 집합의 원소라고 합니다.

예를 들어, 5보다 작은 자연수의 모임은 1, 2, 3, 4의 4개가 있고, 이는 대상이 분명하므로 집합이지만, 5에 가까운 수의 모임은 5.2나 4.8도 포함하는지의 여부가 분명하지 않으므로 집합이 아닙니다.

a가 집합 A의 원소일 때 a는 집합 A에 속한다고 하며, 기호로 $a \in A$와 같이 나타냅니다. 한편 b가 집합 B의 원소가 아닐 때 b는 집합 B에 속하지 않는다고 하며, 기호로 $b \notin B$와 같이 나타냅니다.

예를 들어, 5보다 작은 자연수의 집합을 A라 하면
$1 \in A$, $2 \in A$, $3 \in A$, $4 \in A$이지만,
$5 \notin A$, $6 \notin A$입니다.

> **집합과 원소의 기호**
>
> 일반적으로 집합은 영어의 알파벳 대문자 A, B, C, …로 나타내고, 원소는 알파벳 소문자 a, b, c, …로 나타낸다.
> 기호 $\in$ 는 원소를 뜻하는 $Element$의 첫 글자 E를 기호화한 것이다.
> $$E \rightarrow \in$$

$$a \quad \in \quad A$$
원소   집합

◆ 집합의 표현 방법 ◆

집합을 나타내는 방법에는 집합에 속하는 원소들의 공통된 성질을 제시하는 조건제시법과 집합에 속하는 모든 원소를 나열하는 원소나열법이 있습니다.

예를 들어, 50 이하의 홀수의 집합을 A라 하면 A는 다음 2가지 방법으로 나타낼 수 있습니다.

⑴ 조건제시법: $A = \{x \mid x$는 50 이하의 홀수$\}$

⑵ 원소나열법: $A = \{1,\ 3,\ 5,\ \cdots,\ 49\}$

$\{1,\ 3,\ 5,\ \cdots,\ 99\}$와 같이 원소가 많고, 원소가 갖는 일정한 규칙이 있을 때는 '…'를 사용해서 원소의 일부를 생략할 수 있습니다.

또 집합을 나타낼 때 그림을 이용하기도 합니다.

예를 들어, $A = \{1,\ 2,\ 3,\ 4\}$를 그림과 같이 나타낼 수 있습니다. 이와 같이 집합을 나타내는 그림을 **벤다이어그램**이라고 합니다.

집합 A의 원소가 유한개일 때, 집합 A의 원소의 개수를 기호로 $n(A)$와 같이 나타냅니다.

원소가 하나도 없는 집합은 공집합이라 하고, 기호로 $\varnothing$와 같이 나타냅니다. 이때 $n(\varnothing) = 0$입니다.

◆ 집합의 뜻 ◆

여러 동아리에서 신입 회원을 모집하는 광고에 다음과 같은 지원 자격을 제시했을 때 그 대상이 분명한 동아리를 찾아보세요.

> A 동아리: 봉사 활동을 자주 하는 학생
> B 동아리: 인격적으로 훌륭한 학생
> C 동아리: 남을 위한 희생정신이 투철한 학생
> D 동아리: 다른 사람의 모범이 되는 학생

각 동아리가 제시한 지원 자격을 보면 그 대상이 명확하지 않습니다. '자주', '훌륭한', '투철한', '모범이 되는' 등의 조건은 주관적이기 때문에 그 대상을 분명하게 정할 수 없습니다. 만약 A동아리에서 '자주'라는 조건을 '월 1회 이상'으로 바꾸면 그 대상이 명확해지겠지요.

반면, 다음 조건들은 명확하므로 그 대상을 분명하게 정할 수 있습니다.

> • 12와 18의 공약수
> • 100 이하의 소수
> • 이차방정식 $x^2-x-6=0$의 해
> • 이차부등식 $x^2-4x+3\leq0$의 해

기준이 명확하면 대상을 결정할 수 있고, 이런 모임은 집합이 됩니다. 또 집합의 원소가 유한개면 그 집합의 원소의 개수를 구할 수 있습니다. 예를 들어, $A=\{x\,|\,x$는 50 이하의 홀수$\}$이면 $n(A)=25$입니다.

공통수학2	공통수학2	공통수학2	공통수학2	공통수학2
집합과 원소	집합의 포함관계	집합의 연산	집합의 연산 법칙	조건과 진리집합

무엇이든 물어보세요

Q 집합의 표현 방법 중 어떤 것을 사용해야 하나요?

A   집합의 표현 방법은 2가지입니다. 원소나열법과 조건제시법입니다. 둘 중 어느 하나를 고집해서 사용해야 하는 것은 아니고 상황에 따라 편리한 방법을 선택해서 쓰면 됩니다.

주의할 점은 그렇게 표현했을 때 집합의 대상을 분명하게 나타낼 수 있어야 한다는 것입니다.

예를 들어, 조건제시법으로 $A = \{x \,|\, x$는 100 이하의 자연수 중 2의 배수도 3의 배수도 아닌 수$\}$라고 했을 때, 집합 A를 원소나열법으로 $\{1, 5, 7, 11, 13, 17, 19, 23, \cdots, 95, 97\}$이라고 표현하는 것은 어렵습니다. 원소가 많거나 나열하기 어려울 때는 조건제시법이 더 편리하겠지요.

반면 집합 $B = \{1, 3, 7, 18, 31, 33, 37, 50, 51\}$는 원소 사이의 일정한 규칙을 찾기 어렵기 때문에 조건제시법으로 표현하지 않습니다.

또한 집합을 $\{1, 2, 4, 8, 16\}$이라는 원소나열법과 $\{x \,|\, x$는 16의 약수$\}$라는 조건제시법의 2가지 표현으로 나타낸 것을 비교해 보면, 조건제시법으로 표현된 경우에 집합을 더 명확하게 이해할 수 있습니다.

Q 해집합이란 무엇인가요?

A   해집합은 주어진 방정식이나 부등식을 만족시키는 값, 즉 해로 이루어진 집합을 말합니다.

예를 들어, 일차방정식 $2x - 3 = 5$의 해는 $x = 4$이고, 이를 집합 기호로 $\{4\}$라고 표현한 것이 일차방정식 $2x - 3 = 5$의 해집합입니다.

이차방정식 $x^2 - 2x - 8 = 0$의 해는 $x = -2$ 또는 $x = 4$이므로 이차방정식 $x^2 - 2x - 8 = 0$의 해집합은 $\{-2, 4\}$로 표현할 수 있습니다.

부등식의 경우도 마찬가지입니다.

일차부등식 $3x - 1 < 8$의 해는 $x < 3$이므로 일차부등식 $3x - 1 < 8$의 해집합은 $\{x \,|\, x < 3\}$입니다.

이차부등식 $x^2 + 3x + 2 \leq 0$의 해는 $-2 \leq x \leq -1$이므로 이차부등식 $x^2 + 3x + 2 \leq 0$의 해집합은 $\{x \,|\, -2 \leq x \leq -1\}$입니다.

Ⅱ 집합과 명제

같은데 어떻게 부분이 되나요?

아! 그렇구나

두 집합의 포함관계에서 가장 납득하기 어려운 개념이 부분집합입니다. 완벽하게 포함되는 경우는 '부분'이라는 것을 납득할 수 있지만 두 집합이 서로 같은 경우도 부분집합으로 표현하고 있어서 헷갈리는 것입니다. 이는 부분집합의 정의에서 나온 결과이고, 수학적으로는 충분히 검토된 결과입니다. 집합에서는 다른 영역과 차이 나는 부분이 있을 수 있다는 점도 염두에 두는 것이 필요합니다.

30초 정리

• 부분집합과 진부분집합

① 집합 A의 모든 원소가 집합 B에 속할 때, 집합 A를 집합 B의 부분집합이라 하고, $A \subset B$와 같이 나타낸다.

② $A \subset B$이고 $A \neq B$일 때, 집합 A를 집합 B의 진부분집합이라 한다.

• 집합의 포함관계

세 집합 A, B, C에 대하여

① $A \subset A$, $\varnothing \subset A$

② $A \subset B$이고 $B \subset A$이면 $A = B$

③ $A \subset B$이고 $B \subset C$이면 $A \subset C$

◆ 부분집합과 진부분집합 ◆

집합 A의 모든 원소가 집합 B에 속할 때, 집합 A를 집합 B의 부분집합 이라고 합니다. 이때, 집합 A는 집합 B에 포함된다 또는 집합 B는 집합 A 를 포함한다고 하며 기호로 $A \subset B$와 같이 나타냅니다.

한편 집합 A가 집합 B의 부분집합이 아닐 경우, 즉 집합 A의 원소 중 집합 B의 원소가 아닌 것이 있을 경우 기호로

$$A \not\subset B$$

와 같이 나타냅니다.

예를 들어, $A = \{1, 2\}$, $B = \{1, 2, 3\}$일 때 집합 A의 모든 원소 1, 2에 대하여 $1 \in B$, $2 \in B$이므로 $A \subset B$입니다.

한편, $A = \{1, 4\}$, $B = \{1, 2, 3\}$이면 $4 \notin B$이므로 $A \not\subset B$입니다.

집합 A의 모든 원소가 자기 자신의 집합 A에 속하기 때문에 모든 집합은 자기 자신의 부분집합이 며, 공집합은 모든 집합의 부분집합으로 정합니다. 즉, 집합 A에 대하여

$$A \subset A, \quad \varnothing \subset A$$

입니다.

두 집합 A, B에 대하여 $A \subset B$이고 $B \subset A$이면 두 집합 A, B는 서로 같 다고 하며 기호로 $A = B$와 같이 나타냅니다. 한편 두 집합 A, B가 서로 같 지 않을 때, 기호로 $A \neq B$와 같이 나타냅니다.

예를 들어, 두 집합 $A = \{x \,|\, x$는 4 이하의 홀수$\}$, $B = \{x \,|\, x$는 3의 약수$\}$에 대하여 $A = \{1, 3\}$, $B = \{1, 3\}$이므로 두 집합은 서로 같습니다. 즉, $A = B$입니다.

집합 A가 집합 B의 부분집합이지만 서로 같지는 않을 때, 즉

$$A \subset B$이고 $A \neq B$$

일 때, 집합 A를 집합 B의 진부분집합이라고 합니다.

세 집합 A, B, C에 대해 $A \subset B$이고 $B \subset C$이면 $A \subset C$입니다.

> **진부분집합**
>
> 진부분집합의 진(眞)은 '진짜로' 의 뜻이다. 부분집합에서 자기 자신을 제외한 진짜로 포함된 부분집합이라는 의미이다.

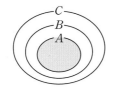

◆ 공집합과 부분집합 ◆

집합 {1, 2}의 부분집합을 모두 구하면

$$\varnothing, \{1\}, \{2\}, \{1, 2\}$$

의 4개입니다. 이 중에서 마지막 {1, 2}를 제외한 3개는 집합 {1, 2}의 진부분집합입니다.

집합 {1, 2, 3}의 부분집합을 모두 구하면

$$\varnothing, \{1\}, \{2\}, \{3\}, \{1, 2\}, \{1, 3\}, \{2, 3\}, \{1, 2, 3\}$$

의 8개입니다. 이 중에서 마지막 {1, 2, 3}을 제외한 7개는 집합 {1, 2, 3}의 진부분집합입니다.

어떤 기준에 따라 대상을 분명히 정할 수 있을 때, 그 대상들의 모임을 집합이라고 합니다. 예를 들어 '우리 반 학생 중에서 키가 180 cm가 넘는 학생들의 모임'은 충분히 객관적인 기준으로 대상을 분명히 할 수 있으므로 집합입니다. 다만 우리 반 학생 중에 키가 180 cm가 넘는 학생이 단 한 명도 없다면 이 집합은 공집합이 됩니다. 이렇듯 공집합은 아무것도 갖지 않는 집합입니다. 아무것도 갖지 않기 때문에 어디에도 속할 수 있습니다. 따라서 공집합은 모든 집합의 부분집합입니다.

집합 $A = \{1, 2\}$의 부분집합에는 두 원소 1, 2가 속하거나 속하지 않습니다. 즉, 원소 1이 부분집합에 속하는 경우와 속하지 않는 경우의 2가지가 있고, 그 각각에 대하여 원소 2가 속하는 경우와 속하지 않는 2가지 경우로 나뉘므로 $A = \{1, 2\}$의 부분집합의 개수는

$$2 \times 2 = 4$$

입니다. 만약 $A = \{1, 2, 3\}$이면 위의 원소 1, 2로 만들어지는 4개의 부분집합 각각에 대하여 원소 3이 속하는 경우와 속하지 않는 경우의 2가지가 더해지므로 $A = \{1, 2, 3\}$의 부분집합의 개수는

$$2 \times 2 \times 2 = 8$$

이 됩니다.

공통수학2	공통수학2	공통수학2	공통수학2	공통수학2
집합과 원소	집합의 포함관계	집합의 연산	집합의 연산 법칙	조건과 진리집합

왜 공집합은 모든 집합의 부분집합인가요?

앞에서 공집합은 모든 집합의 부분집합으로 정한다고 했습니다. 만약 $\varnothing \subset A$라면 부분집합의 정의에 따라 공집합의 모든 원소가 집합 A의 원소가 되어야 합니다. 그런데 공집합에는 원소가 하나도 없지요. 원소가 하나도 없기 때문에 이미 모든 원소가 집합 A에 속하는 것입니다. 이해하기 어렵다면 반대로 생각해 보겠습니다.

공집합이 집합 A의 부분집합이 아니라고 가정해 봅니다.

$\varnothing \not\subset A$이면 공집합의 원소 중 집합 A의 원소가 아닌 것이 있어야 합니다. 그런데 공집합은 원소가 없으므로 집합 A의 원소가 아닌 공집합의 원소가 없습니다. 그러므로 $\varnothing \not\subset A$는 있을 수 없는 일입니다. 즉, 공집합은 집합 A의 부분집합이 아닐 수 없습니다.

따라서 공집합은 모든 집합의 부분집합이 됩니다.

원소의 개수가 k인 집합의 부분집합의 개수는 왜 2^k인가요?

예를 들어, 집합 $A=\{a, b, c\}$의 부분집합을 구해 보겠습니다. 우선 집합 A의 부분집합은 모든 원소가 A에 속해야 하므로 a, b, c 이외의 원소를 가질 수 없습니다. 즉, a, b, c 중 속할 것을 정하면 A의 부분집합을 구할 수 있습니다.

원소 a는 A의 부분집합에 속할 수도 있고 속하지 않을 수도 있는 2가지 경우를 가집니다. 또 각각에 대하여 원소 b가 속할 수도 있고 속하지 않을 수도 있는 2가지 경우가 있습니다. 이처럼 각 원소는 부분집합에 속할지 속하지 않을지의 2가지 경우의 수를 가지게 됩니다.

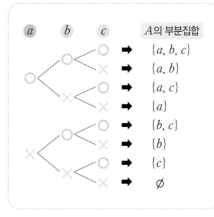

세 원소 a, b, c 각각이 부분집합에 속하거나 속하지 않는 경우를 생각하면 총 경우의 수는

$$2\times2\times2=2^3=8$$

임을 알 수 있습니다. 일반적으로 원소의 개수가 k인 집합의 부분집합의 개수는 다음과 같이 추론할 수 있습니다.

$$\underbrace{2\times2\times2\times\cdots\times2}_{k개}=2^k$$

집합을 더하면 원소의 개수가 그만큼 늘어나나요?

아! 그렇구나

집합에는 다른 영역과 차이 나는 개념이 많습니다. 지난 주제에서는 두 집합이 서로 같은데도 부분집합이라 했고, 이번에는 합집합의 원소의 개수를 세는 데서 차이가 나타납니다. 두 집합의 합집합의 원소의 개수는 각각의 집합의 원소의 개수를 단순히 더하는 것으로 구할 수 없습니다. 두 집합 사이에 공통 원소가 있으면 두 번 세게 되므로 단순히 더하면 안 됩니다.

30초 정리

- **합집합과 교집합**

두 집합 A, B에 대하여

① 합집합: $A \cup B = \{x \,|\, x \in A \text{ 또는 } x \in B\}$

② 교집합: $A \cap B = \{x \,|\, x \in A \text{ 그리고 } x \in B\}$

③ 서로소: 공통인 원소가 없을 때,

　　　즉 $A \cap B = \varnothing$일 때, 두 집합 A, B는 서로소라 한다.

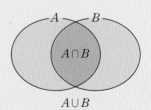

◆ 합집합과 교집합 ◆

집합도 다항식처럼 연산을 할 수 있을까요? 2개 이상의 집합에 대해 연산을 해 보겠습니다.

두 집합 A, B에 대하여 A에 속하거나 B에 속하는 모든 원소로 이루어진

집합을 A와 B의 **합집합**이라 하고, 기호로 $A \cup B$와 같이 나타냅니다. 즉,

$$A \cup B = \{x \mid x \in A \text{ 또는 } x \in B\}$$

입니다. 이때 $A \cup B$는 집합 A와 집합 B를 모두 포함합니다.

$$A \subset (A \cup B)$$
$$B \subset (A \cup B)$$

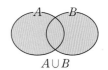

집합 A에도 속하고 집합 B에도 속하는 모든 원소로 이루어진 집합을 A와

B의 **교집합**이라 하고, 기호로 $A \cap B$와 같이 나타냅니다. 즉,

$$A \cap B = \{x \mid x \in A \text{ 그리고 } x \in B\}$$

입니다. 이때, $A \cap B$는 집합 A와 집합 B 각각의 부분집합입니다.

$$(A \cap B) \subset A$$
$$(A \cap B) \subset B$$

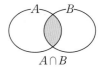

예를 들어 두 집합 $A = \{1, 2, 3\}$, $B = \{3, 4\}$에 대하여 집합 A에 속하거나 집합 B에 속하는 원소는 1, 2, 3, 4이므로

합집합 $A \cup B = \{1, 2, 3, 4\}$

또 두 집합 A, B에 모두 속하는 원소는 3이므로

교집합 $A \cap B = \{3\}$

> **합집합과 교집합**
>
> 합집합의 합(合)에는 서로 합친다는 뜻이 있고, 두 조건이 '또는'이나 '이거나'로 연결된다.
> 교집합의 교(交)에는 서로 만난다는 뜻이 있고, 두 조건이 '그리고'나 '이고'로 연결된다.

한편 두 집합 A, B에 공통인 원소가 없을 때, 즉

$$A \cap B = \varnothing$$

일 때, 두 집합 A, B는 **서로소**라고 합니다.

예를 들어 두 집합 $A = \{1, 3, 5, 7, 9\}$, $B = \{2, 4, 6, 8, 10\}$에 대하여 두 집합에 공통인 원소가 하나도 없습니다. 즉, $A \cap B = \varnothing$이므로 두 집합 A, B는 서로소입니다.

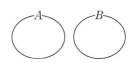

◆ 합집합의 원소의 개수 ◆

두 집합 $A=\{1,\ 2,\ 3,\ 4,\ 5\}$, $B=\{4,\ 5,\ 6,\ 7,\ 8\}$에 대하여
$A \cup B=\{1,\ 2,\ 3,\ 4,\ 5,\ 6,\ 7,\ 8\}$입니다.

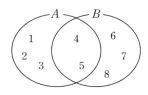

이때 집합 A와 B의 원소의 개수를 보면 $n(A)=5$, $n(B)=5$이
지만 $n(A \cup B)=8$입니다. 그러므로 $n(A \cup B) \neq n(A)+n(B)$
입니다.

일반적으로 합집합의 원소의 개수는 두 집합의 원소의 개수의 합과 같지 않습니다. 그 이유는 집
합의 표현을 생각하면 납득할 수 있습니다.

집합의 표현에서 원소의 순서는 바꿀 수 있어도 같은 원소를 중복해 쓰지는 않습니다. 두 집합 A,
B에서도 중복되는 원소 4, 5를 반복해서 쓰지 않기 때문에 합집합의 원소의 개수는 그만큼 줄어듭
니다. 따라서 합집합의 원소의 개수를 구할 때 두 집합의 원소의 개수의 합에서 교집합의 원소의 개
수를 빼야 합니다.

이를 식으로 정리하면

합집합의 원소의 개수	$n(A \cup B)=n(A)+n(B)-n(A \cap B)$

예를 들어 두 집합 $A=\{1,\ 2,\ 3,\ 4,\ 5\}$, $B=\{4,\ 5,\ 6,\ 7,\ 8\}$에 대하여
$$n(A)=5,\quad n(B)=5,\quad n(A \cap B)=2$$
이므로 $n(A \cup B)=5+5-2=8$입니다.

특히, 집합 A와 집합 B가 서로소, 즉 $A \cap B=\varnothing$일 때, $n(A \cap B)=0$이므로
$$n(A \cup B)=n(A)+n(B)$$입니다.

공통수학2	공통수학2	공통수학2	공통수학2	공통수학2
집합과 원소	집합의 포함관계	합집합과 교집합	차집합과 여집합	집합의 연산 법칙

수에도 서로소가 있는데, 집합에서의 서로소와는 무슨 차이가 있나요?

　수에서는 두 자연수의 공약수가 1뿐일 때, 즉 두 수의 최대공약수가 1일 때 이 두 수를 서로소라고 합니다. 예를 들어, 5와 6의 최대공약수가 1이므로 두 수 5와 6은 서로소입니다. 집합에서는 두 집합에 공통인 원소가 하나도 없을 때 두 집합은 서로소라고 하지요.

　1은 모든 수의 약수이므로 두 수의 공약수가 하나도 없는 경우는 없습니다. 적어도 1은 두 수의 공약수에 반드시 포함됩니다. 반면 집합의 경우에는 공통으로 속하는 원소가 없을 때를 서로소라고 한다는 점에서 차이가 있습니다.

$A \cap B = A$일 때, 두 집합 A, B 사이의 포함관계는 무엇인가요? 또 $A \cup B = B$일 때, 두 집합 A, B 사이의 포함관계는 무엇인가요?

　두 집합 A와 $A \cap B$ 사이에는 $(A \cap B) \subset A$인 관계가 성립합니다.

　그런데 $A \cap B = A$라고 하는 것은 $A \subset (A \cap B)$인 관계가 성립한다는 것을 뜻합니다. 하지만 오른쪽 벤다이어그램을 보면 A가 $A \cap B$보다 크기 때문에 $A \cap B$에 포함되는 것이 불가능해 보입니다. 집합 A가 B에 포함되면 가능하겠지요. 그러므로 두 집합 A, B 사이에는 $A \subset B$인 관계가 있다는 것을 알 수 있습니다.

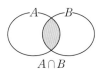

　더 쉽게 생각하면 $(A \cap B) \subset B$가 성립하고 $A \cap B = A$이므로 $A \subset B$인 관계가 성립합니다.

　이번에는 $A \cup B = B$일 때를 생각해 보겠습니다.

　두 집합 B와 $A \cup B$ 사이에는 $B \subset (A \cup B)$인 관계가 성립합니다.

　그런데 $A \cup B = B$라고 하는 것은 $(A \cup B) \subset B$인 관계가 성립한다는 것을 뜻합니다. 하지만 오른쪽 벤다이어그램을 보면 $A \cup B$가 B보다 더 크기 때문에 B에 포함되는 것이 불가능해 보입니다. 집합 A가 B에 포함되면 가능하겠지요. 그러므로 두 집합 A, B 사이에는 $A \subset B$인 관계가 있다는 것을 알 수 있습니다.

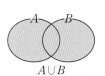

　더 쉽게 생각하면 $A \subset (A \cup B)$가 성립하고 $A \cup B = B$이므로 $A \subset B$인 관계가 성립합니다.

집합을 빼는데 왜 갑자기 교집합이 나오나요?

아! 그렇구나

차집합의 원소의 개수가 단순히 두 집합의 원소의 개수의 차와 같으면 좋겠지만 집합의 특성상 그렇게 되지 못하는 것을 이해해야 합니다. 차집합의 원소의 개수를 구할 때 빼는 집합의 원소의 개수를 빼는 것이 아니라 교집합의 원소의 개수를 뺀다는 것을 벤다이어그램에서 직관적으로 확인할 수 있습니다.

30초 정리

• 여집합과 차집합

전체집합 U의 두 부분집합 A, B에 대하여

① 여집합: $A^c = \{x \mid x \in U$ 그리고 $x \notin A\}$

② 차집합: $A - B = \{x \mid x \in A$ 그리고 $x \notin B\}$

• 여집합과 차집합의 성질

전체집합 U의 두 부분집합 A, B에 대하여

① $A - B = A \cap B^c$

② $U^c = \emptyset$, $\emptyset^c = U$

③ $A \cup A^c = U$, $A \cap A^c = \emptyset$

④ $(A^c)^c = A$

◆ 여집합과 차집합 ◆

집합의 연산은 앞에서 다룬 합집합과 교집합과 더불어 여기서 다루게 되는 여집합과 차집합까지 총 4가지입니다.

여집합을 배우기 전에 우선 전체집합의 개념을 알 필요가 있습니다. 주어진 어떤 집합에서 그 부분집합을 생각할 때, 처음에 주어진 집합을 전체집합이라 하고 기호 U로 나타냅니다. 예를 들어 1반 학생들 중에서 안경을 낀 학생들의 집합을 A, 남학생들의 집합을 B라고 했을 때 전체집합 U는 1반 학생들이 됩니다.

여집합

여집합의 여(餘)는 나머지라는 뜻이므로 A의 여집합은 전체집합에서 집합 A를 제외한 나머지의 집합이다. 여집합은 전체집합을 전제로 생각하기 때문에 전체집합이 달라지면 여집합도 달라진다.

전체집합 U와 그 부분집합 A가 있을 때, U의 원소 중에서 집합 A에 속하지 않는 모든 원소로 이루어진 집합을 U에 대한 A의 **여집합**이라 하고, 기호로 A^c와 같이 나타냅니다. 즉,

$$A^c = \{x \,|\, x \in U \text{ 그리고 } x \notin A\}$$

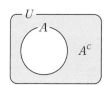

또 두 집합 A, B가 있을 때, 집합 A에는 속하지만 집합 B에는 속하지 않는 모든 원소로 이루어진 집합을 A에 대한 B의 **차집합**이라 하고, 기호로 $A-B$와 같이 나타냅니다. 즉,

$$A-B = \{x \,|\, x \in A \text{ 그리고 } x \notin B\}$$

집합 A의 여집합 A^c는 전체집합 U에 대한 집합 A의 차집합으로 생각할 수 있습니다. 즉,

$$A^c = U - A$$

일반적으로 여집합과 차집합에 대하여 다음과 같은 여러 가지 성질이 성립합니다.

전체집합 U의 두 부분집합 A, B에 대하여
① $A-B = A \cap B^c$ ② $U^c = \varnothing$, $\varnothing^c = U$
③ $A \cup A^c = U$, $A \cap A^c = \varnothing$ ④ $(A^c)^c = A$

◆ 여집합과 차집합의 성질 ◆

여집합과 차집합의 성질은 벤다이어그램을 통해서 직관적으로 확인할 수 있습니다.

전체집합 U와 그 부분집합 A에 대하여 $A \cup A^C$와 $A \cap A^C$를 각각 벤다이어그램으로 나타내면 다음과 같습니다.

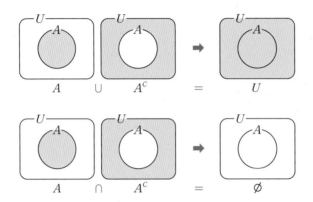

따라서 $A \cup A^C = U$, $A \cap A^C = \varnothing$가 성립합니다.

또한 다음 벤다이어그램에서 $(A^C)^C = A$임을 알 수 있습니다.

공통수학2	공통수학2	공통수학2	공통수학2	공통수학2
집합과 원소	합집합과 교집합	차집합과 여집합	집합의 연산 법칙	조건과 진리집합

$n(A-B)$의 값은 $n(A)-n(B)$의 값과 항상 같나요?

$n(A-B)$의 값과 $n(A)-n(B)$의 값은 같을 때도 있습니다. 하지만 같지 않을 때도 있으므로 항상 같다고 말할 수는 없습니다.

예를 들어, $A=\{1,\,2,\,3,\,4,\,5\}$, $B=\{1,\,2,\,3\}$일 때 $A-B=\{4,\,5\}$이므로

$$n(A-B)=2, \quad n(A)-n(B)=5-3=2$$

에서 $n(A-B)=n(A)-n(B)$가 성립합니다.

그런데 $A=\{1,\,2,\,3,\,4,\,5\}$, $B=\{4,\,5,\,6\}$일 때는 $A-B=\{1,\,2,\,3\}$이므로

$$n(A-B)=3, \quad n(A)-n(B)=5-3=2$$

에서 $n(A-B)\neq n(A)-n(B)$입니다.

정리하면, 일반적으로는 $n(A-B)=n(A)-n(A\cap B)$가 성립하고 $n(A-B)=n(A)-n(B)$가 성립하려면 $B\subset A$인 조건을 만족해야 합니다.

$A-B=A\cap B^{C}$가 성립함을 어떻게 확인할 수 있나요?

집합의 연산의 성질은 대부분 벤다이어그램을 이용하여 확인하는 것이 편리합니다.

여집합이 있으니 우선 전체집합을 U라 정의하고 시작하지요.

$A\cap B^{C}$를 벤다이어그램으로 나타내면 다음과 같습니다.

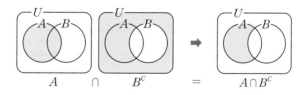

$A\cap B^{C}$를 벤다이어그램으로 나타낸 것이 $A-B$와 같으므로 $A-B=A\cap B^{C}$가 성립함을 알 수 있습니다.

Ⅱ 집합과 명제

순서를 바꿔도 교집합의 결과가 같나요?

아! 그렇구나

　사실 몇 가지 면에서 집합은 수나 다항식과 다른 특이한 점이 있습니다. 하지만 집합의 연산에서도 수나 다항식과 마찬가지로 교환법칙, 결합법칙, 분배법칙 등이 성립합니다. 그렇지만 꼭 성립하는지는 직접 확인하는 과정을 거쳐야 확신을 가질 수 있습니다. 대부분 벤다이어그램을 그려서 직관적으로 확인할 수 있습니다.

30초 정리

- **집합의 연산 법칙**

　세 집합 A, B, C에 대하여

　① 교환법칙: $A \cup B = B \cup A$, $A \cap B = B \cap A$

　② 결합법칙: $(A \cup B) \cup C = A \cup (B \cup C)$, $(A \cap B) \cap C = A \cap (B \cap C)$

　③ 분배법칙: $A \cap (B \cup C) = (A \cap B) \cup (A \cap C)$, $A \cup (B \cap C) = (A \cup B) \cap (A \cup C)$

◆ 집합의 연산에 대한 교환법칙과 결합법칙 ◆

수나 다항식의 연산에서와 마찬가지로 집합의 연산에도 법칙이 있습니다.

일반적으로 두 집합 A, B에 대하여

$$A \cup B = B \cup A, \quad A \cap B = B \cap A$$

가 성립합니다. 이를 각각 합집합과 교집합에 대한 교환법칙이라고 합니다.

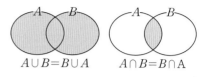

세 집합 A, B, C에 대하여 $(A \cup B) \cup C$와 $A \cup (B \cup C)$를 벤다이어그램으로 나타내면

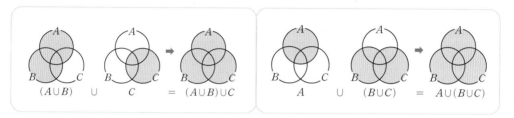

일반적으로 세 집합 A, B, C에 대하여

$$(A \cup B) \cup C = A \cup (B \cup C), \quad (A \cap B) \cap C = A \cap (B \cap C)$$

가 성립합니다. 이를 각각 합집합과 교집합에 대한 결합법칙이라고 합니다. 합집합과 교집합에 대한 결합법칙이 성립하므로 괄호를 생략해 $A \cup B \cup C$, $A \cap B \cap C$로 나타내기도 합니다.

◆ 집합의 연산에 대한 분배법칙 ◆

$A \cap (B \cup C)$와 $(A \cap B) \cup (A \cap C)$를 벤다이어그램으로 나타내면

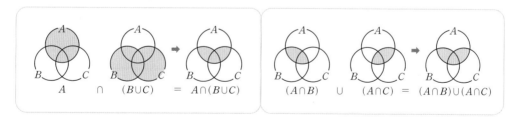

일반적으로 세 집합 A, B, C에 대하여

$$A \cap (B \cup C) = (A \cap B) \cup (A \cap C) \qquad A \cup (B \cap C) = (A \cup B) \cap (A \cup C)$$

가 성립합니다. 이를 집합의 연산에 대한 분배법칙이라고 합니다.

◆ 여러 가지 연산 법칙 ◆

교환법칙과 결합법칙, 분배법칙은 모두에게 익숙한 용어일 것입니다.

실수의 연산에서 덧셈과 곱셈에 대한 교환법칙, 결합법칙, 분배법칙이 다음과 같이 성립합니다.

> 세 실수 a, b, c에 대하여
> ① 교환법칙: $a+b=b+a$, $ab=ba$
> ② 결합법칙: $(a+b)+c=a+(b+c)$, $(ab)c=a(bc)$
> ③ 분배법칙: $a(b+c)=ab+ac$, $(a+b)c=ac+bc$

다항식의 계산에서도 실수의 연산과 똑같은 법칙이 성립합니다.

> 세 다항식 A, B, C에 대하여
> ① 교환법칙: $A+B=B+A$, $AB=BA$
> ② 결합법칙: $(A+B)+C=A+(B+C)$, $(AB)C=A(BC)$
> ③ 분배법칙: $A(B+C)=AB+AC$, $(A+B)C=AC+BC$

덧셈에 대한 결합법칙이 성립하므로 $(A+B)+C$, $A+(B+C)$의 괄호를 생략해 $A+B+C$로 나타내기도 합니다. 곱셈에 대해서도 결합법칙이 성립하므로 $(AB)C$, $A(BC)$의 괄호를 생략해 ABC로 나타내기도 합니다.

하지만 함수를 합성할 때는 교환법칙이 성립하지 않습니다.

> 두 함수 f, g에 대하여
> $$f \circ g \neq g \circ f$$

이처럼 모든 연산에서 연산 법칙이 성립하는 것은 아닙니다.

꼬리에 꼬리를 무는 개념

공통수학2	공통수학2	공통수학2	공통수학2	공통수학2
집합과 원소	집합의 연산	집합의 연산 법칙	드모르간의 법칙	조건과 진리집합

Q 집합의 연산의 분배법칙 $A\cup(B\cap C)=(A\cup B)\cap(A\cup C)$에 대해서도 설명해 주세요.

A 집합의 연산 법칙은 벤다이어그램을 통해 직관적으로 이해할 수 있습니다.

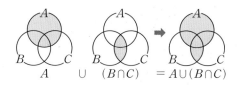

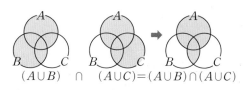

Q 세 집합 A, B, C에 대하여 A와 B가 서로소일 때, 등식 $A\cap(B\cup C)=A\cap C$가 성립함을 어떻게 보일 수 있나요?

A 교집합과 합집합이 섞여 있으므로 분배법칙을 사용할 수 있습니다.

$$A\cap(B\cup C)=(A\cap B)\cup(A\cap C)$$

그런데 A와 B가 서로소이므로 $A\cap B=\emptyset$가 되어

$$A\cap(B\cup C)=(A\cap B)\cup(A\cap C)$$
$$=\emptyset\cup(A\cap C)$$
$$=A\cap C$$

벤다이어그램을 그려서 확인할 수도 있습니다.

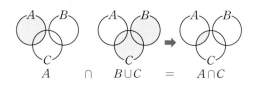

Ⅱ 집합과 명제

여집합을 구할 때 왜 안에 있는 연산도 바뀌나요?

아! 그렇구나

드모르간의 법칙에 따르면 합집합 전체에 대한 여집합은 각각의 여집합의 교집합이고, 교집합 전체에 대한 여집합은 각각의 여집합의 합집합입니다. 여집합을 구하는 것인데 안에 있는 연산까지 바뀌는 것이 이상하게 느껴지기도 하지요. 정확히 이해하지 않으면 계속 헷갈릴 수 있으므로 벤다이어 그램 등을 통해 확실하게 정리해 둡니다.

30초 정리

- **드모르간의 법칙**

  전체집합 U와 그 부분집합 A, B에 대하여

  ① $(A \cup B)^c = A^c \cap B^c$

  ② $(A \cap B)^c = A^c \cup B^c$

Ⅱ 집합과 명제

◆ 드모르간의 법칙 ◆

집합의 연산 법칙을 앞선 주제에서 다루었습니다. 벤다이어그램을 이용하여 합집합, 교집합에 대한 교환법칙, 결합법칙, 분배법칙이 성립함을 확인했지요. 이번에 다룰 **드모르간의 법칙**도 집합의 연산 법칙 중 하나입니다.

영국의 수학자 드모르간(De Morgan)이 만든 법칙에 대해 알아보겠습니다.

전체집합 U와 그 부분집합 A, B에 대하여, $(A \cup B)^C$와 $A^C \cap B^C$을 벤다이어그램으로 나타내면 각각 다음과 같습니다.

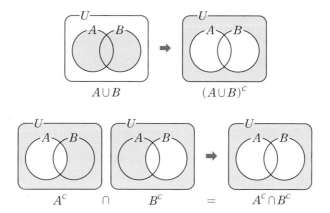

따라서 $(A \cup B)^C = A^C \cap B^C$이 성립합니다.

또한, $(A \cap B)^C$와 $A^C \cup B^C$을 벤다이어그램으로 나타내면 다음과 같습니다.

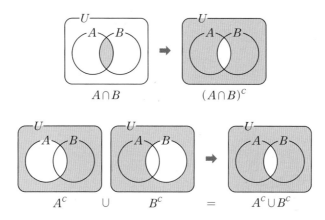

따라서 $(A \cap B)^C = A^C \cup B^C$이 성립합니다.

◆ 일상에서도 성립하는 드모르간의 법칙 ◆

드모르간의 법칙은 일상에서도 찾아볼 수 있습니다.

예를 들어 경찰 지원 자격은 '18세 이상 40세 이하'로 제한되어 있습니다.

18세 이상인 사람의 집합을 A, 40세 이하인 사람의 집합을 B라 하면 18세 이상 40세 이하인 사람의 집합은 $A \cap B$입니다. 이때 지원 자격이 안 되는 사람은 18세 미만 또는 40세 초과인 사람이고, 집합으로 나타내면 지원 가능한 사람들의 집합인 $A \cap B$의 여집합 $(A \cap B)^C$입니다. 그런데 18세 미만인 사람의 집합은 A^C, 40세 초과인 사람의 집합은 B^C이므로 18세 미만 또는 40세 초과인 사람의 집합은 $A^C \cup B^C$입니다.

결론적으로, $(A \cap B)^C = A^C \cup B^C$가 성립합니다.

지원 자격이 되는 사람은 '18세 이상이고, 40세 이하인 사람'으로 교집합의 의미가 있고, 지원 자격이 안 되는 사람은 '18세 미만 또는 40세 초과인 사람'으로 합집합의 의미가 있습니다. 두 집합의 교집합에 반대되는 경우를 따져 보면 합집합으로 변하는 것을 볼 수 있습니다.

집합의 원소를 이용해서 드모르간의 법칙이 성립함을 확인할 수도 있습니다.

예를 들어, 전체집합 $U = \{1, 2, 3, 4, 5\}$이고, $A = \{1, 2, 3\}$, $B = \{2, 4\}$일 때

(1) (i) $A \cup B = \{1, 2, 3, 4\}$이므로 $(A \cup B)^C = \{5\}$

   (ii) $A^C = \{4, 5\}$, $B^C = \{1, 3, 5\}$이므로 $A^C \cap B^C = \{5\}$

   (i), (ii)에서 $(A \cup B)^C = A^C \cap B^C$이 성립합니다.

(2) (i) $A \cap B = \{2\}$이므로 $(A \cap B)^C = \{1, 3, 4, 5\}$

   (ii) $A^C = \{4, 5\}$, $B^C = \{1, 3, 5\}$이므로 $A^C \cup B^C = \{1, 3, 4, 5\}$

   (i), (ii)에서 $(A \cap B)^C = A^C \cup B^C$도 성립합니다.

여기서는 드모르간의 법칙이 성립하는 모습을 일부 예를 들어 확인해 보았지만 드모르간의 법칙은 어떤 상황에서도 항상 성립합니다.

공통수학2	공통수학2	공통수학2	공통수학2	공통수학2
집합과 원소	집합의 연산 법칙	드모르간의 법칙	합집합의 원소의 개수	조건과 진리집합

무엇이든 물어보세요

전체집합 U와 그 부분집합 A, B, C에 대하여 다음 등식은 성립하나요?

$$A-(B\cap C)=(A-B)\cup(A-C)$$

집합의 연산 법칙과 드모르간의 법칙을 이용하여 좌변을 정리해 볼까요?

$$\begin{aligned}
A-(B\cap C) &= A\cap(B\cap C)^C & & \cdots\cdots\ A-B=A\cap B^C \\
&= A\cap(B^C\cup C^C) & & \cdots\cdots\ \text{드모르간의 법칙} \\
&= (A\cap B^C)\cup(A\cap C^C) & & \cdots\cdots\ \text{분배법칙} \\
&= (A-B)\cup(A-C) & & \cdots\cdots\ A-B=A\cap B^C
\end{aligned}$$

따라서 주어진 등식은 성립합니다.

우리 반 학생 30명 중 수학을 좋아하는 학생이 12명, 영어를 좋아하는 학생이 10명일 때, 수학과 영어 중 어느 것도 좋아하지 않는 학생은 최대 몇 명인가요?

우리 반 학생을 전체집합 U, 수학을 좋아하는 학생의 집합을 A, 영어를 좋아하는 학생의 집합을 B라 하면 수학과 영어 중 어느 것도 좋아하지 않는 학생의 집합은 $A^C\cap B^C$입니다.

드모르간의 법칙에 따라 $A^C\cap B^C=(A\cup B)^C$이고,

$$n((A\cup B)^C)=n(U)-n(A\cup B)$$

입니다. 수학과 영어 중 어느 것도 좋아하지 않는 학생의 수, 즉 $n(U)-n(A\cup B)$가 최대일 때는 $n(A\cup B)$이 최소일 때입니다. $n(A\cup B)$이 최소일 때는 $n(A\cup B)=n(A)+n(B)-n(A\cap B)$에서 $n(A\cap B)$가 최대, 즉 $B\subset A$일 때이므로

$$n(A\cup B)=12$$

입니다. 따라서 구하는 최댓값은 $30-12=18$(명)입니다.

Ⅱ 집합과 명제

합집합의 원소의 개수를 직접 다 세어야 하나요?

아! 그렇구나

합집합의 원소의 개수는 두 집합에 공통인 원소, 즉 교집합의 원소의 개수의 영향을 받습니다. 2의 배수가 50개, 3의 배수가 33개라고 해서 그 합인 83개가 2의 배수이거나 3의 배수인 것의 개수라고 할 수 없는 것은 중복되는 수가 있기 때문입니다. 이와 같이 합집합의 원소의 개수를 세려면 중복되는 원소, 즉 교집합의 개수를 고려해야 합니다.

30초 정리

• **합집합의 원소의 개수**

두 집합 A, B의 원소가 유한개일 때

$$n(A \cup B) = n(A) + n(B) - n(A \cap B)$$

특히, $A \cap B = \varnothing$이면 $n(A \cap B) = 0$이므로

$$n(A \cup B) = n(A) + n(B)$$

◆ 합집합의 원소의 개수 ◆

합집합의 원소의 개수를 셀 때는 중복되는 것이 없어야 합니다. 두 집합에 공통부분이 있을 수 있는데 각각의 원소의 개수를 단순히 더하면 공통부분, 즉 교집합의 원소를 두 번 세게 됩니다.

예를 들어 두 집합 $A=\{1, 2, 3\}$, $B=\{2, 3, 4, 5\}$를 벤다이어그램으로 나타내면 그림과 같고,

$$A \cup B=\{1, 2, 3, 4, 5\}, \quad A \cap B=\{2, 3\}$$

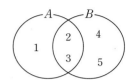

입니다. 합집합 $A \cup B$의 원소의 개수는 5개인데 두 집합 각각의 원소의 개수를 더하면 $3+4=7$입니다. 2개가 중복되기 때문이지요. 중복된 2개는 교집합 $A \cap B$의 원소입니다.

따라서 합집합 $A \cup B$의 원소의 개수는 다음과 같이 구할 수 있습니다.

$$n(A \cup B)=n(A)+n(B)-n(A \cap B)$$

또, $A \cap B=\varnothing$ 즉, A, B 서로소이면 $n(A \cap B)=0$이므로

$$n(A \cup B)=n(A)+n(B)$$

> **무한집합의 원소의 개수**
>
> 유한집합에서는 전체가 부분보다 크지만 무한집합에서는 전체와 부분이 같은 경우가 있다. 이때 둘 사이에 일대일대응을 시킬 수 있으면 둘의 크기가 같다고 할 수 있다.

위 식들은 A, B의 원소가 유한개일 때만 성립합니다. 원소의 개수가 무한개인 집합에서는 개수를 세는 방법이 다른데, 이 부분은 고등학교 수준을 벗어나기 때문에 여기서 다루지 않습니다.

합집합의 원소의 개수를 셀 때, 다음과 같이 처음부터 겹치지 않는 부분으로 구분해서 세는 방법도 있습니다.

$$n(A \cup B)=n(A-B)+n(B-A)+n(A \cap B)$$

예를 들어, 두 집합 $A=\{1, 2, 3\}$, $B=\{2, 3, 4, 5\}$에 대하여

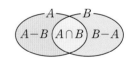

$$A-B=\{1\}, \quad B-A=\{4, 5\}, \quad A \cap B=\{2, 3\}$$이므로

$$n(A \cup B)=1+2+2=5$$

로 구할 수 있습니다. 또한 위 식에서

$$n(A-B)=n(A)-n(A \cap B), n(B-A)=n(B)-n(A \cap B)$$이므로

$$n(A \cup B)=n(A)-n(A \cap B)+n(B)-n(A \cap B)+n(A \cap B)$$

$$=n(A)+n(B)-n(A \cap B)$$

앞서 배운 식과 같은 식이 나옵니다.

◆ 경우의 수를 세는 기본 원칙 ◆

경우의 수를 세는 데는 기본적인 원칙이 2가지 있습니다.

첫째, 빠짐없이 세어야 합니다. 이른바 누락 금지의 원칙입니다. 모든 것을 빠짐없이 세려면 차례로 세어야 합니다. 순서대로 세지 않으면 개수가 많아질 때 누락할 우려가 크고, 누락된 원소가 무엇인지 알아차리기가 어렵습니다. 그래서 작은 것부터 차례로 나열하거나 사전의 알파벳순으로 나열하는 방법을 사용합니다.

둘째, 중복된 것이 없어야 합니다. 한 개를 두 번 세면 안 되겠지요. 이른바 중복 금지의 원칙입니다. 중복되는 것을 막으려면 처음에 중복되는 것이 없도록 잘 구분할 필요가 있습니다.

중복 금지의 원칙은 합집합의 원소의 개수를 셀 때 각 집합의 원소의 개수를 더한 후 중복되는 부분인 교집합의 원소의 개수를 빼는 것과 연결하여 생각할 수 있습니다.

그럼 $n(A \cup B \cup C)$는 어떻게 구할까요?

우선 $n(A \cup B)$를 구했던 것처럼 각 집합의 원소를 더하고 중복된 부분을 빼 보겠습니다.

세 집합 A, B, C의 원소의 개수를 더한 후 각 두 집합의 교집합의 원소의 개수를 빼면

$$n(A \cup B \cup C) = n(A) + n(B) + n(C) - n(A \cap B) - n(B \cap C) - n(C \cap A)$$

그런데 이때 세 집합의 교집합인 $A \cap B \cap C$를 생각해 보아야 합니다.
$A \cap B \cap C$는 세 집합 A, B, C를 셀 때 한 번씩 총 세 번 세게 됩니다. 그리고 $-n(A \cap B) - n(B \cap C) - n(C \cap A)$를 계산하는 과정에서 한 번씩 총 세번 빼게 됩니다. 즉, 한 번도 세지 않는 것이지요. 따라서 누락 금지의 원칙에 따라 $A \cap B \cap C$의 원소의 개수를 따로 한 번 더해 주어야 합니다. 정리하면

$$n(A \cup B \cup C) = n(A) + n(B) + n(C) - n(A \cap B) - n(B \cap C) - n(C \cap A)$$
$$+ n(A \cap B \cap C)$$

공통수학2	공통수학2	공통수학2	공통수학2	공통수학2
집합과 원소	집합의 연산 법칙	합집합의 원소의 개수	명제와 조건	명제와 조건의 부정

우리 반 학생 25명 중 수학을 좋아하는 학생이 17명, 영어를 좋아하는 학생이 14명일 때, 수학과 영어를 모두 좋아하는 학생의 최댓값과 최솟값은 각각 몇 명인가요?

우리 반 학생을 전체집합 U, 수학을 좋아하는 학생의 집합을 A, 영어를 좋아하는 학생의 집합을 B라 하면 수학과 영어를 모두 좋아하는 학생의 집합은 $A \cap B$입니다.

이때 $n(A \cup B) = n(A) + n(B) - n(A \cap B)$이고 $n(A) = 17$, $n(B) = 14$이므로

이를 정리하면 $n(A \cup B) = 31 - n(A \cap B)$ ...... ㉠

$\qquad A \subset (A \cup B), \quad B \subset (A \cup B)$이므로

$\qquad n(A) \leq n(A \cup B), \quad n(B) \leq n(A \cup B) \qquad \therefore 17 \leq n(A \cup B)$ ...... ㉡

$\qquad (A \cup B) \subset U$이므로 $\quad n(A \cup B) \leq n(U) \qquad \therefore n(A \cup B) \leq 25$ ...... ㉢

㉡, ㉢에서 $17 \leq n(A \cup B) \leq 25$

㉠을 대입하면 $17 \leq 31 - n(A \cap B) \leq 25$

$\qquad -14 \leq -n(A \cap B) \leq -6 \quad \therefore 6 \leq n(A \cap B) \leq 14$

따라서 수학과 영어를 모두 좋아하는 학생들의 최솟값은 6명, 최댓값은 14명입니다.

학급 문고 200권 중 문학 서적은 30%, 가격이 1만 원 이상인 도서는 20%이고, 가격이 1만 원 이상인 도서의 70%가 문학 서적입니다. 문학 서적이 아닌 도서 중 가격이 1만 원 미만인 도서는 몇 권인가요?

학급 문고 전체의 집합을 U, 학급 문고 중 문학 서적의 집합을 A, 가격이 1만 원 이상인 도서의 집합을 B라 하면

$$n(U) = 200, \ n(A) = 200 \times 0.3 = 60, \ n(B) = 200 \times 0.2 = 40, \ n(A \cap B) = 40 \times 0.7 = 28$$

문학 서적이 아닌 도서 중 가격이 1만 원 미만인 도서의 집합은 $A^C \cap B^C$입니다.

$$\begin{aligned} n(A^C \cap B^C) &= n((A \cup B)^C) \qquad\qquad\quad \cdots\cdots \text{드모르간의 법칙} \\ &= n(U) - n(A \cup B) \\ &= n(U) - \{n(A) + n(B) - n(A \cap B)\} \\ &= 200 - (60 + 40 - 28) \\ &= 128 \end{aligned}$$

따라서 문학 서적이 아닌 도서 중 가격이 1만 원 미만인 도서는 128권입니다.

Ⅱ 집합과 명제

거짓인데 왜 명제인가요?

아! 그렇구나

　거짓인 문장을 보고 그것이 명제임을 인정하기가 어려울 것입니다. 뭔가 참인 사실만을 명제라고 생각하게 되지요. 하지만 명제는 참과 거짓이 분명한 문장이나 식을 의미합니다. 거짓임이 분명하다면, 그것은 명제입니다. 그런데 예를 들어 '사과가 맛있다는 것'은 사람에 따라서 다르게 느끼는 부분이고, 참과 거짓이 분명하지 않으므로 명제라고 할 수 없습니다. 정리하자면 '문어 다리는 8개이다.'처럼 항상 참이거나 '7은 5보다 작다.'처럼 항상 거짓임이 분명하다면 그것은 명제입니다.

30초 정리

- **명제와 조건**
  ① 명제: 참, 거짓을 명확하게 판별할 수 있는 문장이나 식
  ② 조건: 변수의 값에 따라 참, 거짓을 판별할 수 있는 문장이나 식

- **조건과 진리집합**
  전체집합의 원소 중에서 조건을 참이 되게 하는 모든 원소의 집합을 그 조건의 진리집합이라 한다.

Ⅱ 집합과 명제

◆ 명제 ◆

'4는 홀수이다.'는 거짓인 문장이고, '1+5=6'은 참인 식입니다. 이처럼 문장이나 식 중에서 참, 거짓을 분명하게 판별할 수 있는 것을 **명제**라고 합니다.

반면, '1.1은 1에 가까운 수이다.'는 가까운 정도가 명확하지 않습니다. 참, 거짓을 판별할 수 없으므로 명제가 아니고, '사과는 아름답다.'는 문장은 보는 사람에 따라서 참, 거짓이 달라지기 때문에 명제가 아닙니다.

명제에서 주의할 점은 거짓인 명제입니다. 거짓이기 때문에 명제가 아니라고 생각할 수 있지만 거짓인 것이 분명하다면 그것은 명제입니다.

'6은 8보다 크다.'고 하면 말도 안 되는 소리라고 하겠지만, 이 문장은 거짓인 명제입니다.

◆ 조건과 진리집합 ◆

명제와 비슷한 것으로 조건이 있습니다.

예를 들어, 'x는 6의 약수이다.'는 그 자체로 참, 거짓을 판별할 수 없지만 x의 값이 정해지면 참, 거짓을 판별할 수 있는 명제가 됩니다. 즉, 'x는 6의 약수이다.'는 $x=2$이면 참인 명제가 되고, $x=5$이면 거짓인 명제가 됩니다. 이처럼 변수를 포함한 문장이나 식이 변수의 값에 따라 참, 거짓이 판별될 때, 그 문장이나 식을 **조건**이라고 합니다.

'$x^2-4>0$'이라는 부등식은 $x=3$이면 참인 명제이지만 $x=1$이면 거짓인 명제입니다. 따라서 '$x^2-4>0$'은 조건입니다.

조건은 변수의 값에 따라 참, 거짓이 달라지는데, 이 중 참이 되는 경우가 중요합니다.

예를 들어, 전체집합 $U=\{x\,|\,x$는 자연수$\}$에 대하여,
조건 'p: x는 8과 12의 공약수이다.'를 참이 되게 하는 모든 x의 값의 집합을 P라 하면 $P=\{1, 2, 4\}$입니다.

이처럼 전체집합 U의 원소 중에서 조건 p를 참이 되게 하는 모든 원소의 집합 P를 조건 p의 **진리집합**이라고 합니다. 조건이 방정식이나 부등식으로 표현된 경우 진리집합은 방정식이나 부등식의 해집합이 됩니다. 즉, 진리집합을 구하는 과정이 곧 방정식과 부등식을 해를 구하는 과정이 됩니다.

> **조건과 진리집합**
> 일반적으로 명제와 조건은 소문자 p, q 등으로 나타내고, 조건 p, q의 진리집합은 대문자 P, Q 등으로 나타낸다. 전체집합에 대한 특별한 언급이 없으면 실수 전체의 집합을 전체집합으로 생각한다.

◆ 명제와 조건의 차이 ◆

아직도 명제와 조건의 차이가 명확하지 않을 것입니다. 사실 명제와 조건은 거의 비슷합니다. 엄격하게 구분할 때만 둘을 다르게 생각하지요.

예를 들어, 'x는 6의 약수이다.'라는 조건은 $x=2$이면 참인 명제가 되고, $x=5$이면 거짓인 명제가 되는데, 이를 보고 조건도 명제라고 하는 것은 옳지 않습니다.

또한 '$x^2-4>0$'이라는 조건은 $x=3$이면 참인 명제이지만 $x=1$이면 거짓인 명제입니다. 그러므로 '$x^2-4>0$'은 명제가 아니라 조건일 뿐입니다.

그런데 '모든 실수 x에 대하여 $x^2+1>0$이다.'는 x가 어떤 실수값을 갖더라도 항상 참이므로 조건이 아니라 명제입니다. 변수가 있기 때문에 조건이라고 생각할 수 있지만, 모든 실수 x에 대하여 거짓이 되는 경우가 없고 항상 참이기 때문에 명제인 것이지요. 이 부분은 뒤에서 별도의 주제로 다루고 있으니 참고하기 바랍니다.

중학교에서도 명제라고 하지는 않았지만 어떤 문장이나 식이 사실인지의 여부에 관심을 가졌습니다. "다음 중 옳은 것을 고르시오." 등의 문제로 많이 제시되었지요.

> ① 91은 소수이다.
> ② 평행사변형의 이웃하는 두 각의 크기의 합은 $180°$이다.
> ③ 2의 배수는 4의 배수이다.
> ④ 한 쌍의 대변이 평행하고 그 길이가 같은 사각형은 평행사변형이다.

이 중에서 옳은 것은 ②, ④입니다. 명제의 관점에서 보면, ①~④는 모두 명제입니다. 더 나아가 ②, ④는 참인 명제이고, ①, ③은 거짓인 명제입니다.

공통수학2	공통수학2	공통수학2	공통수학2	공통수학2
집합과 원소	집합의 연산 법칙	명제와 조건	명제와 조건의 부정	'모든', '어떤'을 포함한 명제

명제와 집합은 어떤 관계인가요?

명제의 정의를 보면 집합의 정의와 유사한 느낌을 갖게 됩니다.

- 집합의 정의: 주어진 조건에 따라 그 대상을 분명하게 결정할 수 있는 것들의 모임
- 명제의 정의: 참, 거짓을 명확하게 판별할 수 있는 문장이나 식

'분명하게'나 '명확하게'라는 말 때문에 집합과 명제가 비슷하게 보이지요. 집합과 명제는 분명하지 않거나 경우에 따라 달라지는 것을 그 대상으로 삼지 않는다는 공통점이 있습니다. 하지만 집합은 어떤 모임을 말하는 것이고 명제는 문장이나 식을 의미한다는 점에서 차이가 있습니다.

전체집합 $U = \{x \,|\, x$는 자연수$\}$에 대하여, 조건 $x^2 - 8x + 7 < 0$의 진리집합의 원소의 개수는 어떻게 구하나요?

주어진 조건은 이차부등식입니다.

이차부등식 $x^2 - 8x + 7 < 0$을 풀어 해를 구하면 그 해의 집합이 진리집합이 됩니다.

이차부등식의 좌변을 인수분해하면

$$(x-1)(x-7) < 0$$

이차함수 $y = x^2 - 8x + 7$의 그래프를 생각하면 구하는 해는

$$1 < x < 7$$

전체집합 $U = \{x \,|\, x$는 자연수$\}$에 대하여 진리집합 P는

$$P = \{2,\ 3,\ 4,\ 5,\ 6\}$$

이고, 진리집합의 원소의 개수는 5입니다.

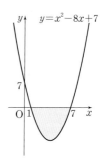

'그리고'의 부정이 '또는'인가요?

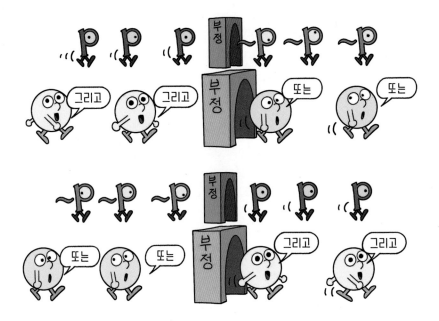

아! 그렇구나

드모르간의 법칙을 적용하면 연산 기호까지 바뀐다는 내용을 다룬 적이 있지요. 조건의 부정에서도 비슷한 현상이 벌어집니다. 두 조건이 결합한 조건을 부정하면 각각의 조건만이 아니라 안에 있는 접속사인 '그리고'와 '또는'도 서로 바뀝니다. 드모르간의 법칙에 따라 합집합 전체의 여집합이 각각의 여집합의 교집합으로 바뀌는 현상과 일치하지요. 각각의 조건을 진리집합으로 표현해 보면 '그리고'는 교집합에, '또는'은 합집합에 대응되기 때문입니다. 이런 점에서 조건의 부정은 드모르간의 법칙과 연결된다고 볼 수 있습니다.

30초 정리

- **명제의 부정**

  명제 p에 대하여 'p가 아니다.'를 명제 p의 부정이라 하고, 기호로 $\sim p$와 같이 나타낸다.

- **조건의 부정**

  ① 조건 p에 대하여 'p가 아니다.'를 조건 p의 부정이라 하고, 기호로 $\sim p$와 같이 나타낸다.

  ② 조건 'p 그리고 q'의 부정은 '$\sim p$ 또는 $\sim q$'이다.

  ③ 조건 'p 또는 q'의 부정은 '$\sim p$ 그리고 $\sim q$'이다.

◆ **명제의 부정** ◆

명제와 조건의 부정을 알아볼까요?

예를 들어, 명제 '3은 자연수이다.'에 대하여 '3은 자연수가 아니다.'라는 명제를 생각할 수 있습니다. 이처럼 명제 p에 대하여 'p가 아니다.'를 명제 p의 부정이라 하고, 기호로

$$\sim p$$

와 같이 나타냅니다.

이때, 명제 p가 참이면 $\sim p$는 거짓이고, 명제 p가 거짓이면 $\sim p$는 참입니다. 위에서 '3은 자연수이다.'는 참인 명제이고, '3은 자연수가 아니다.'는 거짓인 명제입니다. 또한 '$3+7=9$'는 거짓인 명제이고, '$3+7\neq9$'는 참인 명제입니다.

또, 명제 $\sim p$의 부정은 p입니다. 즉, $\sim(\sim p)=p$입니다.

부정의 부정은 긍정

부정의 부정은 긍정이다. 그러므로 $\sim(\sim p)$, 즉 명제 p의 부정에 대한 부정은 다시 원래의 명제 p와 같다. 그래서 $\sim(\sim p)=p$가 된다.

◆ **조건의 부정** ◆

명제와 마찬가지로 조건 p에 대하여 'p가 아니다.'를 조건 p의 부정이라 하고, 기호로 $\sim p$와 같이 나타냅니다.

또 전체집합이 U일 때, 조건 p의 진리집합을 P라 하면 그 부정 $\sim p$의 진리집합은 P^C입니다.

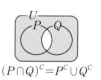

예를 들어, 전체집합 $U=\{1,\ 2,\ 3,\ 4,\ 5\}$일 때, 조건 p: $2x+1>6$의 진리집합은 $P=\{3,\ 4,\ 5\}$이고, 조건 p의 부정 $\sim p$: $2x+1\leq6$의 진리집합은 $P^C=\{1,\ 2\}$입니다.

조건 'p 그리고 q'의 부정은 무엇일까요?

두 조건 p, q의 진리집합을 각각 P, Q라 하면, 조건 'p 그리고 q'의 진리집합은 $P\cap Q$이므로 조건 'p 그리고 q'의 부정의 진리집합은 $(P\cap Q)^C$입니다.

$$(P\cap Q)^C=P^C\cup Q^C$$

드모르간의 법칙에서 $(P\cap Q)^C=P^C\cup Q^C$이었듯이 조건 'p 그리고 q'의 부정은

'$\sim p$ 또는 $\sim q$'

입니다.

마찬가지로 생각하면 조건 'p 또는 q'의 부정은 '$\sim p$ 그리고 $\sim q$'일 것입니다. 이 부분은 뒤에서 자세하게 설명하겠습니다.

◆ 명제와 진리집합 ◆

조건에는 진리집합이라는 것이 있습니다. 하지만 명제에는 진리집합이 없습니다. 왜일까요?

명제의 정의를 생각하면, 참, 거짓을 분명하게 판별할 수 있는 식이나 문장을 명제라고 했습니다. 그러므로 명제의 진리집합은 명제가 참인 경우에 생각할 수 있는데, 명제가 참일 때는 부분적으로 참인 것이 아니라 전체적으로 참이기 때문에 진리집합이 따로 정해지지 않고 전체집합 자체가 진리집합이 되는 셈입니다. 거짓인 명제의 경우는 참이 되는 원소가 하나도 없기 때문에 이때도 진리집합을 구할 필요가 없습니다.

그러나 조건은 문자의 값에 따라 참, 거짓이 결정되는 문장이나 식을 의미하기 때문에 참이 되는 경우와 거짓이 되는 경우를 구분할 필요가 있습니다. 그래서 전체집합 U의 원소 중에서 조건 p를 참이 되게 하는 모든 원소의 집합 P를 조건 p의 진리집합이라고 했습니다.

그럼 이제 조건 'p 또는 q'의 부정은 '$\sim p$ 그리고 $\sim q$'가 되는 이유를 생각해 봅니다.

두 조건 p, q의 진리집합을 각각 P, Q라 하면, 조건 'p 또는 q'의 진리집합은 $P \cup Q$이므로, 조건 'p 또는 q'의 부정의 진리집합은 $(P \cup Q)^c$입니다.

드모르간의 법칙에서 $(P \cup Q)^c = P^c \cap Q^c$이므로 조건 '$p$ 또는 q'의 부정은

'$\sim p$ 그리고 $\sim q$'

가 됩니다.

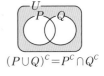

$(P \cup Q)^c = P^c \cap Q^c$

공통수학2	공통수학2	공통수학2	공통수학2	공통수학2
집합과 원소	명제와 조건	명제와 조건의 부정	'모든', '어떤'을 포함한 명제	조건문의 참, 거짓

전체집합 $U = \{11, 12, 13, 14, 15\}$에 대하여 조건 '$p$: x는 홀수이다.'와
그 부정의 진리집합을 어떻게 구하나요?

전체집합 U의 원소 중 홀수는 11, 13, 15이므로 조건 'p: x는 홀수이다.'의 진리집합을 P라 하면

$$P = \{11, 13, 15\}$$

조건 p의 부정은 '$\sim p$: x는 홀수가 아니다.', 즉 'x는 짝수이다.'이므로 부정의 진리집합은

$$P^C = \{12, 14\}$$

참고로 $P \cup P^C = \{11, 12, 13, 14, 15\}$로 항상 전체집합이 됩니다.

전체집합 $U = \{x \mid x$는 5 이하의 자연수$\}$에 대하여 조건 'p: $x^2 \le 6x - 8$'의 부정
$\sim p$의 진리집합은 어떻게 구하나요?

조건 p의 이차부등식의 항을 모두 좌변으로 이항해서 인수분해하면

$$x^2 - 6x + 8 \le 0$$
$$(x-2)(x-4) \le 0$$
$$\therefore 2 \le x \le 4$$

조건 p의 진리집합을 P라 하면

$$P = \{2, 3, 4\}$$

조건 p의 부정 $\sim p$의 진리집합은 P^C이므로

$$P^C = U - P = \{1, 5\}$$

참고로 조건 p의 이차부등식을 풀지 않고 그 부정인 이차부등식 $x^2 > 6x - 8$을 풀어 진리집합을 바로 구할 수도 있습니다.

Ⅱ 집합과 명제

모든 꽃은 봄에 피지 않나요?

아! 그렇구나

수학에서 참이라고 하는 것은 하나의 예외도 허용하지 않습니다. 100가지 중 99가지 경우가 참이더라도 단 한 가지 경우가 거짓이면 거짓으로 판정합니다. '모든'이 포함된 명제의 경우도 마찬가지입니다. '모든 꽃이 봄에 핀다.'라는 명제는 단 하나의 꽃도 빼놓지 않고 모두 봄에 핀다면 참이 되지만 봄에 피지 않는 꽃이 한 종류라도 있다면 거짓이 됩니다. 반면 '어떤'이 포함된 명제의 경우 단 하나라도 만족한다면 참이 됩니다. '모든 꽃이 봄에 핀다.'라는 명제에서 '모든'을 '어떤'으로 고쳐 '어떤 꽃은 봄에 핀다.'라고 했을 때 단 한 종류의 꽃이라도 봄에 피면 이 명제는 참이 되겠지요. '모든'과 '어떤'의 차이점을 분명히 알고 사용하는 것이 중요합니다.

30초 정리

- **'모든'이나 '어떤'이 들어 있는 명제의 참, 거짓**

  전체집합 U에 대하여 조건 p의 진리집합을 P라 할 때,

  ① $P=U$이면, 명제 '모든 x에 대하여 p이다.'는 참이다.

  ② $P \neq U$이면, 명제 '모든 x에 대하여 p이다.'는 거짓이다.

  ③ $P \neq \varnothing$이면, 명제 '어떤 x에 대하여 p이다.'는 참이다.

  ④ $P = \varnothing$이면, 명제 '어떤 x에 대하여 p이다.'는 거짓이다.

◆ '모든'이나 '어떤'이 들어 있는 명제의 참, 거짓 ◆

명제 중에는 '모든'이나 '어떤'이라는 표현이 포함된 명제가 있습니다.

예를 들어 전체집합 $U=\{1, 2, 3, 4, 5\}$에 대하여

　　'모든 x에 대하여 $x^2-1\geq0$이다.' ······ ㉠

　　'모든 x에 대하여 $x^2-20\leq0$이다.' ······ ㉡

에서 ㉠은 전체집합 U의 모든 원소에 대하여 성립하므로 참이지만, ㉡는 $x=5$일 때 성립하지 않으므로 거짓입니다.

또, 전체집합 $U=\{-2, -1, 0, 1, 2\}$에 대하여

　　'어떤 x에 대하여 $|x|<1$이다.' ······ ㉢

　　'어떤 x에 대하여 $|x|>3$이다.' ······ ㉣

에서 ㉢은 $x=0$이면 성립하므로 참이지만 ㉣은 전체집합 U의 원소 중에서 부등식을 참으로 하는 원소가 하나도 없으므로 거짓입니다.

일반적으로 조건 p는 참, 거짓을 판별할 수 없지만, 조건 p 앞에 '모든'이나 '어떤'이 있으면 참, 거짓이 분명하게 판별되므로 이때는 명제가 됩니다.

명제 '모든 x에 대하여 p이다.'가 참이라는 것은 전체집합 U의 모든 원소에 대하여 조건 p가 참임을 뜻하고, 명제 '어떤 x에 대하여 p이다.'가 참이라는 것은 전체집합 U의 원소 중 조건 p가 참이 되게 하는 원소가 적어도 하나는 존재함을 뜻합니다. 반대로 명제 '모든 x에 대하여 p이다.'가 거짓이라는 것은 전체집합 U의 원소 중 p를 거짓이 되게 하는 원소가 적어도 하나는 존재함을 뜻하고, 명제 '어떤 x에 대하여 p이다.'가 거짓이라는 것은 전체집합 U의 모든 원소에 대하여 조건 p가 거짓임을 뜻합니다. 따라서 조건 p의 진리집합을 P라 할 때, 다음이 성립합니다.

> ① $P=U$이면, 명제 '모든 x에 대하여 p이다.'는 참이다.
> ② $P\neq U$이면, 명제 '모든 x에 대하여 p이다.'는 거짓이다.
> ③ $P\neq\varnothing$이면, 명제 '어떤 x에 대하여 p이다.'는 참이다.
> ④ $P=\varnothing$이면, 명제 '어떤 x에 대하여 p이다.'는 거짓이다.

명제 '모든 x에 대하여 p이다.'의 부정은 'p가 아닌 x가 있다.'는 것이므로

　　'어떤 x에 대하여 $\sim p$이다.'

입니다. 반대로 명제 '어떤 x에 대하여 p이다.'의 부정은 'p인 x가 없다.', 즉

　　'모든 x에 대하여 $\sim p$이다.'

입니다. 이 부분은 뒤에서 자세하게 설명하겠습니다.

◆ '모든'이나 '어떤'이 들어간 명제의 부정 ◆

'모든'이나 '어떤'이 들어 있는 명제의 부정은 쉽지 않습니다. '모든'을 부정하면 '어떤'이 된다, '어떤'을 부정하면 '모든'이 된다고 막연하게 외우기만 하는 것으로는 충분히 이해했다고 볼 수 없습니다.

예를 들어, 전체집합 $U=\{1, 2, 3, 4, 5\}$에 대하여 명제 '모든 x에 대하여 $2x-1>3$이다.'의 부정은 '$2x-1\leq3$인 x가 단 하나라도 있다.'는 뜻이므로

　　　'어떤 x에 대하여 $2x-1\leq3$이다.'

로 표현할 수 있습니다. 이때 '모든 x에 대하여 $2x-1>3$이다.'는 $x=1$, 2일 때 성립하지 않으므로 거짓인 명제이고, 따라서 그 부정 '어떤 x에 대하여 $2x-1\leq3$이다.'는 참인 명제입니다.

또한 명제 '어떤 x에 대하여 $x^2<1$이다.'의 부정은 '$x^2<1$인 x가 단 하나도 없다.'는 뜻이므로

　　　'모든 x에 대하여 $x^2\geq1$이다.'

로 표현할 수 있습니다. 이때 '어떤 x에 대하여 $x^2<1$이다.'는 명제를 만족하는 전체집합의 원소가 하나도 없으므로 이는 거짓인 명제이고, 따라서 그 부정 '모든 x에 대하여 $x^2\geq1$이다.'는 참인 명제입니다.

일상의 상황에서 생각해 봅니다. '우리 반 모든 학생은 걸어서 등교한다.'라는 명제의 부정은 무엇일까요?

우리 반 학생이 모두 걸어서 등교하는 것이 아니라면 ① 모두 걸어서 등교하지 않고 다른 교통수단을 이용하는 경우도 있지만, ② 일부는 걸어서 등교하고 일부는 다른 교통수단을 이용하는 경우도 있습니다. ①과 ②를 통틀어 한 문장으로 어떻게 표현할 수 있을까요?

'우리 반 학생 중에 어떤 학생은 걸어서 등교하지 않는다.'라고 표현하면 걸어서 등교하지 않는 학생이 있다는 뜻이고, 그런 학생이 일부일 수도, 전부일 수도 있으니 ①과 ②의 경우를 모두 포함하는 표현이 될 수 있을 것입니다.

정리하면, '우리 반 모든 학생은 걸어서 등교한다.'라는 명제의 부정은 '우리 반 학생 중에 어떤 학생은 걸어서 등교하지 않는다.'입니다.

꼬리에 꼬리를 무는 개념

공통수학2	공통수학2	공통수학2	공통수학2	공통수학2
집합과 원소	명제와 조건	'모든', '어떤'을 포함한 명제	조건문의 참, 거짓	명제의 역과 대우

명제 '모든 실수 x에 대하여 $x^2-4x+5>0$이다.'의 부정의

참, 거짓은 어떻게 구하나요?

2가지 방법으로 구해 보겠습니다.

먼저, 부정의 참, 거짓은 명제의 참, 거짓의 반대라는 사실을 이용하는 방법입니다.

명제에서 $x^2-4x+5=(x-2)^2+1$이고, $(x-2)^2 \geq 0$이므로 $(x-2)^2+1 \geq 1$입니다.

따라서 '모든 실수 x에 대하여 $x^2-4x+5>0$이다.'는 참인 명제이므로 그 부정은 거짓입니다.

다음으로, 명제의 부정을 직접 구하여 그것의 참, 거짓을 판단하는 방법입니다.

명제 '모든 실수 x에 대하여 $x^2-4x+5>0$이다.'의 부정은 '어떤 실수 x에 대하여 $x^2-4x+5 \leq 0$이다.'입니다. 그런데 $x^2-4x+5=(x-2)^2+1 \geq 1$이므로 $x^2-4x+5 \leq 0$인 실수는 하나도 없습니다. 따라서 부정 '어떤 실수 x에 대하여 $x^2-4x+5 \leq 0$이다.'는 거짓인 명제입니다.

명제 '모든 실수 x에 대하여 $x^2-2ax+9 \geq 0$이다.'가 참이 되게 하는

실수 a의 값의 범위는 어떻게 구하나요?

$x^2-2ax+9=(x-a)^2+9-a^2$에서 $(x-a)^2 \geq 0$이므로 주어진 명제가 참이 되려면

$$9-a^2 \geq 0$$

이어야 합니다. $9-a^2 \geq 0$에서 양변에 -1을 곱하면 $a^2-9 \leq 0$이므로

$$(a+3)(a-3) \leq 0$$

이고, 구하는 a의 값의 범위는 $-3 \leq a \leq 3$입니다.

이차부등식과 이차함수 그래프의 관계를 생각하여 접근하는 방법도 있습니다.

$x^2-2ax+9 \geq 0$이 항상 성립하려면 $y=x^2-2ax+9$의 그래프가

x축과 접하거나 x축 위에 있어야 하며 이때 $x^2-2ax+9=0$의 판

별식 D에 대해 $D \leq 0$를 만족해야 합니다.

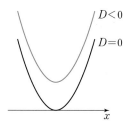

$$\frac{D}{4}=a^2-9 \leq 0$$이고

위와 같은 결과가 나오는 것을 확인할 수 있습니다.

II 집합과 명제

'예준이는 인간이다.'와 '인간은 예준이다.' 이 둘은 모두 맞는 것 아닌가요?

아! 그렇구나

　　명제 중 두 조건을 연결해서 만든 조건문에 대한 참, 거짓을 판정하는 일은 쉽지 않습니다. 애매한 부분이 많지요. 예준이가 인간인 것은 분명한데, 인간이 예준이라고 하는 말은 참인지, 거짓인지 분명하게 판단하지 못하는 학생이 많습니다. 그래서 수학에서는 각 조건에 대한 진리집합을 구해서 이들 사이의 포함관계로 명제의 참, 거짓을 판단하는 방식을 사용합니다. 집합 사이의 포함관계는 명확하기 때문에 참, 거짓 판정도 명확해지지요.

30초 정리

- **명제의 가정과 결론**

  두 조건 p, q로 이루어진 'p이면 q이다.' 형태의 명제를 기호로 $p \longrightarrow q$와 같이 나타내고 p를 가정, q를 결론이라 한다.

- **명제 $p \longrightarrow q$의 참과 거짓**

  조건 p, q의 진리집합을 각각 P, Q라 할 때
  ① $P \subset Q$이면 명제 $p \longrightarrow q$는 참이다.
  ② $P \not\subset Q$이면 명제 $p \longrightarrow q$는 거짓이다.

◆ 명제의 가정과 결론 ◆

명제 '두 삼각형이 서로 합동이면 두 삼각형의 넓이는 서로 같다.'에서 두 조건 p, q를

    p: 두 삼각형이 서로 합동이다. q: 두 삼각형의 넓이는 서로 같다.

라고 하면 이 명제는 'p이면 q이다.'의 형태가 됩니다.

이와 같은 형태의 명제를 기호로

    $p \longrightarrow q$

와 같이 나타내고 p를 가정, q를 결론이라고 합니다.

명제 '두 삼각형이 서로 합동이면 두 삼각형의 넓이는 서로 같다.'에서 가정은 '두 삼각형이 서로 합동이다.'이고 결론은 '두 삼각형의 넓이는 서로 같다.'입니다. 명제 '$x=3$이면 $x^2=9$이다.'에서 가정은 '$x=3$'이고 결론은 '$x^2=9$'입니다.

◆ 명제 $p \longrightarrow q$의 참, 거짓 ◆

명제 $p \longrightarrow q$의 참, 거짓은 어떻게 판별할까요?

예를 들어, 두 조건 p, q가

    p: x는 4의 약수이다. q: x는 12의 약수이다.

일 때, p, q의 진리집합을 각각 P, Q라 하면

    $P=\{1, 2, 4\}$, $Q=\{1, 2, 3, 4, 6, 12\}$

이므로 $P \subset Q$입니다. 즉, 4의 약수는 모두 12의 약수이므로 명제 $p \longrightarrow q$, 다시 말해 명제 'x가 4의 약수이면 x는 12의 약수이다.'는 참입니다.

반대로 $Q \not\subset P$입니다. 12의 약수가 모두 4의 약수인 것은 아니지요. 따라서 명제 $q \longrightarrow p$, 즉 명제 'x가 12의 약수이면 x는 4의 약수이다.'는 거짓입니다. 이때 조건 q를 만족시키지만 p를 만족시키지 못하는 원소를 반례라고 합니다. 반례는 해당 명제가 거짓임을 보여 줍니다. 지금 상황에서는 3, 6, 12가 반례겠네요. 3은 12의 약수이지만 4의 약수는 아니기 때문에 해당 명제가 거짓임을 보여 줍니다.

명제 $p \longrightarrow q$의 거짓 증명
명제 $p \longrightarrow q$가 거짓일 때는 $P \not\subset Q$일 때이므로 P의 원소 중 Q의 원소가 아닌 것을 예로 들어도 된다. 이와 같은 예를 반례라고 한다.

이와 같이 명제 $p \longrightarrow q$에서 두 조건 p, q의 진리집합을 각각 P, Q라 할 때

    $P \subset Q$이면 명제 $p \longrightarrow q$는 참입니다.

    $P \not\subset Q$이면 명제 $p \longrightarrow q$는 거짓입니다.

◆ 명제 $p \longrightarrow q$의 참, 거짓 ◆

다시 처음 질문으로 돌아가서 두 명제

'예준이는 인간이다.' '인간은 예준이다.'

중 어떤 명제가 참일까요?

예준이는 분명히 인간이므로 명제 '예준이는 인간이다.'는 참입니다.

그런데 인간 중에 서연이는 예준이가 아니기 때문에 명제 '인간은 예준이다.'는 거짓입니다.

진리집합의 포함관계로 생각하면, 예준이는 인간이라는 집합에 포함되므로 '예준이는 인간이다.'는 참인 명제이고, 인간 중에는 예준이가 아닌 인간이 많이 있으므로 '인간은 예준이다.'는 거짓인 명제입니다. 서연이는 '인간은 예준이다.'가 거짓인 명제임을 알려 주는 반례가 됩니다.

그러면 '4의 배수는 2의 배수이다.'라는 문장은 명제일까요?

4의 배수 4, 8, 12, …는 모두 2의 배수이므로 이 문장은 참입니다. 그러므로 명제입니다.

이 문장을 'x가 4의 배수이면, x는 2의 배수이다.'로 바꾸어 써도 그 의미에는 변화가 없습니다. 이렇게 바꾸어 생각하면 이 명제는 'p이면 q이다.'의 형태가 되며 그 참, 거짓을 진리집합으로 판단할 수 있습니다.

명제 'x가 4의 배수이면, x는 2의 배수이다.'에서 두 조건 p, q를

p: x가 4의 배수이다. q: x는 2의 배수이다.

라 하고, p, q의 진리집합을 각각 P, Q라 하면

$$P = \{4, 8, 12, 16, \cdots\} \qquad Q = \{2, 4, 6, 8, \cdots\}$$

이므로 $P \subset Q$인 관계가 성립합니다. 그러므로 명제 'x가 4의 배수이면, x는 2의 배수이다.'는 참입니다.

꼬리에 꼬리를 무는 개념

공통수학2	공통수학2	공통수학2	공통수학2	공통수학2
집합과 원소	명제와 조건	조건문의 참, 거짓	명제의 역과 대우	필요조건과 충분조건

무엇이든 물어보세요

 삼단논법은 무엇인가요?

삼단논법은 그리스의 철학자 아리스토텔레스가 만든 추론 형식으로, 2개의 참인 명제로부터 결론적으로 새로운 참인 명제를 만들어 내는 방법입니다.

'모든 사람은 죽는다.'라는 명제와 '소크라테스는 사람이다.'라는 2개의 참인 명제가 있습니다. 이 2개의 참인 명제로부터 새로운 참인 명제를 만들어 봅니다. '소크라테스는 사람이다.'가 참이고 '모든 사람은 죽는다.'가 참이므로 문장을 연결하면 '소크라테스는 사람이고 모든 사람은 죽는다.'가 됩니다. 중간의 '사람이다' 부분을 생략하면 결론적으로 '소크라테스는 죽는다.'라는 명제를 만들 수 있습니다.

삼단논법은 진리집합을 이용해서 설명할 수 있습니다.

세 조건 p, q, r의 진리집합을 각각 P, Q, R이라 할 때

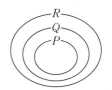

(i) 명제 $p \longrightarrow q$가 참이면 $P \subset Q$이고

(ii) 명제 $q \longrightarrow r$가 참이면 $Q \subset R$이므로

$P \subset R$이 성립합니다. 따라서 명제 $p \longrightarrow r$는 참입니다.

정리하자면 명제 $p \longrightarrow q$가 참이고 명제 $q \longrightarrow r$가 참이면 삼단논법에 따라 명제 $p \longrightarrow r$도 참입니다.

 두 명제 $p \longrightarrow q$, $q \longrightarrow {\sim}r$가 모두 참일 때, 명제 $r \longrightarrow {\sim}p$은 참인가요, 거짓인가요?

 진리집합의 포함관계를 그려 봅니다.

전체집합을 U, 세 조건 p, q, r의 진리집합을 각각 P, Q, R이라 할 때

(i) $p \longrightarrow q$가 참이므로 $P \subset Q$

(ii) $q \longrightarrow {\sim}r$가 참이므로 $Q \subset R^C$

인 관계가 성립합니다.

(i), (ii)의 관계를 벤다이어그램으로 나타내면 그림과 같습니다.

명제 $r \longrightarrow {\sim}p$의 참, 거짓을 판단하기 위해서 두 조건 r과 ${\sim}p$

각각의 진리집합 R과 P^C의 포함관계를 살펴보면

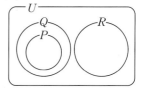

$$R \subset P^C$$

이므로 명제 $r \longrightarrow {\sim}p$는 참입니다.

남학생이면 남고에 가는 것 아닌가요?

아! 그렇구나

　비아남자고등학교에 다니는 모든 학생은 남학생입니다. 하지만 어떤 학생이 남학생이라고 해서 비아남자고등학교에 다닌다고 단정 지을 순 없습니다. 모든 남학생이 비아남자고등학교에 다니는 것은 아니기 때문입니다. 예를 들어 도윤이는 남학생이지만 비아남자고등학교에 다니지 않습니다. 이처럼 원래 명제와 역명제를 혼동하는 실수가 생길 수 있으므로 유의해야 하겠습니다.

30초 정리

• 명제의 역과 대우

• 명제와 그 대우의 관계

① 명제 $p \longrightarrow q$가 참이면 그 대우 $\sim q \longrightarrow \sim p$도 참이다.

② 명제 $p \longrightarrow q$가 거짓이면 그 대우 $\sim q \longrightarrow \sim p$도 거짓이다.

◆ 명제의 역과 대우 ◆

명제 $p \longrightarrow q$에서 가정 p와 결론 q를 서로 바꾼 명제

$$q \longrightarrow p$$

를 명제 $p \longrightarrow q$의 역이라고 합니다.

또 명제 $p \longrightarrow q$에서 가정 p와 결론 q를 각각 부정하여 서로 바꾼 명제

$$\sim q \longrightarrow \sim p$$

를 명제 $p \longrightarrow q$의 대우라고 합니다.

명제와 그 역, 대우 사이의 관계를 그림으로 나타내면 다음과 같습니다.

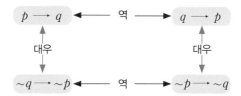

◆ 명제와 그 대우의 관계 ◆

명제의 참, 거짓과 그 대우의 참, 거짓 사이에는 아주 밀접한 관계가 있습니다.

예를 들어, 명제 'x가 2의 배수이면 x는 짝수이다.'는 참이고, 그 대우인 'x가 짝수가 아니면 x는 2의 배수가 아니다.'도 참입니다. 또한 명제 '두 삼각형의 넓이가 같으면 두 삼각형은 합동이다.'는 거짓이고, 그 대우인 '두 삼각형이 합동이 아니면 두 삼각형의 넓이는 같지 않다.'도 거짓입니다.

> **명제의 역과 대우**
>
> 역(逆)은 반대 또는 거꾸로 바꾼 것을 뜻하는 말로, 명제의 가정과 결론을 거꾸로 바꾼 것을 그 명제의 역이라 한다. 대우(對偶)는 서로 짝을 이룬다는 뜻으로, 명제와 그 대우의 참, 거짓이 항상 일치한다는 것을 뜻한다.

이번에는 진리집합으로 관계를 조사해 봅니다.

명제 $p \longrightarrow q$에서 두 조건 p, q의 진리집합을 각각 P, Q라 하면 두 조건 $\sim q$, $\sim p$의 진리집합은 각각 P^C, Q^C입니다.

이때 $P \subset Q$이면 $Q^C \subset P^C$이므로 명제 $p \longrightarrow q$가 참이면 그 대우 $\sim q \longrightarrow \sim p$도 참입니다.

또 $P \not\subset Q$이면 $Q^C \not\subset P^C$이므로 명제 $p \longrightarrow q$가 거짓이면 그 대우 $\sim q \longrightarrow \sim p$도 거짓입니다.

이와 같이 명제 $p \longrightarrow q$와 그 대우 $\sim q \longrightarrow \sim p$의 참, 거짓은 항상 일치합니다.

◆ 명제와 그 역의 참, 거짓 ◆

앞에서 다뤘듯이 명제와 그 대우는 항상 참, 거짓이 일치합니다. 이제 궁금한 것은 명제와 그 역의 참, 거짓의 관계입니다.

다음 4가지 명제의 역과 그 참, 거짓을 생각해 보겠습니다.

명제의 참, 거짓

① 직사각형은 평행사변형이다. (참)
② 어떤 삼각형이 정삼각형이면 그 삼각형의 세 각의 크기는 같다. (참)
③ x가 2의 배수이면 는 4의 배수이다. (거짓)
④ x가 소수이면 x는 홀수이다. (거짓)

역의 참, 거짓

①의 역 '평행사변형은 직사각형이다.'는 거짓인 명제이다.
②의 역 '삼각형의 세 각의 크기가 같으면 그 삼각형은 정삼각형이다.'는 참인 명제이다.
③의 역 'x가 4의 배수이면 x는 2의 배수이다.'는 참인 명제이다.
④의 역 'x가 홀수이면 x는 소수이다.'는 거짓인 명제이다.

이와 같이 어떤 명제가 참일 때 그 역은 참일 수도, 거짓일 수도 있습니다. 마찬가지로 어떤 명제가 거짓일 때 그 역은 참일 수도, 거짓일 수도 있습니다. 즉, 명제와 그 역의 참, 거짓은 어떤 관계가 있다고 말할 수 없습니다. 그렇지만 명제와 그 대우의 참, 거짓은 항상 일치합니다. 이 2가지를 숙지해 혼동하는 일이 없어야 하겠습니다.

공통수학2	공통수학2	공통수학2	공통수학2	공통수학2
집합과 원소	명제와 조건	명제의 역과 대우	필요조건과 충분조건	명제의 증명

명제 '자연수 n에 대하여 n^2이 짝수이면 n은 짝수이다.'의 참, 거짓을
대우를 이용해서 판정할 수 있나요?

주어진 명제의 대우는 '자연수 n에 대하여 n이 짝수가 아니면 n^2은 짝수가 아니다.'입니다. n이
짝수가 아니면 n은 홀수이므로 $n=2k-1$ (k는 자연수)로 나타낼 수 있고
$$n^2=(2k-1)^2=4k^2-4k+1=2(2k^2-2k+1)-1$$
입니다.

이때 $2k^2-2k+1$은 자연수이므로 n^2은 홀수, 즉 짝수가 아니고, 주어진 명제의 대우가 참이므
로 주어진 명제도 참입니다.

이처럼 어떤 명제의 참, 거짓을 직접 판정하기 어려울 때는 대우를 이용하기도 합니다. 이 명제
는 n^2이 짝수라는 조건을 이용하기 어려우므로 대우를 이용해서 참, 거짓을 판정할 수 있었습니
다.

어떤 명제의 역과 대우가 모두 참인 경우가 있나요?

있습니다. 일단 대우가 참이므로 명제도 참이겠지요.

예를 들어, '어떤 삼각형이 정삼각형이면 그 삼각형의 세 각의 크기는 같다.'는 참인 명제입니다.

명제의 역 '삼각형의 세 각의 크기가 같으면 그 삼각형은 정삼각형이다.'도 참인 명제입니다.

명제의 대우 '삼각형의 세 각의 크기가 같지 않으면 그 삼각형은 정삼각형이 아니다.'도 참인 명
제입니다.

또 다른 예로, '$x=0$이면 $x^2=0$이다.'는 참인 명제입니다.

명제의 역 '$x^2=0$이면 $x=0$이다.'도 참인 명제입니다.

명제의 대우 '$x^2 \ne 0$이면 $x \ne 0$이다.'도 참인 명제입니다.

이처럼 명제 $p \longrightarrow q$도 참이고 그 역 $q \longrightarrow p$도 참인 경우 두 진리집합 P, Q의 관계를 살펴볼 필
요가 있습니다. 명제 $p \longrightarrow q$가 참이므로 $P \subset Q$이고 명제 $q \longrightarrow p$가 참이므로 $Q \subset P$입니다. $P \subset Q$
와 $Q \subset P$가 동시에 성립하므로 $P=Q$입니다. 따라서 명제와 그 역이 모두 참인 경우 두 진리집합
P, Q는 서로 같습니다.

뭐가 필요하고
뭐가 충분하다는 것인가요?

아! 그렇구나

일상에서 사용하는 '필요하다', '충분하다'는 말과 수학에서 사용하는 '필요조건', '충분조건'의 의미 사이에는 다소 차이가 존재합니다. 수학 용어는 세계적으로 사용되는 용어이므로 우리나라의 언어와 차이가 있을 수 있습니다. '필요조건', '충분조건', '필요충분조건'이라는 용어가 바로 납득되지 않는다면 형식적인 방법으로라도 이해할 수 있도록 시도해 봅니다.

30초 정리

- **필요조건과 충분조건**

① 두 조건 p, q에 대하여 명제 $p \longrightarrow q$가 참일 때, 기호로 $p \Longrightarrow q$와 같이 나타낸다.

이때 p는 q이기 위한 충분조건, q는 p이기 위한 필요조건이라 한다.

② $p \Longrightarrow q$이고 $q \Longrightarrow p$일 때,

즉 p가 q이기 위한 충분조건인 동시에 필요조건일 때 기호로 $p \Longleftrightarrow q$와 같이 나타낸다.

이때 p는 q이기 위한 필요충분조건이라 한다.

◆ 충분조건과 필요조건 ◆

수학에서는 두 조건 사이에 충분조건이라는 말과 필요조건이라는 말을 사용합니다.

두 조건 p, q에 대하여 명제 $p \longrightarrow q$가 참일 때, 기호로

$$p \Longrightarrow q$$

와 같이 나타냅니다. 이때

p는 q이기 위한 **충분조건**,

q는 p이기 위한 **필요조건**

이라고 합니다. 예를 들어, '$x=-2 \Longrightarrow x^2=4$'이므로 $x=-2$는 $x^2=4$이기 위한 충분조건, $x^2=4$는 $x=-2$이기 위한 필요조건입니다.

◆ 필요충분조건 ◆

$p \Longrightarrow q$이고 $q \Longrightarrow p$일 때, 즉 p가 q이기 위한 충분조건인 동시에 필요조건일 때, 기호로

$$p \Longleftrightarrow q$$

와 같이 나타냅니다. 이때

p는 q이기 위한 **필요충분조건**

필요충분조건

p가 q이기 위한 필요충분조건이면 q도 p이기 위한 필요충분조건이다.

이라고 합니다. 예를 들어, '$x=0 \Longleftrightarrow x^2=0$'이므로 $x=0$은 $x^2=0$이기 위한 필요충분조건입니다.

◆ 충분조건, 필요조건과 진리집합의 관계 ◆

충분조건, 필요조건과 진리집합 사이의 관계는 무엇일까요?

명제 $p \longrightarrow q$에서 두 조건 p, q의 진리집합을 각각 P, Q라 할 때,

① $P \subset Q$이면 명제 $p \longrightarrow q$가 참, 즉 $p \Longrightarrow q$이므로

p는 q이기 위한 충분조건입니다.

② $Q \subset P$이면 명제 $q \longrightarrow p$가 참, 즉 $q \Longrightarrow p$이므로

p는 q이기 위한 필요조건입니다.

③ $P=Q$이면 명제 $p \longrightarrow q$와 명제 $q \longrightarrow p$가 참, 즉 $p \Longleftrightarrow q$이므로

p는 q이기 위한 필요충분조건입니다.

◆ 명제 $p \longrightarrow q$의 참, 거짓을 판정하는 방법 ◆

두 조건 p, q에 대하여 명제 $p \longrightarrow q$의 참, 거짓을 판정하는 방법은 여러 가지입니다.

예를 들어, 명제 '$x = -2$이면 $x^2 = 4$이다.'에서 $x = -2$이면 $x^2 = 4$가 분명하기 때문에 이 명제는 참입니다. 이 명제의 역 '$x^2 = 4$이면 $x = -2$이다.'는 $x^2 = 4$인 x중에는 $x = -2$가 아닌 $x = 2$도 있기 때문에 거짓인 명제입니다.

이렇게 직접적으로 조사하는 것은 한계가 있고 어려운 부분도 있기 때문에 두 조건의 진리집합의 포함관계로 명제 $p \longrightarrow q$의 참, 거짓을 판정해 보겠습니다.

명제 '$x = -2$이면 $x^2 = 4$이다.'에서 두 조건을 p: $x = -2$, q: $x^2 = 4$라 하고 두 조건 p, q의 진리 집합을 각각 P, Q라 하면

$$P = \{-2\},\ Q = \{-2,\ 2\}$$

이므로 $P \subset Q$인 관계가 성립합니다. 따라서 명제 '$x = -2$이면 $x^2 = 4$이다.'는 참입니다.

이제 필요조건, 충분조건과 이들 사이의 관계를 연결해 봅니다.

명제 $p \longrightarrow q$에서 두 조건 p, q의 진리집합을 각각 P, Q라 할 때,

(ⅰ) $P \subset Q$이면 명제 $p \longrightarrow q$가 참입니다.

(ⅱ) 명제 $p \longrightarrow q$가 참이면 $p \Longrightarrow q$이므로 p는 q이기 위한 충분조건입니다.

(ⅰ), (ⅱ)에서 $P \subset Q$이면 p는 q이기 위한 충분조건, q는 p이기 위한 필요조건이라고 할 수 있습니다.

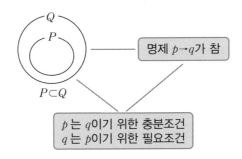

공통수학2	공통수학2	공통수학2	공통수학2	공통수학2
명제와 조건	명제의 역과 대우	필요조건과 충분조건	명제의 증명	귀류법

실수 x에 대하여 $x-3=0$이 $x^2-2x+a=0$이기 위한 충분조건일 때, 상수 a의 값을 어떻게 구하나요?

p: $x-3=0$, q: $x^2-2x+a=0$이라 하고, 두 조건 p, q의 진리집합을 각각 P, Q라 하겠습니다.

p가 q이기 위한 충분조건이므로 두 진리집합 사이에 $P \subset Q$인 관계가 성립하는데, $P=\{3\}$이므로 $3 \in Q$입니다.

즉, $x=3$이 이차방정식 $x^2-2x+a=0$의 해이므로

$$9-6+a=0$$에서 $a=-3$

입니다.

$a=-3$이면 이차방정식은 $x^2-2x-3=0$이고 이를 인수분해하면

$$(x-3)(x+1)=0$$에서 $x=3$ 또는 $x=-1$

이므로 $Q=\{-1, 3\}$입니다. $P=\{3\}$이므로 $P \subset Q$임을 확인할 수 있습니다.

세 조건 p, q, r에 대하여 p는 r이기 위한 필요조건, q는 r이기 위한 충분조건일 때, 명제 $\sim p \longrightarrow \sim q$의 참, 거짓은 어떻게 되나요?

세 조건 p, q, r의 진리집합을 각각 P, Q, R이라 하겠습니다.

p는 r이기 위한 필요조건이므로 $r \Longrightarrow p$

q는 r이기 위한 충분조건이므로 $q \Longrightarrow r$.

$q \Longrightarrow r$이므로 $Q \subset R$, $r \Longrightarrow p$이므로 $R \subset P$

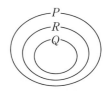

따라서 $Q \subset P$이고, 명제 $q \longrightarrow p$는 참입니다.

명제 $\sim p \longrightarrow \sim q$는 명제 $q \longrightarrow p$의 대우이고, 명제와 그 대우의 참, 거짓이 일치하므로 명제 $\sim p \longrightarrow \sim q$는 참입니다.

Ⅱ 집합과 명제

평행사변형은
왜 이렇게 복잡한가요?

아! 그렇구나

여러 가지 도형 중 평행사변형에 관한 부분이 가장 복잡합니다. 복잡할수록 잘 정리할 필요가 있지요. 모든 수학 개념은 정의와 성질로 구성되어 있습니다. 그중 정의가 먼저이고, 성질은 정의로부터 유도되어 나오기 때문에 정의를 잘 이해하고 성질을 증명할 줄 아는 것이 수학 공부의 기본입니다. 평행사변형의 정의는 '두 쌍의 대변이 서로 평행한 사각형'이고 나머지는 모두 성질이지요.

30초 정리

● **용어의 정의, 증명, 정리**

① 정의: 용어의 뜻을 명확하게 정한 문장

② 증명: 이미 알려진 사실이나 성질과 명제의 가정을 이용하여 명제의 결론이 참임을 보이는 것

③ 정리(성질): 참임이 증명된 명제 중에서 기본이 되는 것이나 다른 명제를 증명할 때 이용할 수 있는 중요한 명제

직사각형	
정의	정리
네 각의 크기가 모두 같은 사각형	직사각형의 두 대각선은 길이가 서로 같고, 서로 다른 것을 이등분한다.

◆ 정의, 정리와 증명 ◆

정의와 정리(성질)를 모두가 잘 알고 있는 맞꼭지각으로 설명해 보겠습니다.

두 직선이 한 점에서 만날 때 생기는 각 중 서로 마주 보는 각을 맞꼭지각이라고 합니다. 이것이 맞꼭지각의 정의입니다. 용어의 뜻을 명확하게 정한 문장을 그 용어의 **정의**라고 합니다.

그러면 맞꼭지각의 성질은 무엇일까요? 두 직선이 한 점에서 만날 때, 맞꼭지각의 크기는 서로 같다는 것입니다.

정의는 정해진 것이지만 성질이나 정리, 법칙 등은 참임을 보여야 합니다.

그림과 같이 직선 AC와 직선 BD가 한 점 O에서 만날 때, $\angle$AOC는 평각이므로

$$\angle AOB + \angle BOC = 180° \quad \cdots\cdots \ \text{㉠}$$

또 $\angle$BOD도 평각이므로

$$\angle BOC + \angle COD = 180° \quad \cdots\cdots \ \text{㉡}$$

㉠, ㉡에서 $\angle$AOB $+ \angle$BOC $= \angle$BOC $+ \angle$COD이므로

$$\angle AOB = \angle COD$$

즉, 맞꼭지각의 크기가 같다는 것이 참임을 보였습니다.

이 과정에 맞꼭지각의 정의와 평각의 성질, 등식의 성질 등이 이용되었습니다. 명제 $p \longrightarrow q$가 참임을 증명할 때, 보통 가정 p가 참이라는 것에서 출발해 결론 q가 참임을 끌어내는데, 이 과정에 이미 알려진 사실이나 성질 등을 이용하게 됩니다. 이와 같이 이미 알려진 사실이나 성질, 그리고 명제의 가정을 이용해서 명제의 결론이 참임을 보이는 것을 **증명**이라고 합니다.

그리고 참임이 증명된 명제 중에서 기본이 되는 것이나 다른 명제를 증명할 때 이용할 수 있는 중요한 명제를 **정리**(성질)라고 합니다.

수에서 소수의 성질, 연산에서 교환법칙, 결합법칙, 도형에서 이등변삼각형의 성질, 삼각형의 중점연결정리, 사다리꼴의 넓이를 구하는 공식 등은 각각 성질이나 법칙, 정리, 공식 등의 이름을 사용하고 있지만 모두 정리라고 할 수 있습니다.

결론적으로 말하면, 모든 수학 개념은 정의와 정리(성질, 법칙, 공식)로 구성되어 있습니다.

◆ 맞꼭지각의 성질 ◆

맞꼭지각의 성질, 즉 '맞꼭지각의 크기는 서로 같다'는 말은 항상 성립할까요?

그림과 같이 두 직선 AC, BD가 만나서 생기는 각 중 ∠AOD=117°일 때 그 맞꼭지각 ∠BOC의 크기도 117°인지 확인해 보겠습니다.

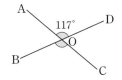

$\quad$ ∠AOD=117°일 때, ∠BOD=180°이므로

$\qquad$ ∠AOB=180°−117°=63°

$\quad$ ∠AOC=180°이므로

$\qquad$ ∠BOC=180°−63°=117°

실제도 '맞꼭지각의 크기는 서로 같다'는 성질은 항상 성립합니다. 수학에서 정리(성질, 법칙, 공식 등)는 항상 성립하기 때문에 중요합니다. 그리고 항상 성립한다는 것을 증명을 통해서 보여야만 그것을 이용할 수 있습니다.

◆ 수학의 구조(정의와 정리) ◆

정말 모든 수학 개념은 정의와 정리(성질, 법칙, 공식)로 구성되어 있을까요?

예를 들어, 이등변삼각형의 정의는 두 변의 길이가 같은 삼각형이고, 이등변삼각형의 성질은 두 밑각의 크기가 같다는 것과 꼭지각을 이등분한 선은 밑변을 수직이등분한다는 것 등입니다.

수도 정의와 성질로 구성되어 있을까요? 소수를 예로 들면, 소수의 정의는 1보다 큰 자연수 중 1과 자기 자신만을 약수로 가지는 수이고, 소수는 약수가 2개인 수라는 성질이 있습니다.

또 연산에서 곱셈을 예로 들면, 곱셈의 정의는 똑같은 수를 거듭 더하는 것입니다. 곱셈에는 두 수를 서로 바꾸어 곱해도 그 결과가 같다는 교환법칙 이외에도 결합법칙, 분배법칙 등이 있습니다.

이처럼 모든 수학 개념은 정의와 정리(성질, 법칙, 공식)로 구성되어 있으며, 정의와 성질을 수학의 구조라고 합니다.

공통수학2	공통수학2	공통수학2	공통수학2	공통수학2
명제와 조건	명제의 역과 대우	명제의 증명	귀류법	절대부등식과 증명

무엇이든 물어보세요

 명제 'n이 짝수이면 n^2은 짝수이다.'가 참임을 증명하는 과정에 사용되는
수학적 사실은 무엇인가요?

 먼저 명제를 증명해 보겠습니다.

n이 짝수이므로 $n=2k$(k는 자연수)로 나타낼 수 있습니다.

$$n^2=(2k)^2=4k^2=2\times(2k^2)$$

그래서 n^2은 짝수입니다.

증명에 사용된 수학적 사실을 정리하면 다음과 같습니다.

⑴ n이 짝수이다. (가정)

⑵ 짝수는 2로 나누어떨어지는 수이므로 2의 배수이다. (짝수의 정의)

⑶ 2의 배수는 $2k$(k는 자연수)로 나타낼 수 있다. (배수의 표현 방법)

 '평행사변형에서 두 쌍의 대변의 길이는 서로 같다'는 성질을 증명하는 과정에
사용되는 수학적 사실은 무엇인가요?

 먼저 주어진 평행사변형의 성질을 증명해 보겠습니다.

그림과 같은 평행사변형 ABCD에서 $\overline{AB}=\overline{DC}$, $\overline{AD}=\overline{BC}$임
을 증명하기 위해 대각선 AC를 그어 합동인 삼각형을 2개 만듭
니다.

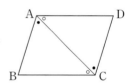

$\triangle$ABC와 $\triangle$CDA에서

$\overline{AB} /\!/ \overline{DC}$이므로 $\angle$BCA $=$ $\angle$DCA(엇각) …… ㉠

$\overline{AD} /\!/ \overline{BC}$이므로 $\angle$BCA $=$ $\angle$DAC(엇각) …… ㉡

$\overline{AC}$는 공통인 변   …… ㉢

㉠, ㉡, ㉢에 따라 $\triangle$ABC$\equiv$$\triangle$CDA(ASA합동)

∴ $\overline{AB}=\overline{DC}$, $\overline{AD}=\overline{BC}$

증명에 사용된 수학적 사실을 정리하면 다음과 같습니다.

⑴ 평행사변형의 두 쌍의 대변은 서로 평행하다. (평행사변형의 정의, 가정)

⑵ 평행선에서 엇각의 크기는 서로 같다. (평행선의 성질)

⑶ 한 변의 길이와 양 끝각의 크기가 같은 두 삼각형은 서로 합동(ASA합동)이다. (삼각형
의 합동 조건)

Ⅱ 집합과 명제

명제와 역은
참, 거짓이 반대인가요?

아! 그렇구나

명제와 그 대우의 참, 거짓이 일치한다는 것은 매번 강조되지만 명제와 역 사이의 관계는 명확하게 언급되지 않아서 헷갈리는 경우가 많습니다. 심지어 명제와 역의 참, 거짓이 서로 반대일 것이라고 성급하게 추측하는 학생도 있지요. 명제와 역 사이에 정해진 관계는 없습니다. 명제가 참일 때 역은 참일 수도 있고, 거짓일 수도 있습니다. 역은 그때그때 상황에 따라 참, 거짓을 판단해야 합니다.

30초 정리

• **대우를 이용한 증명 방법과 귀류법**

① 대우를 이용한 증명 방법

명제와 그 대우는 참, 거짓이 일치하므로 명제 $p \longrightarrow q$가 참임을 증명할 때 그 대우 $\sim q \longrightarrow \sim p$가 참임을 증명하는 방법

② 귀류법

어떤 명제가 참임을 증명할 때, 명제를 부정하거나 명제의 결론을 부정하여 가정한 사실 또는 이미 알려진 사실에 모순이 생김을 보이는 증명 방법

명제 'n^2이 홀수이면 n도 홀수이다.'를 증명할 때, 가정이 'n^2이 홀수이다.'이므로 이를 이용해서 n이 홀수임을 보이려 시도하는 것이 당연합니다. 그런데 n^2에서 n을 구하는 것은 제곱근을 구하는 과정과 마찬가지이므로 쉽지 않습니다. 이때는 대우를 이용해 증명하는 방법을 사용할 수 있습니다. 대우를 이용하는 것 역시 쉽지 않다면 제3의 방법을 찾아야 합니다.

◆ 대우를 이용한 증명 ◆

명제 'n^2이 홀수이면 n도 홀수이다.'의 대우는 'n이 홀수가 아니면 n^2도 홀수가 아니다.'입니다. 홀수가 아니라는 것은 짝수라는 것이므로, 대우를 다시 쓰면 'n이 짝수이면 n^2도 짝수이다.'입니다.

대우를 증명해 보겠습니다. n이 짝수이면 $n=2k$ (k는 자연수)로 나타낼 수 있습니다.
$$n^2=(2k)^2=4k^2=2\times(2k^2)$$
이므로 n^2은 짝수입니다.

주어진 명제의 대우가 참이므로, 명제 'n^2이 홀수이면 n도 홀수이다.'는 참입니다.

이와 같이 명제와 대우는 참, 거짓이 일치하므로 명제 $p \longrightarrow q$가 참임을 증명할 때는 그 대우 $\sim q \longrightarrow \sim p$가 참임을 증명해도 됩니다.

◆ 귀류법 ◆

대우를 이용한 증명 방법과 비슷한 방법으로 귀류법이 있습니다. 어떤 명제가 참임을 증명할 때, 명제를 부정하거나 명제의 결론을 부정하여 가정한 사실 또는 이미 알려진 사실에 모순이 생김을 보이는 증명 방법을 귀류법이라고 합니다.

예를 들어 $3+\sqrt{2}$가 유리수가 아님을 증명할 때, 명제를 부정하여 $3+\sqrt{2}$가 유리수라고 가정하면
$$3+\sqrt{2}=a \ (a는 유리수)$$
이때 $\sqrt{2}=a-3$이고 유리수끼리의 뺄셈은 유리수이므로 $a-3$은 유리수입니다.

그런데 $\sqrt{2}$는 유리수가 아니므로 모순이 생깁니다. 중간 과정에서는 잘못된 것이 하나도 없으므로 처음에 $3+\sqrt{2}$가 유리수라고 가정했던 것이 잘못된 것입니다.

따라서 $3+\sqrt{2}$는 유리수가 아닙니다.

◆ 대우를 이용한 증명 방법과 귀류법의 차이 ◆

대우를 이용한 증명 방법과 귀류법은 모두 결론을 부정한다는 점에서 비슷하다고 볼 수 있습니다. 차이점은 무엇일까요? 대우를 이용한 증명 방법은 결론을 부정하면 가정을 부정한 것이 성립한다는 것을 보이는 반면, 귀류법은 결론을 부정하면 가정에 모순이 되거나 이미 참이라고 알고 있는 사실에 모순이 되는 것을 보입니다.

명제 'n^2이 홀수이면 n도 홀수이다.'를 2가지 방법으로 각각 증명해 보고 그 차이점을 알아볼까요?

대우를 이용한 증명 방법은 명제를 처음부터 대우 'n이 짝수이면 n^2도 짝수이다.'로 바꾸고, 이 명제가 참임을 보이는 것입니다.

한편, 귀류법을 이용하면 명제 'n^2이 홀수이면 n도 홀수이다.'의 결론 'n이 홀수이다.'를 부정해서 'n이 짝수이다.'로부터 출발합니다. 이 부분은 대우를 이용한 증명 방법과 마찬가지이지만, 가정을 부정하지 않은 상태에서 n이 짝수라고 가정하면 n^2도 짝수이므로 n^2이 홀수라는 명제의 가정에 모순이 됨을 보이게 됩니다.

귀류법이 증명으로 인정되는 이유는 무엇일까요?

귀류법은 명제 'p이면 q이다.'를 증명할 때, 결론 q를 부정해서 논의를 끌어가지만 결국 가정이나 일반적인 사실에 모순이 생기는 결과를 보입니다. 모순이 생긴 것은 결론을 부정한 탓이므로 결론은 부정하면 안 되고, 이는 곧 결론이 참이라는 것을 보인 것과 다름이 없습니다. 정리하자면 귀류법은 명제를 직접적으로 증명하는 것이 아닌 간접적인 증명 방법입니다.

귀류법을 통한 증명을 이해하기가 쉽지 않더라도 논리적인 방법으로 널리 알려져 있으므로 익숙하게 사용할 수 있도록 익혀 두어야 할 것입니다.

공통수학2	공통수학2	공통수학2	공통수학2	공통수학2
명제와 조건	명제의 역과 대우	명제의 증명	귀류법	절대부등식과 증명

$\sqrt{2}$ 가 유리수가 아님을 귀류법으로 어떻게 증명하나요?

 우선 결론을 부정해 봅니다.

$\sqrt{2}$ 가 유리수라고 가정하면

$$\sqrt{2}=\frac{n}{m} \ (m, \ n\text{은 서로소인 자연수})$$

으로 나타낼 수 있습니다. 양변을 제곱하면

$$2=\frac{n^2}{m^2}, \qquad \therefore \ n^2=2m^2 \qquad \cdots\cdots \ \bigcirc$$

즉, n^2이 2의 배수이므로 n도 2의 배수입니다.　　　$\cdots\cdots$ ⓛ

$n=2k(k\text{는 자연수})$라 하고 이를 ⊙에 대입하면

$$4k^2=2m^2, \qquad \therefore \ m^2=2k^2$$

즉, m^2이 2의 배수이므로 m도 2의 배수입니다.　　$\cdots\cdots$ ⓒ

ⓛ, ⓒ에서 m, n은 모두 2의 배수인데 이는 m, n이 서로소인 자연수라는 가정에 모순이 됩니다. 중간과정에 오류가 없으므로 $\sqrt{2}$ 를 유리수라고 가정한 것이 오류입니다. 따라서 $\sqrt{2}$ 는 유리수가 아닙니다.

 명제 '두 실수 a, b에 대하여 $a^2+b^2=0$이면 $a=0$이고 $b=0$이다.'를 대우를 이용해서 어떻게 증명하나요?

 명제 '두 실수 a, b에 대하여 $a^2+b^2=0$이면 $a=0$이고 $b=0$이다.'의 대우는 '두 실수 a, b에 대하여 $a\neq0$ 또는 $b\neq0$이면 $a^2+b^2\neq0$이다.'입니다.

(ⅰ) $a\neq0$일 때, $a^2>0$이고 $b^2\geq0$이므로

　　$a^2+b^2>0$, 　즉 $a^2+b^2\neq0$

(ⅱ) $b\neq0$일 때, $b^2>0$이고 $a^2\geq0$이므로

　　$a^2+b^2>0$, 　즉 $a^2+b^2\neq0$

(ⅰ), (ⅱ)에서 주어진 명제의 대우가 참입니다.

따라서 주어진 명제도 참입니다.

Ⅱ 집합과 명제

등식의 항등식과 같이
항상 성립하는 부등식이 있나요?

아! 그렇구나

등식은 양쪽이 같다는 것이므로 항상 성립한다는 생각을 받아들일 수 있습니다. 그런데 부등식은 그 해가 범위로 나타나는 것이 일반적이므로 항상 성립할 수 있는지 의심이 들 것입니다. 이차부등식 중에 해가 실수 전체로서 범위가 제한되지 않는 경우도 있다는 것을 생각하면 항상 성립하는 부등식, 즉 절대부등식의 개념을 받아들일 수 있을 것입니다.

30초 정리

- **절대부등식**

부등식의 문자에 어떤 실수를 대입해도 항상 성립하는 부등식을 절대부등식이라 한다.

다음 부등식은 문자에 어떤 값을 대입해도 항상 성립하는 절대부등식이다.

① a, b가 실수일 때 $a^2 + 2ab + b^2 \geq 0$, $a^2 - 2ab + b^2 \geq 0$

② $a > 0$, $b > 0$일 때 $\dfrac{a+b}{2} \geq \sqrt{ab}$

◆ **절대부등식** ◆

부등식 $2x-3>7$이 참이 되게 하는 x의 집합은 $\{x\,|\,x>5\}$이고 부등식 $x^2+1>0$이 참이 되게 하는 x의 집합은 $\{x\,|\,x$는 실수$\}$입니다. 이처럼 실수 전체의 집합에서 참이 되는 부등식이 존재합니다.

부등식 $x^2+1>0$과 같이 부등식이 참이 되게 하는 진리집합이 실수 전체의 집합이 될 때, 이 부등식을 **절대부등식**이라고 합니다.

어떤 부등식이 절대부등식임을 증명할 때는 그 부등식이 모든 실수에 대하여 항상 성립함을 보여야 합니다.

예를 들어, a, b가 실수일 때 부등식 $a^2+b^2 \geq ab$가 항상 성립함을 증명해 보겠습니다.

두 수 x, y의 대소를 비교할 때 $x-y \geq 0$이면 $x \geq y$이므로 부등식 $a^2+b^2 \geq ab$임을 증명하려면 $a^2+b^2-ab \geq 0$임을 보이면 됩니다.

$$a^2-ab+b^2=\left(a-\frac{b}{2}\right)^2+\frac{3}{4}b^2$$

이고, 항상 $\left(a-\dfrac{b}{2}\right)^2 \geq 0$, $\dfrac{3}{4}b^2 \geq 0$이므로 $a^2+b^2-ab \geq 0$입니다.

따라서 부등식 $a^2+b^2 \geq ab$는 항상 성립합니다.

여기서 등호는 $a-\dfrac{b}{2}=0$, $b=0$, 즉 $a=0$, $b=0$일 때 성립합니다. 참고로, 등호를 포함한 부등식이 항상 성립함을 증명할 때는 등호가 언제 성립하는지도 설명해야 합니다.

주어진 부등식이 절대부등식임을 증명할 때는 다음과 같은 실수의 성질이 자주 이용됩니다.

> a, b가 실수일 때
> ① $a^2 \geq 0$, $a^2+b^2 \geq 0$
> ② $a-b \geq 0 \iff a \geq b$
> ③ $a^2+b^2=0 \iff a=0$, $b=0$
> ④ $a \geq 0$, $b \geq 0$일 때, $a \geq b \iff a^2 \geq b^2$

◆ 이차부등식과 절대부등식 ◆

일반적으로 이차부등식의 해는 이차함수의 그래프의 모양과 부등식의 방향에 따라 다양한 결과로 나타납니다.

예를 들어, 이차부등식 $ax^2+bx^2+c \geq 0$ $(a>0)$의 해는 이차함수 $y=ax^2+bx+c$의 그래프의 위치에 따라 다르게 나타납니다.

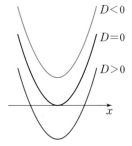

$D<0$ 또는 $D=0$일 경우는 실수 전체의 집합이 해이고, $D>0$일 경우에는 두 근의 바깥쪽으로 해가 나타납니다.

이차부등식의 해가 실수 전체의 집합이 되는 경우, 이때의 이차부등식은 절대부등식이 됩니다.

◆ $a-b \geq 0 \iff a \geq b$ ◆

a, b가 실수일 때 부등식 $(a+b)^2 \geq 4ab$가 항상 성립하는지를 조사할 때는 $a-b \geq 0 \iff a \geq b$임을 이용해서 $(a+b)^2 - 4ab \geq 0$인지를 알아봅니다.

$$(a+b)^2 - 4ab = a^2 + 2ab + b^2 - 4ab$$
$$= a^2 - 2ab + b^2 = (a-b)^2$$

여기서 $(a-b)^2 \geq 0$이므로 $(a+b)^2 - 4ab \geq 0$입니다. 따라서 a, b가 실수일 때 부등식 $(a+b)^2 \geq 4ab$는 항상 성립하고 등호는 $a-b=0$, 즉 $a=b$일 때 성립합니다.

절대부등식의 증명에 이용되는 실수의 성질로 가끔 절댓값에 대한 다음의 성질이 나옵니다.

a, b가 실수일 때,

$$|a|^2 = a^2, \ |a||b| = |ab|$$

이런 성질은 따로 성립함을 증명한 적이 없지만 성립함이 알려져 있으므로 필요할 때 적절히 사용할 수 있어야 합니다.

공통수학2	공통수학2	공통수학2	공통수학2	공통수학2
명제와 조건	명제의 역과 대우	명제의 증명	귀류법	절대부등식과 증명

무엇이든 물어보세요

$a>0$, $b>0$일 때 부등식 $\dfrac{a+b}{2} \geq \sqrt{ab}$이 항상 성립하나요?

$\dfrac{a+b}{2} \geq \sqrt{ab}$에서 $\dfrac{a+b}{2} - \sqrt{ab} \geq 0$임을 보이면 됩니다.

$$\frac{a+b}{2} - \sqrt{ab} = \frac{a+b-2\sqrt{ab}}{2}$$
$$= \frac{a-2\sqrt{ab}+b}{2}$$
$$= \frac{(\sqrt{a}-\sqrt{b})^2}{2} \geq 0$$

에서 $\dfrac{a+b}{2} - \sqrt{ab} \geq 0$이므로 $a>0$, $b>0$일 때 부등식 $\dfrac{a+b}{2} \geq \sqrt{ab}$는 항상 성립합니다.

여기서 등호는 $\sqrt{a} - \sqrt{b} = 0$, 즉 $a=b$일 때 성립합니다.

참고로, $a>0$, $b>0$일 때 $\dfrac{a+b}{2}$, $\sqrt{ab}$를 각각 a와 b의 산술평균, 기하평균이라고 합니다.

$a>0$, $b>0$일 때 부등식 $\dfrac{a+b}{2} \geq \sqrt{ab}$임을 그림을 이용하여 증명할 수 있나요?

큰 정사각형의 넓이와 작은 정사각형 1개, 직사각형 4개의 넓이의 합이 같으므로

$$(a+b)^2 = (a-b)^2 + 4ab$$

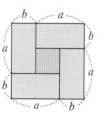

$(a-b)^2 \geq 0$이므로 부등식 $(a+b)^2 \geq 4ab$가 성립합니다.

$a>0$, $b>0$이므로 양변에 양의 제곱근을 취하면 $a+b \geq 2\sqrt{ab}$이고, 양변을 2로 나누면

$$\frac{a+b}{2} \geq \sqrt{ab}$$

가 성립합니다.

Ⅲ 함수

학습목표

함수는 여러 가지 변화 현상을 포함한 다양한 대응 관계를 표현한다.

수식으로 계산하는 것이 가능하며, 함수의 그래프를 통해 시각적으로 표현된다.

대상 간의 연관성이나 종속성을 해석하고 예측하는 수단이 되므로

다양한 변화 현상에서 수학적 관계를 이해하여 표현해 보면

여러 가지 문제를 해결할 수 있다.

꼬리에 꼬리를 무는 개념 연결

중2 | **일차함수와 그래프**

함수의 뜻
일차함수의 그래프
일차함수와 일차방정식
일차함수의 그래프와 연립일차방정식

공통수학 1-Ⅱ | **방정식과 부등식**

복소수와 그 연산
이차방정식
이차방정식과 이차함수의 관계
삼차방정식과 사차방정식
이차부등식
연립방정식과 연립부등식

공통수학 2-Ⅲ | **함수**

함수의 뜻과 그래프
합성함수와 역함수
유리함수와 무리함수

대수 | **지수함수와 로그함수**

지수함수의 뜻
지수함수의 그래프
로그함수의 뜻
로그함수의 그래프

한 변수가 변하면 다른 변수도
따라 변하는 것이 함수 아닌가요?

x에 무얼 넣어도 y값이 5네?
이것도 함수인가?

x가 변할 때 y도 변하는게
함수 아니었어?

아! 그렇구나

중학교에서 두 변수 x, y에 대하여 x의 값이 변함에 따라 y의 값이 하나씩 정해지는 대응 관계를 함수라고 정의했습니다. 이때 x의 값이 변함에 따라 y의 값도 변해야 한다고 생각하기 쉬운데, y의 값에 대한 규정은 변한다는 것이 아니라 하나씩 정해진다는 것입니다. '하나씩'이므로 x 하나에 y가 여러 개 대응되면 안 되겠지요. 서로 다른 x에 같은 y값이 대응되는 건 상관이 없습니다. 위 상황에서 x의 값이 1, 2, 3으로 변할 때 y의 값이 5로 정해지고 있는데, 각각 하나씩이므로 이는 정확하게 함수의 정의에 맞는 대응 관계가 됩니다.

30초 정리

• **중학교에서 함수의 정의**

두 변수 x, y에 대하여 x의 값이 변함에 따라 y의 값이 하나씩 정해지는 대응 관계를 함수라 한다.

• **고등학교에서 함수의 정의**

두 집합 X, Y에 대하여 X의 각 원소에 Y의 원소가 하나씩만 대응할 때, 이 대응 f를 X에서 Y로의 함수라 하고, 기호로 $f : X \longrightarrow Y$와 같이 나타낸다.

이때 집합 X를 함수 f의 정의역, 집합 Y를 함수 f의 공역이라 한다.

Ⅲ 함수

◆ 함수의 정의 ◆

함수의 개념은 이미 중학교에서 다루었습니다. 중학교에서는 함수를 두 변수 x, y 사이의 관계로 정의했는데, 고등학교에서는 두 집합 X, Y의 원소 x, y 사이의 관계로 정의합니다.

두 집합 X, Y에 대하여 X의 각 원소에 Y의 원소가 하나씩만 대응할 때, 이 대응 f를 X에서 Y로의 함수라 하고 기호로

$$f : X \longrightarrow Y$$

와 같이 나타냅니다. 이때 집합 X를 함수 f의 **정의역**, 집합 Y를 함수 f의 **공역**이라고 합니다.

> **공역과 치역**
>
> 함수의 공역과 치역 사이에는 포함관계가 성립한다. 함수의 치역은 공역의 부분집합이다. 치역과 공역이 일치할 때도 있다.

함수 f에 의하여 정의역 X의 원소 x에 공역 Y의 원소 y가 대응할 때, 기호로

$$y = f(x)$$

와 같이 나타내고, $f(x)$를 함수 f의 x에서의 **함숫값**이라고 합니다. 이때 함수 f의 함숫값 전체의 집합

$$\{y \mid y = f(x),\ x \in X\}$$를 함수 f의 **치역**이라고 합니다.

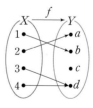

함수 $f(x)$의 정의역이나 공역이 주어져 있지 않은 경우, 정의역은 유리함수 $y = \dfrac{1}{x}$에서 분모인 x가 0이 되는 것처럼 불가능한 경우를 제외하고 함숫값 $f(x)$가 정의될 수 있는 실수 x의 값 전체의 집합으로, 공역은 실수 전체의 집합으로 생각합니다.

오른쪽 그림에서 집합 X의 각 원소에 집합 Y의 원소가 오직 하나씩만 대응하므로 이 대응은 함수입니다. 이 함수 $f : X \longrightarrow Y$에서 정의역 $X = \{1, 2, 3, 4\}$, 공역 $Y = \{a, b, c, d\}$이고 치역은 $\{a, b, d\}$입니다.

◆ 서로 같은 함수 ◆

두 함수 f, g가

(ⅰ) 정의역과 공역이 각각 같다.

(ⅱ) 정의역의 모든 원소 x에 대하여 $f(x) = g(x)$

를 만족시킬 때, 두 함수 f, g는 서로 같다고 하며 기호로

$$f = g$$

와 같이 나타냅니다.

◆ 함수가 될 수 없는 경우 ◆

집합 X의 원소 중에서 대응하지 않고 남아 있는 원소가 있거나 집합 X의 한 원소에 집합 Y의 원소가 2개 이상 대응하면 그 대응은 함수가 아닙니다.

(1) 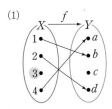　　(2) 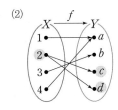　　(3)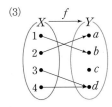

⑴은 X의 원소 3에 대응하는 Y의 원소가 없으므로 함수가 아닙니다.

⑵는 X의 원소 2에 대응하는 Y의 원소가 2개이기 때문에 함수가 아닙니다.

⑶은 Y의 원소 중 대응되지 못한 것이 있거나 2개 이상의 X의 원소가 대응되지만, X의 각 원소에 Y의 원소가 하나씩 대응하므로 함수입니다.

중학교에서 두 변수 x, y 사이의 관계식을 다룰 때, y가 x의 함수가 되는지에 대해서 판단한 적이 있습니다.

예를 들어, 한 권에 5000원인 책 x권의 값을 y원이라 할 때 x, y 사이의 관계식은 $y=5000x$입니다. 이 관계식에서 $x=1$일 때 $y=5000$, $x=2$일 때 $y=10000$, …과 같이 각 x의 값에 y의 값이 하나씩 정해지기 때문에 y는 x의 함수입니다.

또한 반지름의 길이가 x cm인 원의 넓이를 y cm²라 할 때 x, y 사이의 관계식은 $y=\pi x^2$입니다. 이 관계식에서 $x=1$일 때 $y=\pi$, $x=2$일 때 $y=4\pi$, …와 같이 각 x의 값에 y의 값이 하나씩 정해지기 때문에 y는 x의 함수입니다.

일차함수 $f(x)=ax+b$나 이차함수 $f(x)=ax^2+bx+c$도 각 x의 값에 y의 값이 하나씩 정해지는 함수입니다.

꼬리에 꼬리를 무는 개념

중2	중2	공통수학2	공통수학2	공통수학2
함수의 정의와 일차함수	이차함수	함수의 정의	함수의 그래프	일대일대응

그래프로 나타나는 것만 함수인가요?

흔히 함수라고 하면 일차함수와 이차함수를 떠올리며 직선이나 포물선과 같은 그래프로 나타낼 수 있는 것만 함수라고 생각할 수 있습니다. 하지만 함수는 다양한 방법으로 나타낼 수 있으므로 이런 방법을 골고루 익혀 두어야 합니다. 함수는 그래프 이외에도 말이나 문장으로 나타낼 수 있고, 식으로 나타낼 수도 있습니다. 순서쌍으로 나타낸 것도 함수의 그래프라고 할 수 있지요.

예를 들어, 정의역 $X=\{1, 2, 3, 4\}$의 원소 x에 공역 Y의 원소 y가 x의 2배인 관계가 있을 때, 이 문장이 곧 함수입니다. x, y 사이의 관계를 나타낸 식 $y=2x$도 함수이고, 순서쌍의 집합 $\{(1, 2), (2, 4), (3, 6), (4, 8)\}$도 함수입니다. 그리고 이 순서쌍을 좌표평면 위의 점으로 나타낸 그래프도 함수입니다.

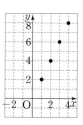

식이 다른 두 함수가 서로 같을 수 있나요?

두 함수 f, g가 서로 같다는 것은 다음 2가지 조건으로 확인할 수 있습니다.

(ⅰ) 정의역과 공역이 각각 같다.

(ⅱ) 정의역의 모든 원소 x에 대하여 $f(x)=g(x)$를 만족시킨다.

잘 살펴보면 식이 같아야 한다는 조건은 없습니다. 즉 식이 달라도 이 2가지만 만족시키면 같은 함수입니다.

예를 들어, 두 함수 $f(x)=x$, $g(x)=x^2$은 식이 다르지만 정의역이 $X=\{0, 1\}$이면

$$f(0)=g(0)=0, \quad f(1)=g(1)=1$$

이므로 두 함수 f, g는 같고, $f=g$라고 쓸 수 있습니다.

두 함수 $f(x)=x$, $g(x)=x^3$의 경우도 정의역이 $X=\{-1, 0, 1\}$일 때

$$f(-1)=g(-1)=-1, \quad f(0)=g(0)=0, \quad f(1)=g(1)=1$$

이므로 두 함수가 같습니다.

하지만 정의역이 $X=\{-1, 0, 1\}$인 두 함수 $f(x)=x+1$과 $g(x)=-x+1$은 치역이 $\{0, 1, 2\}$로 서로 같지만 정의역의 원소 1에 대하여 $f(1) \neq g(1)$이므로 두 함수는 서로 같다고 할 수 없습니다.

두 함수가 서로 같기 위해서는 식이 같을 필요는 없지만, 반드시 정의역의 각 원소에 대한 함숫값이 서로 같아야 합니다.

이차함수의 그래프는 포물선인데,
왜 점 몇 개만 찍나요?

아! 그렇구나

막연하게 이차함수의 그래프는 포물선이라고 생각하고 있다면 점만 3~4개 찍힌 그래프가 생소할 것입니다. 함수의 그래프에서 가장 중요한 것은 정의역인데, 실수 전체의 집합을 정의역으로 하는 함수의 그래프만을 봐 왔다면 몇 개의 점만 찍히는 그래프를 함수의 그래프라고 생각하지 못하는 것이 당연합니다. 함수에서는 정의역이 가장 중요합니다. 정의역이 달라지면 함수의 그래프도 달라집니다.

30초 정리

• **함수의 그래프**

함수 $f : X \longrightarrow Y$에서 정의역 X의 원소 x와
그에 대응하는 함숫값 $f(x)$의 순서쌍 $(x, f(x))$
의 전체의 집합

$$\{(x, f(x)) \mid x \in X\}$$

를 함수 f의 그래프라 한다.

정의역이 실수 전체의 집합인 함수

$y = ax + b$

일차함수(직선)

$y = ax^2 + bx + c$

이차함수(포물선)

III 함수

◆ 함수의 그래프 ◆

서로 관계가 있는 두 변수 x, y의 순서쌍 (x, y)를 좌표로 하는 점을 좌표평면 위에 모두 나타낸 것을 그래프라고 합니다. 예를 들어, 순서쌍 (x, y)가

$$(1, 2), (2, 4), (3, 6), (4, 8)$$

이고, 이 순서쌍을 좌표로 하는 점들을 좌표평면 위에 나타내면 오른쪽 그림과 같습니다.

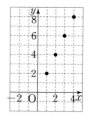

그래프는 점뿐만 아니라 직선, 곡선 등으로 나타날 수 있습니다.

함수의 그래프는 두 변수 x, y의 관계가 함수일 때의 그래프를 뜻하고, 다음과 같이 정의합니다. 정의역이 X, 공역이 Y인 함수 $f : X \longrightarrow Y$에서 X의 원소 x와 그에 대응하는 함숫값 $f(x)$의 순서쌍 $(x, f(x))$의 전체의 집합

$$\{(x, f(x))\,|\,x \in X\}$$

를 함수 f의 그래프라고 합니다.

◆ 함수의 그래프의 특징 ◆

함수 $y = f(x)$의 정의역과 공역이 모두 실수 전체의 집합의 부분집합이면, 함수 $y = f(x)$의 그래프는 좌표평면 위에 점으로 나타내어 그릴 수 있습니다. 이때 함수의 그래프는 정의역의 각 원소 a에 대하여 y축에 평행한 직선 $x = a$와 오직 한 점에서 만납니다. 집합 X의 각 원소 x에 집합 Y의 원소 y가 오직 하나씩만 대응하는 것이 함수이기 때문입니다. 즉, 정의역 안에서 임의로 그은 세로선에 대해 그래프가 만나지 않거나 두 점 이상에서 만나면 함수의 그래프가 아닙니다.

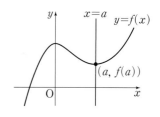

다음 그래프도 정의역의 각 원소 a에 대하여 직선 $x = a$와 그래프의 교점이 1개입니다. $x = a$에 대응하는 y의 값이 1개이므로 함수의 그래프입니다.

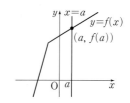

◆ 함수의 그래프 확인 ◆

일차함수의 그래프는 함수의 그래프일까요? 이름에 '함수'가 붙어 있으니 당연한 질문 같지만 확인을 해 보는 작업이 필요합니다. 앞에서 다루었듯이 정의역에 속하는 원소 a에 대해 직선 $x=a$, 즉 y축에 평행한 직선을 그어 그래프와 한 번씩만 만나면 함수의 그래프가 맞습니다.

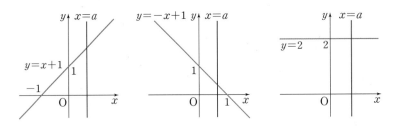

처음 2개가 일차함수이고, 마지막 그래프는 다음에 다룰 주제인 상수함수입니다.

일차함수의 그래프도 상수함수의 그래프도 직선 $x=a$에 대응하는 y의 값이 1개이므로 모두 함수의 그래프입니다.

이차함수의 그래프도 확인해 보겠습니다.

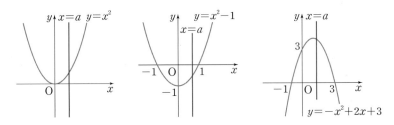

아래로 볼록한 그래프도 위로 볼록한 그래프도 직선 $x=a$에 대응하는 y의 값이 1개이므로 모두 함수의 그래프입니다.

중학교	공통수학2	공통수학2	공통수학2	공통수학2
일차함수와 이차함수	함수의 정의	함수의 그래프	일대일대응	합성함수

Q (x, y)의 순서쌍이 $\{(-2, 2), (-1, 1), (0, 0), (1, 0), (1, 1), (2, 1)\}$인 점들을 좌표평면 위에 나타낸 것은 함수의 그래프인가요?

A 만약 이 순서쌍이 함수라면 정의역은 $X = \{-2, -1, 0, 1, 2\}$일 것입니다. 그런데 잘 살펴보면 $(1, 0)$과 $(1, 1)$은 둘 다 x의 값이 1인데 y의 값이 다릅니다. 즉, x 하나에 y가 2개 대응된 것입니다. 이런 경우는 함수라고 부를 수 없습니다.

그래프로도 확인해 볼까요?

주어진 순서쌍을 좌표로 하는 점들을 좌표평면 위에 나타내면 오른쪽 그림과 같습니다.

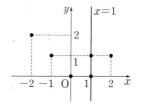

그래프에서 $x = 1$에 대응하는 y의 값이 0과 1로 2개이므로 함수의 그래프가 아닙니다.

Q 방정식 $x^2 + y^2 = 1$을 좌표평면에 나타내면 원이 되는데, 원의 방정식도 함수인가요?

A 좌표평면 위에 그래프를 그릴 수 있다고 해서 모두 함수의 그래프인 것은 아닙니다.

먼저, 오른쪽 좌표평면 위에 그린 원의 방정식을 보면 가능한 x값의 집합은 $X = \{x \,|\, -1 \le x \le 1\}$입니다.

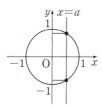

원은 좌표평면에 나타낼 수는 있지만 직선 $x = a$에 대응하는 y의 값이 2개이므로 함수의 그래프가 아닙니다. 즉, 원의 방정식은 함수가 아닙니다.

참고로, 원은 함수가 아니기 때문에 '원함수'라는 용어를 사용하지 않으며 '원의 방정식'이라고 말합니다.

일대일함수가
정의역에 달려 있다고요?

아! 그렇구나

정의역이 실수 전체의 집합이면 이차함수 $f(x)=x^2$의 그래프는 아래로 볼록한 포물선 전체이므로 일대일함수가 아닙니다. 그런데 만약 정의역이 $\{x|x\geq0\}$이면 함수 f는 일대일함수가 됩니다. 또한 정의역이 $\{x|x\geq0\}$인 함수 $f(x)=x^2$에 대하여 공역이 $\{y|y\geq0\}$이면 함수 f는 일대일대응이고, 공역이 실수 전체의 집합이면 일대일대응이 아닙니다. 이와 같이 두 함수의 관계식이 같더라도 정의역과 공역에 따라서 일대일함수 또는 일대일대응이 되기도 하고 안 되기도 합니다.

30초 정리

- **여러 가지 함수**

  함수 $f : X \longrightarrow Y$에서

  ① 일대일함수: 정의역 X의 임의의 두 원소 x_1, x_2에 대해 $x_1 \neq x_2$이면 $f(x_1) \neq f(x_2)$인 함수

  ② 일대일대응: 일대일함수이고 공역과 치역이 같은 함수

  ③ 항등함수: 정의역과 공역이 같고, 정의역 X의 각 원소 x에 자기 자신이 대응할 때, 즉 $f(x)=x$인 함수

  ④ 상수함수: 정의역 X의 모든 원소 x에 공역 Y의 단 하나의 원소 c가 대응하는 함수

◆ 일대일함수와 일대일대응 ◆

함수에는 여러 가지 종류가 있습니다. 식의 형태에 따라 다항함수, 유리함수, 지수함수 등으로 나뉘기도 하고 함수의 특징에 따라 나뉘기도 합니다. 고등학교에서는 함수의 특징에 따라 일대일함수와 일대일대응, 그리고 항등함수와 상수함수를 다룹니다.

오른쪽 그림과 같이 함수 $f : X \longrightarrow Y$에서 정의역 X의 임의의 두 원소 x_1, x_2가 다음 조건을 만족시킬 때, 함수 f를 일대일함수라고 합니다.

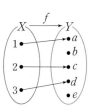

$$x_1 \neq x_2 \text{이면 } f(x_1) \neq f(x_2)$$

쉽게 말해서 일대일함수는 서로 다른 x에 서로 다른 y가 대응합니다. y 하나에 여러 x가 대응될 수 없습니다.

오른쪽 그림과 같이 함수 $f : X \longrightarrow Y$가 다음 두 조건을 모두 만족시킬 때, 함수 f를 일대일대응이라고 합니다.

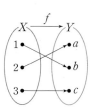

　(ⅰ) 일대일함수이다.

　(ⅱ) 공역과 치역이 같다.

여기서 공역과 치역이 같다는 것은 모든 y값이 대응되는 x를 가진다는 뜻입니다. 즉, 대응이 없는 y값은 있을 수 없습니다.

◆ 항등함수와 상수함수 ◆

그림의 함수 $f : X \longrightarrow X$와 같이 정의역과 공역이 같고
정의역 X의 각 원소에 자기 자신이 대응할 때, 즉

$$f(x) = x$$

일 때, 함수 f를 집합 X에서의 **항등함수**라고 합니다.

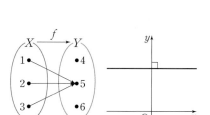

그림의 함수 $f : X \longrightarrow Y$와 같이 정의역 X의 모든 원소에 공역 Y의 단 하나의 원소가 대응할 때, 함수 f를 **상수함수**라고 합니다.

상수함수는 정의역에 속한 모든 원소에 대해 함숫값이 항상 일정합니다. 따라서 실수 전체의 집합을 정의역으로 하는 항등함수와 상수함수의 그래프는 각각 직선 $y=x$와 x축에 평행한(y축에 수직인) 직선으로 그려집니다.

◆ 일대일함수가 아님의 증명 ◆

일대일함수의 정의에 따라 실수 전체의 집합에서 정의된 함수 $f(x)=x^2$이 일대일함수가 아니라는 것을 어떻게 보일 수 있을까요? 간단한 방법은 반례를 하나 찾는 것이지요.

정의역에 속하는 두 원소 $x_1=-1$, $x_2=1$에 대하여 $x_1 \neq x_2$이지만 $f(x_1)=f(x_2)=1$이므로 함수 f는 일대일함수가 아닙니다.

대우를 이용하는 방법을 쓸 수도 있습니다.

명제 '$x_1 \neq x_2$이면 $f(x_1) \neq f(x_2)$이다.'의 대우는 '$f(x_1)=f(x_2)$이면 $x_1=x_2$이다.'입니다.

$f(x_1)=f(x_2)$, 즉 $x_1{}^2=x_2{}^2$이면 $(x_1+x_2)(x_1-x_2)=0$에서 $x_1=x_2$뿐만 아니라 $x_1=-x_2$일 수도 있기 때문에 대우는 참인 명제가 아닙니다. 그렇다면 원래의 명제도 참이 아니므로 함수 f는 일대일함수가 아닙니다.

◆ 항등함수와 일대일대응 ◆

항등함수는 일대일대응일까요?

항등함수는 함수 $f : X \longrightarrow X$와 같이 정의역과 공역이 같고 정의역 X의 각 원소에 자기 자신이 대응할 때, 즉 $f(x)=x$일 때의 함수입니다.

우선 항등함수의 공역은 정의역과 같습니다. 그리고 정의역 X의 각 원소에 자기 자신이 대응하므로 공역의 모든 값이 함숫값으로 대응합니다. 즉, 공역과 치역이 같으므로 일대일대응의 두 번째 조건을 충족합니다.

이제 항등함수가 일대일함수임을 보이면 됩니다. 일대일함수이려면 정의역 X의 임의의 두 원소 x_1, x_2에 대하여 $x_1 \neq x_2$이면 $f(x_1) \neq f(x_2)$여야 하는데, 이는 $f(x)=x$이기 때문에 명백하지요.

결론적으로 항등함수는 일대일대응입니다.

중학교	공통수학2	공통수학2	공통수학2	공통수학2
일차함수와 이차함수	함수의 정의	일대일대응	합성함수	역함수

집합 $X=\{x|-1\leq x\leq 3\}$일 때, X에서 X로의 함수 $f(x)=mx+n$이
일대일대응이 되게 하는 상수 m, n의 값을 어떻게 구하나요? (단, $m<0$)

일대일대응은 공역과 치역이 같습니다. 공역의 모든 y값이 대응되어야 하지요.

$m<0$이므로 함수 $y=f(x)$가 일대일대응이 되려면 그래프가 그림과 같아야 합니다.

$f(-1)=3$, $f(3)=-1$이어야 하므로

$\quad f(-1)=3$에서 $-m+n=3$ ⋯⋯ ㉠

$\quad f(3)=-1$에서 $3m+n=-1$ ⋯⋯ ㉡

㉠, ㉡을 연립해서 풀면

$\quad m=-1$, $n=2$

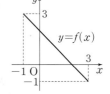

공집합이 아닌 집합 X에 대하여 X에서 X로의 함수 $f(x)=x^2-x-8$이
항등함수가 되게 하는 집합 X는 어떤 것이 있나요?

$f(x)=x^2-x-8$이 항등함수이려면 집합 X의 임의의 원소 a에 대하여

$\quad f(a)=a$

여야 합니다.

$\quad f(a)=a^2-a-8=a$에서

$\quad\quad a^2-2a-8=0$

$\quad\quad (a+2)(a-4)=0$

이므로 $a=-2$ 또는 $a=4$

집합 X는 원소가 -2 또는 4로 이루어진 집합이므로 다음 3가지가 될 수 있습니다.

$\quad\quad \{-2\}$, $\{4\}$, $\{-2,\ 4\}$

합성함수 $g \circ f$ 는 어떻게 계산하나요?

먼저 f로 한 번 그다음 g로 한 번, 두 번 포장하렴!

x를 f로 감싸면 $f(x)$. 다시 g로 감싸면 $g(f(x))$.

f를 먼저 감쌌지만, 나중에 감싼 g가 먼저 보이네.

아! 그렇구나

합성함수의 계산은 다른 것과 차이가 많아서 주의를 요합니다. 당장 함숫값을 계산하는 방식부터 차이가 나지요. 또한 합성함수의 성질에서 결합법칙은 성립하지만 교환법칙은 성립하지 않습니다. 두 함수를 합성하는 과정과 그 표기법을 정확히 연결해서 사용하지 않으면 계산 과정에서 여러 가지 착오가 일어날 수 있습니다.

30초 정리

• 합성함수의 정의

세 집합 X, Y, Z에 대하여 두 함수

$$f : X \longrightarrow Y, \quad g : Y \longrightarrow Z$$

가 주어졌을 때, X의 각 원소 x에 Z의 원소 $g(f(x))$를 대응시키는 함수를 f와 g의 합성함수라 하며, 기호로 $g \circ f$와 같이 나타낸다. 이때 $g \circ f : X \longrightarrow Z$에서 x의 함숫값을 기호

$(g \circ f)(x)$로 나타내며, $(g \circ f)(x) = g(f(x))$
가 성립한다.

• 합성함수의 성질

① $g \circ f \neq f \circ g$ ← 교환법칙이 성립하지 않는다.

② $f \circ (g \circ h) = (f \circ g) \circ h$ ← 결합법칙이 성립한다.

③ $f \circ I = I \circ f = f$ (단, I는 항등함수)

Ⅲ 함수

◆ 합성함수의 정의 ◆

함수에서는 2개 이상의 함수를 연결해서 생각할 수 있습니다. 이렇게 연결하는 것을 함수를 합성한다고 합니다.

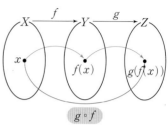

일반적으로 세 집합 X, Y, Z에 대하여 두 함수

$$f : X \longrightarrow Y, \quad g : Y \longrightarrow Z$$

가 주어졌을 때, X의 각 원소 x에 대응하는 함숫값 $f(x)$는 Y의 원소입니다.

또 Y의 원소 $f(x)$에 대응하는 함숫값 $g(f(x))$는 Z의 원소입니다.

이렇게 해서 X의 각 원소 x에 Z의 원소 $g(f(x))$를 대응시키면 X를 정의역, Z를 공역으로 하는 새로운 함수를 만들 수 있는데, 이 새로운 함수를 f와 g의 **합성함수**라고 하며, 기호로

$$g \circ f$$

와 같이 나타냅니다.

두 함수 $f : X \longrightarrow Y$, $g : Y \longrightarrow Z$의 합성함수 $g \circ f : X \longrightarrow Z$에서 x의 함숫값을 기호로

$$(g \circ f)(x)$$

로 나타내며, X의 각 원소 x에 Z의 원소 $g(f(x))$가 대응하므로

$$(g \circ f)(x) = g(f(x))$$

가 성립합니다. 따라서 f와 g의 합성함수를 $y = g(f(x))$와 같이 나타내기도 합니다.

◆ 합성함수의 성질 ◆

(1) 함수의 합성에서는 교환법칙이 성립하지 않습니다.

예를 들어, 두 함수 $f(x) = 3x$, $g(x) = x - 2$에 대하여 합성함수 $g \circ f$와 $f \circ g$를 구하면

$$(g \circ f)(x) = g(f(x)) = g(3x) = 3x - 2$$

$$(f \circ g)(x) = f(g(x)) = f(x - 2) = 3x - 6$$

$g \circ f \neq f \circ g$이므로 함수의 합성에서는 교환법칙이 성립하지 않습니다.

(2) 함수의 합성에서 결합법칙은 성립합니다.

합성이 가능한 정의역과 공역을 갖는 세 함수 f, g, h에 대하여

$$(f \circ (g \circ h))(x) = f((g \circ h)(x)) = f(g(h(x)))$$

$$((f \circ g) \circ h)(x) = (f \circ g)(h(x)) = f(g(h(x)))$$

$f \circ (g \circ h) = (f \circ g) \circ h$이므로 함수의 합성에서 결합법칙은 성립합니다.

◆ 합성함수가 정의되는 조건 ◆

합성함수 $g \circ f$는 항상 정의될까요?

두 함수 $f : X \longrightarrow Y$와 $g : Y \longrightarrow Z$에서 보면 함수 f의 공역과 함수 g의 정의역이 모두 집합 Y로 일치합니다. 이런 경우 함수 f의 치역은 항상 공역 Y의 부분집합이므로 함수 g의 정의역의 부분집합이기도 합니다. 자동으로 합성함수 $g \circ f$가 정의되지요.

문제는 함수 f의 공역과 함수 g의 정의역이 다를 경우입니다.

이때도 합성을 할 수 있는데, 그 조건은 함수 f의 치역이 함수 g의 정의역의 부분집합이어야 한다는 것입니다. 만약 함수 f의 함숫값 중 함수 g의 정의역에 속하지 않는 원소가 있다면 그 원소에 대응하는 함수 g의 공역의 원소가 없기 때문에 합성함수가 정의되지 않습니다. 그러므로 합성함수 $g \circ f$는 다음 조건을 갖추었을 때 정의됩니다.

$$(f\text{의 치역}) \subset (g\text{의 정의역})$$

◆ 함수의 합성의 결합법칙 ◆

함수의 합성에 대해 결합법칙이 성립하는지를 구체적인 예로 확인해 보겠습니다.

예를 들어, 세 함수 $f(x)=x+1$, $g(x)=2x^2$, $h(x)=3x-1$에 대하여

$$(g \circ h)(x)=g(h(x))=g(3x-1)=2(3x-1)^2 \text{이므로}$$
$$(f \circ (g \circ h))(x)=f((g \circ h)(x))=f(2(3x-1)^2)$$
$$=2(3x-1)^2+1=18x^2-12x+3$$
$$(f \circ g)(x)=f(g(x))=f(2x^2)=2x^2+1 \text{이므로}$$
$$((f \circ g) \circ h)(x)=(f \circ g)(h(x))=(f \circ g)(3x-1)$$
$$=2(3x-1)^2+1=18x^2-12x+3$$

입니다. 따라서 $f \circ (g \circ h)=(f \circ g) \circ h$를 만족하는 것을 확인할 수 있습니다.

공통수학2	공통수학2	공통수학2	공통수학2	공통수학2
함수의 정의	일대일대응	합성함수	역함수의 정의	역함수의 그래프

무엇이든 물어보세요

 두 함수 $f(x)=3x+4$, $g(x)=-6x+4$에 대하여 $(f \circ h)(x)=g(x)$를 만족시키는 함수 $h(x)$는 어떻게 구하나요?

 $(f \circ h)(x)=f(h(x))$이므로 $f(x)$의 x에 $h(x)$를 대입하면
$$(f \circ h)(x)=f(h(x))=3h(x)+4$$
$(f \circ h)(x)=g(x)$이므로
$$3h(x)+4=-6x+4$$
$$\therefore h(x)=\frac{-6x}{3}=-2x$$

실제로 확인해 보겠습니다.
$h(x)=-2x$이면
$$(f \circ h)(x)=f(h(x))=f(-2x)=-6x+4$$
이므로 $(f \circ h)(x)=g(x)$를 만족합니다.

 두 함수 $f(x)=x^2-6x+11$, $g(x)=x+2$에 대하여 정의역이 $1 \leq x \leq 4$인 함수 $y=(f \circ g)(x)$의 최댓값과 최솟값은 어떻게 구하나요?

$$
\begin{aligned}
y=(f \circ g)(x) &=f(g(x)) \\
&=f(x+2) \\
&=(x+2)^2-6(x+2)+11 \\
&=x^2-2x+3 \\
&=(x-1)^2+2
\end{aligned}
$$
이므로 $1 \leq x \leq 4$에서 $y=(x-1)^2+2$의 그래프는 그림과 같습니다.

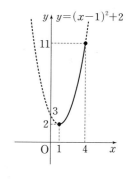

따라서 $y=(f \circ g)(x)$는 $x=4$일 때 최댓값 11, $x=1$일 때 최솟값 2를 가집니다.

Ⅲ 함수

모든 함수에는
역함수가 존재하나요?

저… 역함수 발급 신청하러 왔는데요.

역함수 발급신청

일대일대응 자격 없으시면 신청이 안 됩니다.

함수가 되는 것도 엄청 힘들었는데.

아! 그렇구나

　역함수에서는 역함수가 정의될 수 있는 본래 함수의 조건을 이해하는 것이 가장 중요합니다. 함수는 정의역의 각 원소에 공역의 원소가 오직 하나씩만 대응하는 관계인데, 역함수는 정의역과 공역의 역할이 바뀌기 때문에 공역의 각 원소에 정의역의 원소가 오직 하나씩만 대응해야 합니다. 그러기 위한 조건을 그림을 그려 가면서라도 스스로 찾아내야 역함수를 정복할 수 있습니다.

30초 정리

• 역함수의 정의

함수 $f : X \longrightarrow Y$가 일대일대응일 때 Y를 정의역으로 하고 X를 공역으로 하는 새로운 함수를 정의할 수 있는데, 이 함수를 함수 f의 역함수라 하고 기호로 f^{-1}와 같이 나타낸다.

$$f^{-1} : Y \longrightarrow X, \quad \begin{array}{c} x = f^{-1}(y) \\ \Longleftrightarrow y = f(x) \end{array}$$

• 역함수와 그 성질

① $y = f(x) \Longleftrightarrow x = f^{-1}(y)$

② $(f^{-1} \circ f)(x) = x \ (x \in X)$

　$(f \circ f^{-1})(y) = y \ (y \in Y)$

Ⅲ 함수

◆ 역함수의 존재 조건 ◆

집합 $X=\{1, 2, 3\}$에서 집합 $Y=\{5, 10, 15\}$로의 두 함수 f, g가 다음과 같을 때, 반대 방향으로의 대응이 집합 Y에서 집합 X로의 함수가 되는 것은 어느 것일까요?

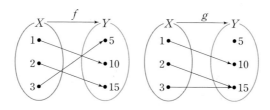

함수 f는 반대 방향으로의 대응도 함수가 됩니다.

함수 g는 반대 방향으로 함수가 되지 않습니다. 반대 방향을 생각할 때 정의역이 되는 Y의 각 원소에 공역이 되는 X의 원소가 오직 하나씩만 대응해야 하는데 Y의 원소 5에 대응하는 X의 원소가 하나도 없고, Y의 원소 15에 X의 원소가 2와 3으로 2개가 대응하고 있습니다. 함수 f가 반대 방향으로의 대응도 함수가 될 수 있는 이유는 함수 f가 일대일대응이기 때문입니다.

정리하면 어떤 함수 f의 역함수가 존재하려면 함수 f는 일대일대응이어야 합니다.

◆ 역함수의 정의 ◆

함수 $f : X \longrightarrow Y$가 일대일대응이면 집합 Y의 임의의 원소 y에 대하여 $f(x)=y$를 만족하는 집합 X의 원소가 오직 하나 존재합니다. 따라서 Y의 각 원소 y에 $f(x)=y$를 만족하는 X의 원소 x를 대응시켜 Y를 정의역으로 하고 X를 공역으로 하는 새로운 함수를 정의할 수 있는데, 이 함수를 함수 f의 **역함수**라 하고 기호로

$$f^{-1}$$

와 같이 나타냅니다. 즉,

$$f^{-1} : Y \longrightarrow X, \quad x=f^{-1}(y)$$

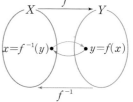

◆ 역함수의 성질 ◆

역함수의 성질을 좀 더 알아보겠습니다.

$y=f(x) \Longleftrightarrow x=f^{-1}(y)$이므로

$$(f^{-1} \circ f)(x)=f^{-1}(f(x))=f^{-1}(y)=x \ (x \in X)$$

$$(f \circ f^{-1})(y)=f(f^{-1}(y))=f(x)=y \ (y \in X)$$

입니다. 그러므로 다음 역함수의 성질이 성립합니다.

$$(f^{-1} \circ f)(x)=x \ (x \in X), \quad (f \circ f^{-1})(y)=y \ (y \in X)$$

일대일대응인 함수 f에서 역함수의 성질 $(f^{-1}\circ f)(x)=x$, $(f\circ f^{-1})(y)=y$를 확인해 보겠습니다.

$$(f^{-1}\circ f)(2)=f^{-1}(f(2))=f^{-1}(4)=2$$
$$(f\circ f^{-1})(5)=f(f^{-1}(5))=f(3)=5$$

이므로 두 성질이 성립함을 확인할 수 있습니다.

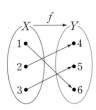

여기서 $f^{-1}\circ f=g$라 하면 $(f^{-1}\circ f)(x)=x$에서 $g(x)=x$이므로 합성함수 $f^{-1}\circ f$는 항등함수입니다.

마찬가지로 $f\circ f^{-1}=h$라 하면, $(f\circ f^{-1})(y)=y$에서 $h(y)=y$이므로 합성함수 $f\circ f^{-1}$도 항등함수입니다.

항등함수의 정의를 되돌아볼까요?

> 함수 $f:X\longrightarrow X$와 같이 정의역과 공역이 같고 정의역 X의 각 원소에 자기 자신이 대응할 때, 즉 $f(x)=x$일 때, 함수 f를 집합 X에서의 항등함수라고 한다.

그렇다면 두 함수 $f^{-1}\circ f$와 $f\circ f^{-1}$는 서로 같은 함수일까요?

결론부터 말하자면 같은 함수가 아닙니다. 서로 같은 함수의 정의를 되돌아보세요.

> 두 함수 f, g가 다음 두 조건을 만족시킬 때 두 함수는 서로 같다고 한다.
> (i) 정의역과 공역이 각각 같다.
> (ii) 정의역의 모든 원소 x에 대하여 $f(x)=g(x)$이다.

두 함수 $f^{-1}\circ f$와 $f\circ f^{-1}$는 정의역이 서로 다르기 때문에 같은 함수가 아닙니다. $f^{-1}\circ f$의 정의역은 집합 X이고, $f\circ f^{-1}$의 정의역은 집합 Y입니다. 두 함수가 모두 항등함수여서 같은 함수라고 착각하기 쉽지만 정의역이 다르기 때문에 같은 함수가 아님을 기억해 두기 바랍니다.

꼬리에 꼬리를 무는 개념

공통수학2	공통수학2	공통수학2	공통수학2	공통수학2
함수의 정의	일대일대응	합성함수	역함수의 정의	역함수의 그래프

정의역이 모든 실수의 집합이며 일대일대응인 함수 f 가

$f(2x+1)=x-5$ 를 만족시킬 때, $f^{-1}(3)$ 의 값은 어떻게 구하나요?

$f(2x+1)=x-5$ 에서 $2x+1=t$ 라 하면

$$x=\frac{t}{2}-\frac{1}{2}$$

이므로 $f(t)=x-5=\frac{t}{2}-\frac{11}{2}$ 입니다.

$f^{-1}(3)=k$ 라 하면 $f(k)=3$ 에서 $f(x)=\frac{x}{2}-\frac{11}{2}$ 이므로

$$f(k)=\frac{k}{2}-\frac{11}{2}=3 \qquad \therefore k=17$$

입니다. 따라서 $f^{-1}(3)=17$ 입니다.

함수 $f(x)=|x-3|-ax+2$ 의 역함수가 존재하기 위한 상수 a 의 값의 범위는

어떻게 구하나요?

함수 $f(x)$ 의 역함수가 존재하기 위해서는 함수 $f(x)$ 가 일대일대응이어야 합니다.

절댓값을 포함한 일차함수의 그래프는 절댓값 내부가 0이 되는 x 의 값을 경계로 꺾어지고, 꺾어지는 정도에 따라 일대일대응이 결정됩니다. 이를 조사하기 위해서 x 의 값의 범위를 나누어 $f(x)$ 를 구하면

(i) $x<3$ 일 때,

$$f(x)=-(x-3)-ax+2$$
$$=(-a-1)x+5$$

(ii) $x\geq3$ 일 때,

$$f(x)=(x-3)-ax+2$$
$$=(1-a)x-1$$

함수 $f(x)$ 가 일대일대응이려면 증가와 감소가 변하면 안 되므로 (i), (ii)의 두 직선의 기울기의 부호가 같아야 합니다. 즉, 두 직선의 기울기의 곱이 양수여야 합니다. 따라서

$$(-a-1)(1-a)>0, \quad (a+1)(a-1)>0$$

이므로 구하는 a 의 값의 범위는 $a<-1$ 또는 $a>1$ 입니다.

함수와 역함수의 그래프가 $y=x$에 대하여 대칭인 이유는 무엇인가요?

신발 두 짝이 대칭이네!

$y=f(x)$ $y=x$

$y=f^{-1}(x)$

함수와 역함수의 그래프가 $y=x$에 대하여 대칭인 것처럼?

아! 그렇구나

어떤 함수의 그래프와 그 역함수의 그래프는 항상 직선 $y=x$에 대하여 대칭입니다. 도형의 이동에서 배운 대칭이동 개념을 함수와 역함수의 관계에 연결하면 대칭축이 직선 $y=x$임이 명확해지지만 보통은 결과만 암기하고 그 이유를 이해하려 하지 않습니다. 도형 $f(x,\ y)=0$을 직선 $y=x$에 대하여 대칭이동한 도형이 $f(y,\ x)=0$이라는 사실과 어떤 함수의 역함수를 구할 때 x와 y를 바꾸는 것을 생각하면 연결고리를 찾을 수 있을 것입니다.

30초 정리

- **역함수 구하기**

  일대일대응인 함수 $y=f(x)$의 역함수 $y=f^{-1}(x)$는 다음과 같이 구할 수 있다.

  (ⅰ) $y=f(x)$에서 x를 y에 대한 식 $x=f^{-1}(y)$로 나타낸다.

  (ⅱ) $x=f^{-1}(y)$에서 x와 y를 바꾸어 $y=f^{-1}(x)$를 구한다.

- **역함수의 그래프**

  함수 $y=f(x)$의 그래프와 그 역함수 $y=f^{-1}(x)$의 그래프는 직선 $y=x$에 대하여 대칭이다.

◆ 역함수 구하기 ◆

일반적으로 함수를 나타낼 때 정의역의 원소를 x, 치역의 원소를 y로 나타내므로 함수 $y=f(x)$의 역함수 $x=f^{-1}(y)$도 x와 y를 서로 바꾸어

$$y=f^{-1}(x)$$

와 같이 나타냅니다. 그래서 함수 $y=f(x)$의 역함수가 존재할 때 역함수 $y=f^{-1}(x)$는 다음과 같이 구합니다.

    (ⅰ) $y=f(x)$에서 x를 y에 대한 식 $x=f^{-1}(y)$로 나타낸다.

    (ⅱ) $x=f^{-1}(y)$에서 x와 y를 바꾸어 $y=f^{-1}(x)$를 구한다.

    예를 들어, 함수 $y=2x+1$의 역함수를 구해 보겠습니다.

함수 $y=2x+1$은 일대일대응이므로 역함수가 존재합니다.

$y=2x+1$에서 x를 y에 대한 식으로 바꾸면

$$x=\frac{1}{2}y-\frac{1}{2}$$

x와 y를 서로 바꾸면

$$y=\frac{1}{2}x-\frac{1}{2}$$

따라서 함수 $y=2x+1$의 역함수는 $y=\frac{1}{2}x-\frac{1}{2}$ 입니다.

◆ 역함수의 그래프의 성질 ◆

함수 $y=f(x)$의 역함수 $y=f^{-1}(x)$가 존재할 때, 함수 $y=f(x)$의 그래프 위의 임의의 점을 $(a,\,b)$라 하면

$$b=f(a) \Longleftrightarrow a=f^{-1}(b)$$

이므로 점 $(b,\,a)$는 함수 $y=f^{-1}(x)$의 그래프 위의 점입니다. 이 때 점 $(a,\,b)$와 점 $(b,\,a)$는 직선 $y=x$에 대하여 대칭이므로 함수 $y=f(x)$의 그래프와 그 역함수 $y=f^{-1}(x)$의 그래프는 직선 $y=x$에 대하여 대칭입니다.

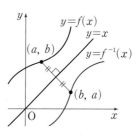

    위에서 구한 함수 $y=2x+1$과 그 역함수 $y=\frac{1}{2}x-\frac{1}{2}$의 그래프를 그리면 다음과 같이 직선 $y=x$에 대하여 대칭인 관계에 있습니다.

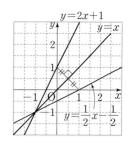

◆ $y=x$에 대한 대칭이동과 역함수의 그래프 ◆

도형의 이동에서 직선 $y=x$에 대한 대칭이동을 다뤘습니다. 도형 $f(x, y)=0$을 직선 $y=x$에 대칭이동한 도형이 $f(y, x)=0$이 되는 것을 떠올려 함수의 그래프와 역함수의 그래프의 관계를 생각해 볼 수 있습니다.

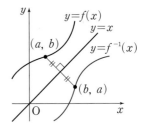

역함수를 구하는 과정에서 x와 y를 바꾸는 것은 결국 직선 $y=x$에 대한 대칭이동을 시키는 것과 마찬가지이므로 함수의 그래프와 그 역함수의 그래프는 직선 $y=x$를 대칭축으로 갖게 됩니다.

◆ 역함수의 성질 ◆

두 함수 f, g의 역함수가 존재할 때, 이 2가지 성질이 성립함을 확인해 보겠습니다.

$$(f^{-1})^{-1}=f, \quad (f \circ g)^{-1}=g^{-1} \circ f^{-1}$$

예를 들어 함수 $f(x)=4x-7$의 역함수를 구하면 $f^{-1}(x)=\dfrac{1}{4}x+\dfrac{7}{4}$입니다. 다시 $f^{-1}(x)$의 역함수를 구해 보면 $(f^{-1})^{-1}(x)=4x-7$입니다. 따라서 $(f^{-1})^{-1}=f$가 성립함을 확인할 수 있습니다.

또 두 함수 $f(x)=3x+1$, $g(x)=-x+2$에 대하여 합성함수와 그 역함수를 구해 보면

$$(f \circ g)(x)=-3x+7, \quad (f \circ g)^{-1}(x)=-\dfrac{1}{3}x+\dfrac{7}{3}$$

다시 두 함수 $f(x)$와 $g(x)$의 역함수를 각각 구하면 $f^{-1}(x)=\dfrac{1}{3}x-\dfrac{1}{3}$, $g^{-1}(x)=-x+2$이고 이를 합성하면 $(g^{-1} \circ f^{-1})(x)=-\dfrac{1}{3}x+\dfrac{7}{3}$입니다.

따라서 $(f \circ g)^{-1}=g^{-1} \circ f^{-1}$가 성립함을 확인할 수 있습니다.

꼬리에 꼬리를 무는 개념

공통수학2	공통수학2	공통수학2	공통수학2	공통수학2
일대일대응	합성함수	역함수의 그래프	유리함수의 그래프	무리함수의 그래프

함수 $y=2x-5$의 그래프와 그 역함수의 그래프가 만나는 점의 좌표는
어떻게 구하나요?

(1) 역함수를 구해서 연립하는 방법

함수 $y=2x-5$의 역함수는

$$y=\frac{1}{2}x+\frac{5}{2}$$

이므로 두 식을 연립하면 $x=5$, $y=5$

따라서 함수의 그래프와 그 역함수의 그래프가 만나는 점의 좌표는 $(5, 5)$입니다.

(2) 대칭축 $y=x$와 교점을 구하는 방법

함수와 그 역함수의 그래프는 직선 $y=x$에 대하여 대칭이므로 $y=2x-5$와 $y=x$를 연립하
여 $x=5$, $y=5$를 구할 수 있습니다.

 함수 $f(x)=\frac{1}{4}x^2+a\,(x\geq0)$의 역함수 $g(x)$에 대하여 두 함수 $y=f(x)$와 $y=g(x)$의
그래프의 두 교점 사이의 거리가 $2\sqrt{2}$ 일 때, 상수 a의 값은 어떻게 구하나요?

 함수 $y=f(x)$의 그래프와 그 역함수의 그래프의 교점은 대부분 $y=f(x)$의 그래프와 대칭축인
직선 $y=x$의 그래프의 교점과 같습니다. 예외적으로 $y=x$ 밖에 교점이 생기는 경우도 있지만 이는
무리함수에서 다루어 보겠습니다.

$f(x)$와 $y=x$의 교점을 구하기 위해 $f(x)=\frac{1}{4}x^2+a$와 $y=x$를 연립해서 y를 소거하면

$\frac{1}{4}x^2+a=x$가 되고, 이차방정식

$$x^2-4x+4a=0 \qquad \cdots\cdots \text{㉠}$$

이 나옵니다. 두 교점의 좌표를 (α, α), (β, β)라 하면 α, β는 이차방정식 ㉠의 두 실근이므로 이
차방정식의 근과 계수의 관계에 따라

$$\alpha+\beta=4, \quad \alpha\beta=4a \qquad \cdots\cdots \text{㉡}$$

이때 두 교점 사이의 거리가 $2\sqrt{2}$ 이므로

$$\sqrt{(\beta-\alpha)^2+(\beta-\alpha)^2}=2\sqrt{2} \text{ 에서 } (\beta-\alpha)^2=4$$

$(\beta-\alpha)^2=(\alpha+\beta)^2-4\alpha\beta$이므로 여기에 ㉡을 대입하면

$$16-16a=4$$

구하는 상수 a의 값은 $\frac{3}{4}$입니다.

Ⅲ 함수

다항식도 유리식인가요?

아! 그렇구나

　개념이 정확하지 않으면 식을 분류할 때마다 헷갈릴 수 있습니다. 유리식은 $\dfrac{A}{B}$ (A, B는 다항식,

$B \neq 0$)의 꼴이므로 분모 B가 0이 아닌 다항식이면 뭐든 될 수 있고 B가 상수이면 $\dfrac{A}{B}$가 다항식이

되므로 다항식도 유리식의 한 종류입니다. 여기서 또 헷갈리는 점은 1, 2, 3과 같은 상수도 다항식이

냐 하는 것인데, 이번 기회에 중학교에서 정의한 다항식의 뜻을 정확히 복습하여 앞으로도 헷갈리는

일이 없어야 하겠습니다.

30초 정리

- **유리식**

　두 다항식 A, B ($B \neq 0$)에 대하여 $\dfrac{A}{B}$ 의 꼴로

나타내어지는 식을 유리식이라 한다.

　이때 B가 상수이면 $\dfrac{A}{B}$ 는 다항식이 되므로 다항

식도 유리식이다.

- **유리함수**

　함수 $y = f(x)$에서 $f(x)$가 x에 대한 유리식일

때, 이 함수를 유리함수라 한다.

　특히 $f(x)$가 x에 대한 다항식일 때, 이 함수를

다항함수라 한다.

◆ 유리식의 정의 ◆

식에서 가장 기초는 다항식입니다. 다항식은 일차식, 이차식, 삼차식 등이 있고, 특히 상수도 영차식으로 다항식에 포함됩니다. 다항식끼리 더하거나 빼거나 곱해도 다항식이며, 다항식끼리 나누면 다항식이 아닌 분수 꼴의 식이 되는데, 이를 유리식이라고 합니다.

두 다항식 A, B ($B \neq 0$)에 대하여 $\dfrac{A}{B}$의 꼴로 나타내어지는 식을 유리식이라고 합니다. 이때 B가 상수이면 $\dfrac{A}{B}$는 다항식이 되므로 다항식도 유리식입니다.

유리수와 마찬가지로 유리식에서도 사칙연산을 할 수 있습니다. 특히 곱셈과 나눗셈에 관한 다음 성질을 이용해서 여러 가지 계산을 할 수 있습니다.

> A, B, C ($B \neq 0$, $C \neq 0$)가 다항식일 때
>
> $$\frac{A}{B} = \frac{A \times C}{B \times C}, \quad \frac{A}{B} = \frac{A \div C}{B \div C}$$

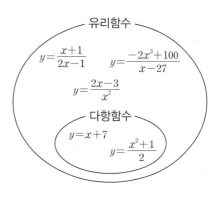

유리수와 유리식

유리수의 정의와 유리식의 정의는 비슷하다.

• 유리수의 정의:
$$\frac{a}{b} \ (a, \ b\text{는 정수}, \ b \neq 0)$$

• 유리식의 정의:
$$\frac{A}{B} \ (A, \ B\text{는 다항식}, \ B \neq 0)$$

유리수는 정수를 포함하고, 유리식은 다항식을 포함한다.

◆ 유리함수의 정의 ◆

이제 유리식으로 만들어진 함수를 생각해 봅니다.

함수 $y = f(x)$에서 $f(x)$가 x에 대한 유리식일 때, 이 함수를 **유리함수**라고 합니다. 특히 $f(x)$가 x에 대한 다항식일 때, 이 함수를 **다항함수**라고 합니다.

예를 들어, 함수 $y = \dfrac{x+1}{2x-1}$, $y = \dfrac{2x-3}{x^2}$,

$y = \dfrac{-2x^3+100}{x-27}$ 은 모두 유리함수이고, $y = x+7$,

$y = \dfrac{x^2+1}{2}$과 같은 다항함수도 모두 유리함수입니다.

유리함수

$$y = \frac{x+1}{2x-1} \qquad y = \frac{-2x^3+100}{x-27}$$

$$y = \frac{2x-3}{x^2}$$

다항함수

$$y = x+7$$
$$y = \frac{x^2+1}{2}$$

일반적으로 다항함수가 아닌 유리함수에서 정의역이 특별히 주어지지 않은 경우, 분모를 0으로 하지 않는 모든 실수의 집합을 정의역으로 합니다. 예를 들어, 함수 $y = \dfrac{3}{x-2}$의 정의역은 $\{x \,|\, x \neq 2$인 실수$\}$입니다.

◆ 유리식의 사칙연산 ◆

유리식의 덧셈과 뺄셈은 유리수의 덧셈과 뺄셈에서와 마찬가지로 분모를 같게 한 후 계산합니다. 통분할 때는 앞에 나온 곱셈과 나눗셈에 관한 성질을 이용합니다.

A, B, C ($C \neq 0$)가 다항식일 때,

① 덧셈 : $\dfrac{A}{C} + \dfrac{B}{C} = \dfrac{A+B}{C}$ 　　　② 뺄셈 : $\dfrac{A}{C} - \dfrac{B}{C} = \dfrac{A-B}{C}$

예를 들어, 두 유리식 $\dfrac{1}{x^2+x}$, $\dfrac{1}{x+1}$ 의 덧셈과 뺄셈은 다음과 같습니다.

$$\begin{aligned}
\cdot \ \frac{1}{x^2+x} + \frac{1}{x+1} &= \frac{1}{x(x+1)} + \frac{1}{x+1} \\
&= \frac{1}{x(x+1)} + \frac{x}{x(x+1)} \\
&= \frac{1+x}{x(x+1)} = \frac{1}{x}
\end{aligned}$$

$$\begin{aligned}
\cdot \ \frac{1}{x^2+x} - \frac{1}{x+1} &= \frac{1}{x(x+1)} - \frac{1}{x+1} \\
&= \frac{1}{x(x+1)} - \frac{x}{x(x+1)} \\
&= \frac{1-x}{x(x+1)}
\end{aligned}$$

유리식의 곱셈은 유리수의 경우와 마찬가지로 분모는 분모끼리 분자는 분자끼리 곱해서 계산하고, 유리식의 나눗셈은 나누는 식의 분자와 분모를 바꾸어 곱합니다.

A, B, C, D ($C \neq 0$, $D \neq 0$)가 다항식일 때,

③ 곱셈 : $\dfrac{A}{C} \times \dfrac{B}{D} = \dfrac{AB}{CD}$ 　　　④ 나눗셈 : $\dfrac{A}{C} \div \dfrac{B}{D} = \dfrac{A}{C} \times \dfrac{D}{B} = \dfrac{AD}{CB}$ ($B \neq 0$)

꼬리에 꼬리를 무는 개념

중 2	중 3	공통수학2	공통수학2	공통수학2
일차함수	이차함수	유리식과 유리함수	유리함수의 그래프	무리식과 무리함수

함수 $f(x) = \dfrac{ax+b}{cx+d}$ $(c \neq 0,\ ad-bc \neq 0)$의 역함수는 어떻게 구하나요?

$y = \dfrac{ax+b}{cx+d}$ 이라 하면

$$(cx+d)y = ax+b$$

$$(cy-a)x = -dy+b$$

$$\therefore\ x = \frac{-dy+b}{cy-a}$$

x와 y를 서로 바꿔 역함수를 구하면

$$y = \frac{-dx+b}{cx-a}$$

따라서 역함수는 $f^{-1}(x) = \dfrac{-dx+b}{cx-a}$ 입니다.

함수 $f(x) = \dfrac{x}{x+a}$가 정의역의 모든 원소 x에 대하여

$(f \circ f)(x) = x$를 만족시킬 때, 상수 a의 값은 어떻게 구하나요?

$(f \circ f)(x) = x$이므로 $f(x) = f^{-1}(x)$입니다.

$y = \dfrac{x}{x+a}$ 이라 하면 $(x+a)y = x$

$$(1-y)x = ay \qquad \therefore\ x = \frac{ay}{1-y}$$

x와 y를 서로 바꿔 역함수를 구하면 $y = f^{-1}(x) = \dfrac{ax}{1-x}$ 입니다.

$f(x) = f^{-1}(x)$이므로

$$\frac{x}{x+a} = \frac{ax}{1-x}$$

$$x(1-x) = ax(x+a)$$

$$x-x^2 = ax^2 + a^2x$$

$$(a+1)x^2 + (a^2-1)x = 0$$

이때, 모든 x에 관해 성립해야 하므로 $a = -1$입니다.

유리함수 $y=\dfrac{1}{x}$ 의 그래프는 왜 원점 대칭인 곡선 2개로 그려지나요?

저기 인터체인지 좀 봐! 대칭형으로 만들어졌어!

그러게! 마치 $y=\dfrac{1}{x}$ 의 그래프같이 생겼네!

아! 그렇구나

$y=\dfrac{k}{x}$ 꼴의 유리함수의 그래프는 쌍곡선입니다. 곡선이 2개라는 것이지요. 이 두 곡선은 서로 원점에 대하여 대칭입니다. x의 부호를 바꾸면 y의 부호도 따라서 바뀌기 때문이지요. 유리함수의 그래프는 $y=\dfrac{k}{x}$ 의 꼴을 기본으로 평행이동하기 때문에 기본 형태의 그래프를 정확하게 이해하는 것이 꼭 필요합니다.

30초 정리

• **유리함수의 그래프**

① 기본형 $y=\dfrac{k}{x}$ 의 꼴의 그래프

② 일반형 $y=\dfrac{ax+b}{cx+d}$ 의 꼴은 $y=\dfrac{k}{x-p}+q$의 꼴로 변형하여 그린다.

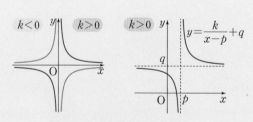

정의역: $\{x \mid x \neq p$인 실수$\}$

치역: $\{y \mid y \neq q$인 실수$\}$

점근선의 방정식: $x=p$, $y=q$

◆ **유리함수의 기본형의 그래프** ◆

유리함수의 그래프를 이해하기 위해서는 기본형인 $y=\dfrac{k}{x}$ 의 그래프를 정확하게 이해하는 것이 중요합니다.

유리함수 $y=\dfrac{k}{x}$ 의 그래프는 k의 값에 따라 그림과 같은 곡선이 됩니다.

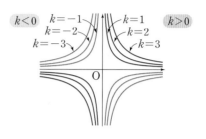

이때 $y=\dfrac{k}{x}$ 의 그래프는 원점에 대하여 대칭인 한 쌍의 곡선이고, 곡선의 이름은 쌍곡선입니다. 또 그래프 위의 점은 x좌표의 절댓값이 커질수록 x축에 가까워지고, x좌표의 절댓값이 작아질수록 y축에 가까워집니다.

이처럼 곡선 위의 점이 어떤 직선에 한없이 가까워질 때, 이 직선을 곡선의 **점근선**이라고 합니다.

유리함수 $y=\dfrac{k}{x}$ 의 그래프에서 점근선은 x축 ($y=0$)과 y축 ($x=0$)입니다.

유리함수 $y=\dfrac{k}{x}$ $(k\neq0)$의 그래프의 성질을 정리하면 다음과 같습니다.

유리함수 $y=\dfrac{k}{x}$ $(k\neq0)$의 그래프의 성질

① 정의역과 치역은 0을 제외한 실수 전체의 집합이다.
② $k>0$이면 그래프는 **제1사분면**과 **제3사분면**에 있고,
   $k<0$이면 그래프는 **제2사분면**과 **제4사분면**에 있다.
③ 원점에 대하여 대칭이다.
④ k의 절댓값이 커질수록 그래프는 원점에서 멀어진다.
⑤ 점근선은 x축과 y축이다.

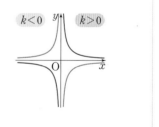

예를 들어, 함수 $y=\dfrac{2}{3x}$ 의 그래프는 $y=\dfrac{k}{x}$ 에서 $k=\dfrac{2}{3}>0$인 경우이므로 그래프가 제1사분면과 제3사분면에 그려지고, 점근선은 x축과 y축입니다.

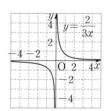

◆ 유리함수의 일반형의 그래프 ◆

일반적인 유리함수 $y=\dfrac{ax+b}{cx+d}$의 꼴을 $y=\dfrac{k}{x-p}+q$의 꼴로 고치면 기본형인 $y=\dfrac{k}{x}$의 그래프를

평행이동시키는 방법으로 그 그래프를 그릴 수 있습니다.

유리함수 $y=\dfrac{k}{x-p}+q$의 그래프의 성질은 다음과 같습니다.

유리함수 $y=\dfrac{k}{x-p}+q$의 그래프의 성질

① 유리함수 $y=\dfrac{k}{x}$의 그래프를 x축의 방향으로 p만큼, y축의 방향으로 q만큼
  평행이동한 것이다.

② 정의역은 $\{x \mid x \neq p$인 실수$\}$이고, 치역은 $\{y \mid y \neq q$인 실수$\}$이다.

③ 점근선은 두 직선 $x=p$, $y=q$이다.

예를 들어, 유리함수 $y=\dfrac{3x-2}{x-1}$의 그래프를 그리려면 먼저 $y=\dfrac{k}{x-p}+q$의 꼴로 고칩니다.

$$y=\frac{3x-2}{x-1}=\frac{3(x-1)+1}{x-1}=\frac{1}{x-1}+3$$

함수 $y=\dfrac{3x-2}{x-1}$의 그래프는 함수 $y=\dfrac{1}{x}$의 그래프를 x축의 방향으로

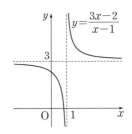

1만큼, y축의 방향으로 3만큼 평행이동한 것입니다. 따라서 그래프는
오른쪽 그림과 같고 정의역은 $\{x \mid x \neq 1$인 실수$\}$, 치역은 $\{y \mid y \neq 3$인 실
수$\}$, 점근선의 방정식은 $x=1$, $y=3$입니다.

꼬리에 꼬리를 무는 개념

중 1	공통수학2	공통수학2	공통수학2	공통수학2
반비례 관계 그래프	유리식과 유리함수	유리함수의 그래프	무리식과 무리함수	무리함수의 그래프

Q 유리함수 $y=\dfrac{k}{x}$의 그래프는 원점에 대하여 대칭이고 동시에
직선 $y=x$에 대하여 대칭인 이유가 무엇인가요?

A

(1) 원점에 대하여 대칭인 이유

$y=\dfrac{k}{x}$에 x 대신 $-x$, y 대신 $-y$를 대입하면

$$-y=\dfrac{k}{-x}\text{에서 } y=\dfrac{k}{x}$$

따라서 유리함수 $y=\dfrac{k}{x}$의 그래프는 원점에 대하여 대칭인 도형입니다.

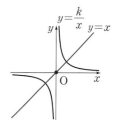

(2) 직선 $y=x$에 대하여 대칭인 이유

$y=\dfrac{k}{x}$에 x 대신 y, y 대신 x를 대입하면

$$x=\dfrac{k}{y}\text{에서 } y=\dfrac{k}{x}$$

따라서 유리함수 $y=\dfrac{k}{x}$의 그래프는 직선 $y=x$에 대하여 대칭인 도형입니다.

Q 유리함수 $y=\dfrac{ax+b}{x+c}$의 그래프가 그림과 같을 때,
상수 a, b, c의 값은 어떻게 구하나요?

A 주어진 그래프에서 점근선을 알 수 있으므로 유리함수를

$y=\dfrac{k}{x-p}+q$의 꼴로 바꿉니다.

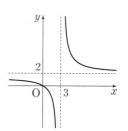

$$y=\dfrac{ax+b}{x+c}=\dfrac{a(x+c)+b-ac}{x+c}$$
$$=\dfrac{b-ac}{x+c}+a$$

점근선의 방정식이 $x=3$, $y=2$이므로

$$c=-3,\quad a=2$$

$y=\dfrac{2x+b}{x-3}$의 그래프가 점 $(0,0)$을 지나므로

$$0=\dfrac{b}{-3}\text{에서 } b=0$$

따라서 $a=2$, $b=0$, $c=-3$입니다.

$\sqrt{x^2-2x+1}$은
왜 무리식이 아닌가요?

아! 그렇구나

$x^2+x=x^2-2x+1$을 정리하면 $3x-1=0$이므로 이 식은 이차방정식이 아닙니다. 마찬가지로 $\sqrt{x^2-2x+1}$을 정리하면 $\sqrt{(x-1)^2}=|x-1|$이 되어 근호가 없어지므로 이 식은 무리식이 아닙니다. 어떤 식이든 주어진 대로만 판단하지 말고 식을 간단히 정리하여 더 계산할 수 없을 때를 기준으로 식의 종류를 판단합니다. 근호 안의 식이 완전제곱식이면 근호를 없앨 수 있으므로 이런 식은 무리식이 아닙니다.

30초 정리

- **무리식**

  근호 안에 문자가 포함된 식 중에서 유리식으로 나타낼 수 없는 식을 무리식이라 한다.

  예를 들어, $2\sqrt{x}$, $\sqrt{x-5}$, $\sqrt{x^2+1}$ 등은 모두 무리식이다.

- **무리함수**

  함수 $y=f(x)$에서 $f(x)$가 x에 대한 무리식일 때, 이 함수를 무리함수라 한다.

  예를 들어 $y=2\sqrt{x}$, $y=\sqrt{x-5}$, $y=\sqrt{x^2+1}$ 등은 모두 무리함수이다.

◆ **무리식의 정의** ◆

수의 종류에 유리수와 무리수가 있듯이 식에도 유리식과 무리식이 있습니다.

근호 안에 제곱수가 아닌 수가 들어 있으면 무리수가 되는 것과 같이 근호 안에 문자가 포함된 식 중에서 유리식으로 나타낼 수 없는 식을 무리식이라고 합니다. 예를 들어, $2\sqrt{x}$, $\sqrt{x-5}$, $\sqrt{x^2+1}$

$\dfrac{3}{\sqrt{x-7}}$ 은 모두 무리식입니다.

무리식의 값이 실수이려면 근호 안의 식의 값이 항상 0 이상이어야 하므로, 무리식을 계산할 때는

$$(근호\ 안의\ 식의\ 값)\geq 0, \quad (분모)\neq 0$$

이 되는 문자의 범위에서만 생각합니다. 예를 들어,

$\sqrt{x-5}$ 가 실수이려면

$$x-5\geq 0$$

$$\therefore\ x\geq 5$$

$\dfrac{1}{\sqrt{x+4}}$ 가 실수이려면

$$x+4\geq 0$$이고 $x+4\neq 0$

$$\therefore\ x> -4$$

> **무리식의 판정**
>
> 근호 안에 문자가 포함된 식 이라고 해서 모두 무리식인 것은 아니다.
>
> $\sqrt{x^2}$ 이나 $\sqrt{(x^2+1)^2}$ 과 같이 근호 안의 식이 완전제곱식 이면 근호가 없어지기 때문 에 무리식이 아니고 유리식 이 된다.

무리식의 계산은 무리수의 계산과 같은 방법으로 합니다. 무리수의 계산에서 분모에 무리수가 포함되어 있으면 분모를 유리화해서 계산하지요. 마찬가지로 무리식의 계산에서 분모에 무리식이 포함되어 있으면 분자, 분모에 적당한 수 또는 식을 곱해서 분모에 무리식이 포함되지 않도록 분모를 유리화합니다.

◆ **무리함수의 정의** ◆

함수 $y=f(x)$에서 $f(x)$가 x에 대한 무리식일 때, 이 함수를 무리함수라고 합니다. 예를 들어, $y=2\sqrt{x}$, $y=\sqrt{x-5}$, $y=\sqrt{x^2+1}$은 모두 무리함수입니다.

일반적으로 무리함수에서 정의역이 특별히 주어지지 않으면 근호 안의 식의 값이 0 이상이 되게 하는 모든 실수의 집합을 정의역으로 합니다.

예를 들어, 무리함수 $y=\sqrt{3x-2}$는 $3x-2\geq 0$인 범위가 $x\geq\dfrac{2}{3}$ 이므로 무리함수 $y=\sqrt{3x-2}$의 정의역은 $\left\{x\,\middle|\,x\geq\dfrac{2}{3}\right\}$입니다. 또 무리함수 $y=\sqrt{2-x}$는 $2-x\geq 0$인 범위가 $x\leq 2$이므로 무리함수 $y=\sqrt{2-x}$의 정의역은 $\{x\,|\,x\leq 2\}$입니다.

◆ 무리식의 분모의 유리화 ◆

분모에 무리수가 포함되어 있을 때 분모를 유리화하는 방법은 상황에 따라 다릅니다.

예를 들어, $\dfrac{1}{\sqrt{2}}$ 과 같은 경우는 똑같은 무리수 $\sqrt{2}$ 를 분자, 분모에 곱합니다.

$$\frac{1}{\sqrt{2}} = \frac{\sqrt{2}}{(\sqrt{2})^2} = \frac{\sqrt{2}}{2}$$

$\dfrac{1}{2-\sqrt{3}}$ 과 같은 무리수는 곱셈 공식 $(a+b)(a-b)=a^2-b^2$ 을 이용하기 위해 분자, 분모에 각각

$2+\sqrt{3}$ 을 곱해야 합니다.

$$\frac{1}{2-\sqrt{3}} = \frac{2+\sqrt{3}}{(2-\sqrt{3})(2+\sqrt{3})} = 2+\sqrt{3}$$

분모에 무리식이 포함되어 있을 때 분모를 유리화하는 방법도 똑같습니다.

예를 들어, $\dfrac{4}{\sqrt{x+2}+\sqrt{x}}$ 와 같은 무리식도 곱셈 공식 $(a+b)(a-b)=a^2-b^2$ 을 이용하기 위해 분

자, 분모에 각각 $\sqrt{x+2}-\sqrt{x}$ 를 곱해야 합니다.

$$\frac{4}{\sqrt{x+2}+\sqrt{x}} = \frac{4(\sqrt{x+2}-\sqrt{x})}{(\sqrt{x+2}+\sqrt{x})(\sqrt{x+2}-\sqrt{x})}$$

$$= \frac{4(\sqrt{x+2}-\sqrt{x})}{(x+2)-x}$$

$$= \frac{4(\sqrt{x+2}-\sqrt{x})}{2}$$

$$= 2(\sqrt{x+2}-\sqrt{x})$$

중 3	공통수학2	공통수학2	공통수학2	공통수학2
이차함수	유리식과 유리함수	유리함수의 그래프	무리식과 무리함수	무리함수의 그래프

무리식 $\dfrac{\sqrt{x+1}-\sqrt{x-1}}{\sqrt{x+1}+\sqrt{x-1}}$ 을 변형해서 $ax+b\sqrt{x^2-1}$ 로 고쳤을 때,

상수 a, b의 값은 어떻게 구하나요?

무리식을 변형해서 나온 식에 분모가 없으므로, 무리식의 분모를 유리화합니다.

무리식의 분모 $\sqrt{x+1}+\sqrt{x-1}$ 을 유리화하려면 분자와 분모에 각각 $\sqrt{x+1}-\sqrt{x-1}$ 을 곱해야 합니다.

$$\frac{\sqrt{x+1}-\sqrt{x-1}}{\sqrt{x+1}+\sqrt{x-1}}=\frac{(\sqrt{x+1}-\sqrt{x-1})^2}{(\sqrt{x+1}+\sqrt{x-1})(\sqrt{x+1}-\sqrt{x-1})}$$

$$=\frac{(x+1)-2\sqrt{x+1}\sqrt{x-1}+(x-1)}{(x+1)-(x-1)}$$

$$=\frac{2x-2\sqrt{x^2-1}}{2}$$

$$=x-\sqrt{x^2-1}$$

따라서 $a=1$, $b=-1$입니다.

집합 $\{x\,|\,x>3\}$에서 정의된 두 함수 $f(x)=\dfrac{x+5}{x-3}$, $g(x)=\sqrt{2x-5}$ 에 대하여

$(f^{-1}\circ g)(7)$의 값은 어떻게 구하나요?

$(f^{-1}\circ g)(7)=f^{-1}(g(7))$에서

$$g(7)=\sqrt{14-5}=\sqrt{9}=3$$

따라서 $(f^{-1}\circ g)(7)=f^{-1}(3)$입니다.

$f^{-1}(3)=k$라 하면 $f(k)=3$이므로

$$\frac{k+5}{k-3}=3$$

$$k+5=3k-9$$

$k=7$이므로 $(f^{-1}\circ g)(7)=7$입니다.

무리함수가 이차함수의 역함수인 이유가 무엇인가요?

이차함수가 누우니까 무리함수처럼 보이네?

무리함수는 이차함수의 역함수거든!

완벽한 이중생활이군!

아! 그렇구나

무리함수라고 하면 유리함수를 떠올리기 쉽지만, 무리함수의 그래프는 유리함수의 그래프와 아무런 관계가 없습니다. 오히려 이차함수의 그래프를 이용해서 그려야 하지요. 왜냐하면 무리함수가 이차함수의 역함수이고, 어떤 함수의 그래프와 역함수의 그래프는 직선 $y=x$에 대하여 대칭임을 이용하면 이미 알고 있는 이차함수의 그래프로 무리함수의 그래프를 그릴 수 있기 때문입니다. 그렇지 않으면 순서쌍을 여러 개 구해서 점을 찍는 방법으로 그래프를 찾아야 합니다.

30초 정리

• 무리함수 $y=\sqrt{ax}$ 의 그래프

① $y=\sqrt{ax}$

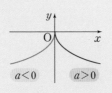

$a<0$ $a>0$

② $y=-\sqrt{ax}$

$a<0$ $a>0$

• 무리함수 $y=\sqrt{a(x-p)}+q$의 그래프

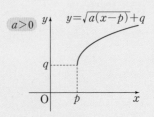

$a>0$ $y=\sqrt{a(x-p)}+q$

◆ 무리함수 $y=\sqrt{ax}$ 의 그래프 ◆

이차함수 $y=x^2$의 정의역과 공역이 모두 실수 전체의 집합이면 일대일대응이 아니지만, 정의역과 공역이 각각 $\{x|x\geq0\}$, $\{y|y\geq0\}$이면 일대일대응이므로 이때는 역함수가 존재합니다.

$y=x^2$ $(x\geq0)$의 역함수를 구하기 위해 x를 y에 대한 식으로 나타내면

$$x=\pm\sqrt{y}$$

$x\geq0$이므로 $x=\sqrt{y}$ 입니다.

여기서 x, y를 서로 바꾸면 역함수 $y=\sqrt{x}$를 얻을 수 있습니다.

따라서 무리함수 $y=\sqrt{x}$의 그래프는 그 역함수 $y=x^2$ $(x\geq0)$의 그래프를 직선 $y=x$에 대하여 대칭이동해서 그릴 수 있습니다.

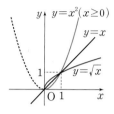

일반적으로 무리함수 $y=\sqrt{ax}$의 그래프는 a의 값의 부호에 따라 구분하여 그릴 수 있습니다. 또 무리함수 $y=-\sqrt{ax}$의 그래프는 $y=\sqrt{ax}$의 그래프를 x축에 대하여 대칭이동해서 그릴 수 있습니다.

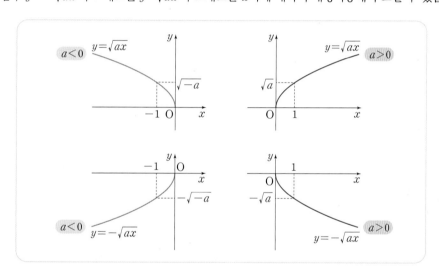

◆ 무리함수 $y=\sqrt{a(x-p)}+q$의 그래프 ◆

무리함수 $y=\sqrt{a(x-p)}+q$의 그래프는 무리함수 $y=\sqrt{ax}$의 그래프를 x축의 방향으로 p만큼, y축의 방향으로 q만큼 평행이동한 것이므로 다음과 같습니다.

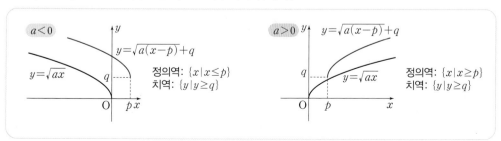

◆ 무리함수의 그래프 사이의 관계 ◆

$a>0$일 때 네 무리함수 $y=\sqrt{ax}$, $y=-\sqrt{ax}$, $y=\sqrt{-ax}$, $y=-\sqrt{-ax}$ 의 그래프 사이의 관계를 정리해 보겠습니다.

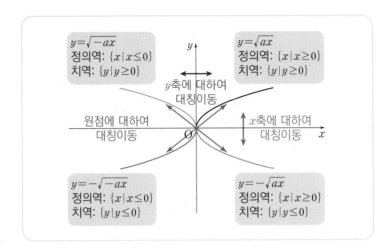

⑴ 함수 $y=f(x)$의 그래프를 x축에 대하여 대칭이동한 함수는 $-y=f(x)$, 즉 $y=-f(x)$입니다. 그러므로 $y=-\sqrt{ax}$의 그래프는 $y=\sqrt{ax}$의 그래프를 x축에 대하여 대칭이동한 그래프입니다.

⑵ 함수 $y=f(x)$의 그래프를 y축에 대하여 대칭이동한 함수는 $y=f(-x)$입니다. 그러므로 $y=\sqrt{-ax}$의 그래프는 $y=\sqrt{ax}$의 그래프를 y축에 대하여 대칭이동한 그래프입니다.

⑶ 함수 $y=f(x)$의 그래프를 원점에 대하여 대칭이동한 함수는 $-y=f(-x)$, 즉 $y=-f(-x)$입니다. 그러므로 $y=-\sqrt{-ax}$의 그래프는 $y=\sqrt{ax}$의 그래프를 원점에 대하여 대칭이동한 그래프입니다.

꼬리에 꼬리를 무는 개념

중 3	공통수학2	공통수학2	공통수학2	공통수학2
이차함수	유리식과 유리함수	유리함수의 그래프	무리식과 무리함수	무리함수의 그래프

Q 정의역이 $\{x \mid -2 \le x \le 3\}$인 함수 $f(x)=\sqrt{-x+4}+3$의 최댓값과 최솟값은 어떻게 구하나요?

A $y=\sqrt{-x+4}+3=\sqrt{-(x-4)}+3$이므로 $y=\sqrt{-x+4}+3$의 그래프는 $y=\sqrt{-x}$의 그래프를 x축의 방향으로 4만큼, y축의 방향으로 3만큼 평행이동한 것입니다.

함수 $y=\sqrt{-x}$의 그래프는 제1사분면에 있는 무리함수 $y=\sqrt{x}$의 그래프에서 x의 부호가 바뀌는 것이므로 y축에 대하여 대칭이동한 것입니다.

따라서 $f(x)=\sqrt{-x+4}+3$의 그래프는 그림과 같습니다.

정의역이 $\{x \mid -2 \le x \le 3\}$이므로

$\qquad f(x)$의 최댓값은 $f(-2)=3+\sqrt{6}$

$\qquad f(x)$의 최솟값은 $f(3)=4$

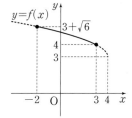

Q 무리함수와 그 역함수의 그래프의 교점은 직선 $y=x$ 위에 있으므로 무리함수 $y=\sqrt{16-4x}$의 그래프와 그 역함수의 그래프의 교점의 개수는 1인가요?

A 언뜻 보면 교점의 개수가 1인 것으로 착각할 수 있습니다.

함수와 그 역함수의 그래프가 직선 $y=x$에 대하여 대칭인 것은 사실이지만, 두 그래프의 교점이 항상 직선 $y=x$ 위에만 있는 것은 아닙니다.

그러므로 항상 함수의 그래프를 직접 그려서 확인해야 합니다.

$y=\sqrt{16-4x}$에서 x를 y에 대한 식으로 나타내면

$$x=-\frac{1}{4}y^2+4 \ (y \ge 0)$$

여기서 x, y를 서로 바꾸면 다음의 역함수를 얻을 수 있습니다.

$$y=-\frac{1}{4}x^2+4 \ (x \ge 0)$$

두 그래프를 동시에 그리면 $y=\sqrt{16-4x}$와 그 역함수의 그래프의 교점은 $y=x$ 위에서의 교점과 $(4, 0)$, $(0, 4)$까지 총 3개입니다. 이와 같이 원래 함수의 그래프가 $y=x$에 대칭인 두 점을 동시에 지나면 역함수도 그 두 점을 지나므로 $y=x$ 위에 있지 않은 교점을 갖습니다.

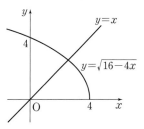

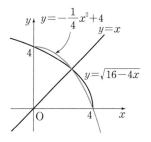

중·고 수학 개념연결 지도

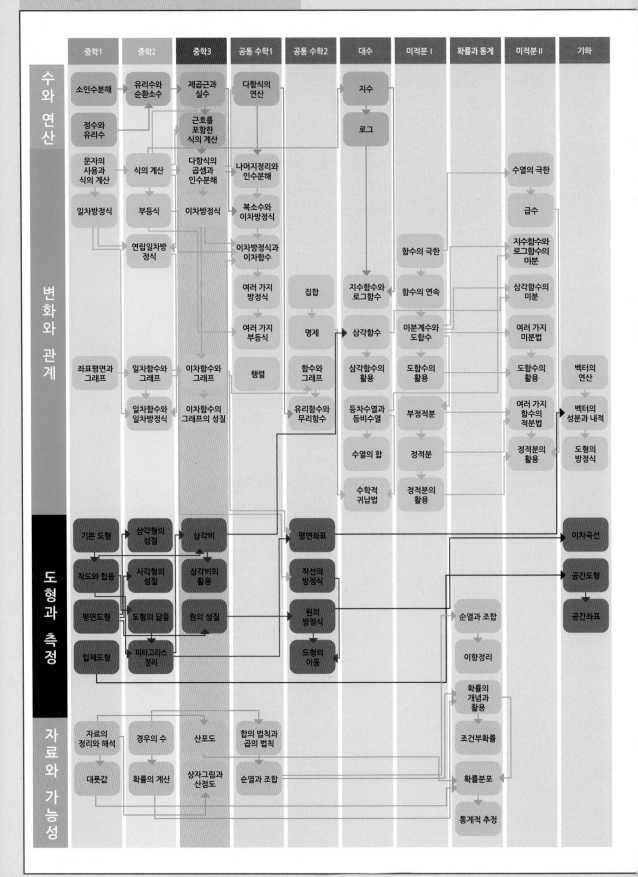

열 머리글: 중학1 | 중학2 | 중학3 | 공통 수학1 | 공통 수학2 | 대수 | 미적분 I | 확률과 통계 | 미적분 II | 기하

행 머리글: 수와 연산 | 변화와 관계 | 도형과 측정 | 자료와 가능성

수와 연산 / 변화와 관계

- 소인수분해
- 유리수와 순환소수
- 제곱근과 실수
- 다항식의 연산
- 지수
- 로그
- 정수와 유리수
- 근호를 포함한 식의 계산
- 문자의 사용과 식의 계산
- 식의 계산
- 다항식의 곱셈과 인수분해
- 나머지정리와 인수분해
- 수열의 극한
- 일차방정식
- 부등식
- 이차방정식
- 복소수와 이차방정식
- 급수
- 연립일차방정식
- 이차방정식과 이차함수
- 지수함수와 로그함수의 미분
- 함수의 극한
- 여러 가지 방정식
- 집합
- 지수함수와 로그함수
- 삼각함수의 미분
- 함수의 연속
- 여러 가지 부등식
- 명제
- 삼각함수
- 미분계수와 도함수
- 여러 가지 미분법
- 좌표평면과 그래프
- 일차함수와 그래프
- 이차함수와 그래프
- 행렬
- 함수와 그래프
- 삼각함수의 활용
- 도함수의 활용
- 도함수의 활용
- 벡터의 연산
- 일차함수와 일차방정식
- 이차함수의 그래프의 성질
- 유리함수와 무리함수
- 등차수열과 등비수열
- 부정적분
- 여러 가지 함수의 적분법
- 벡터의 성분과 내적
- 수열의 합
- 정적분
- 정적분의 활용
- 도형의 방정식
- 수학적 귀납법
- 정적분의 활용

도형과 측정

- 기본 도형
- 삼각형의 성질
- 삼각비
- 평면좌표
- 이차곡선
- 작도와 합동
- 사각형의 성질
- 삼각비의 활용
- 직선의 방정식
- 공간도형
- 평면도형
- 도형의 닮음
- 원의 성질
- 원의 방정식
- 순열과 조합
- 공간좌표
- 입체도형
- 피타고라스 정리
- 도형의 이동
- 이항정리
- 확률의 개념과 활용

자료와 가능성

- 자료의 정리와 해석
- 경우의 수
- 산포도
- 합의 법칙과 곱의 법칙
- 조건부확률
- 대푯값
- 확률의 계산
- 상자그림과 산점도
- 순열과 조합
- 확률분포
- 통계적 추정

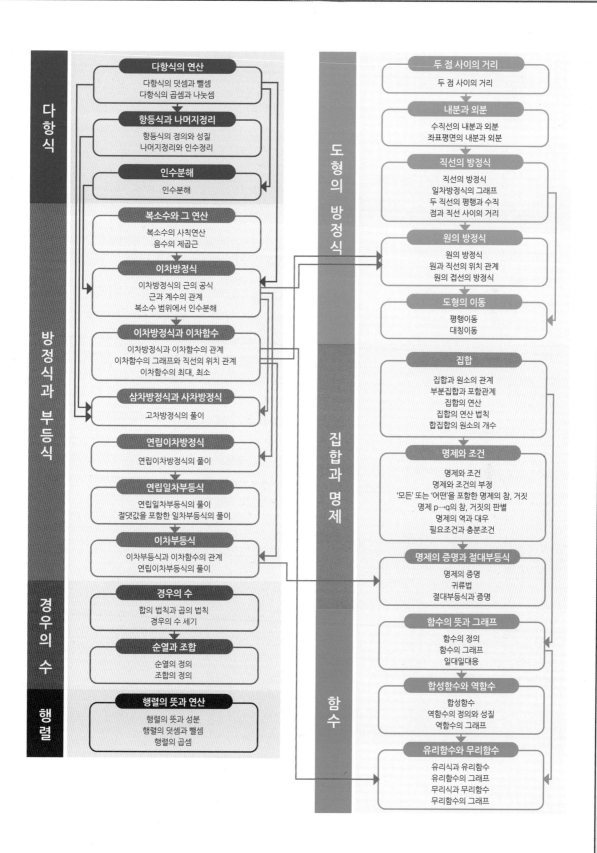

다항식

다항식의 연산
다항식의 덧셈과 뺄셈
다항식의 곱셈과 나눗셈

항등식과 나머지정리
항등식의 정의와 성질
나머지정리와 인수정리

인수분해
인수분해

방정식과 부등식

복소수와 그 연산
복소수의 사칙연산
음수의 제곱근

이차방정식
이차방정식의 근의 공식
근과 계수의 관계
복소수 범위에서 인수분해

이차방정식과 이차함수
이차방정식과 이차함수의 관계
이차함수의 그래프와 직선의 위치 관계
이차함수의 최대, 최소

삼차방정식과 사차방정식
고차방정식의 풀이

연립이차방정식
연립이차방정식의 풀이

연립일차부등식
연립일차부등식의 풀이
절댓값을 포함한 일차부등식의 풀이

이차부등식
이차부등식과 이차함수의 관계
연립이차부등식의 풀이

경우의 수

경우의 수
합의 법칙과 곱의 법칙
경우의 수 세기

순열과 조합
순열의 정의
조합의 정의

행렬

행렬의 뜻과 연산
행렬의 뜻과 성분
행렬의 덧셈과 뺄셈
행렬의 곱셈

도형의 방정식

두 점 사이의 거리
두 점 사이의 거리

내분과 외분
수직선의 내분과 외분
좌표평면의 내분과 외분

직선의 방정식
직선의 방정식
일차방정식의 그래프
두 직선의 평행과 수직
점과 직선 사이의 거리

원의 방정식
원의 방정식
원과 직선의 위치 관계
원의 접선의 방정식

도형의 이동
평행이동
대칭이동

집합과 명제

집합
집합과 원소의 관계
부분집합과 포함관계
집합의 연산
집합의 연산 법칙
합집합의 원소의 개수

명제와 조건
명제와 조건
명제와 조건의 부정
'모든' 또는 '어떤'을 포함한 명제의 참, 거짓
명제 p→q의 참, 거짓의 판별
명제의 역과 대우
필요조건과 충분조건

명제의 증명과 절대부등식
명제의 증명
귀류법
절대부등식과 증명

함수

함수의 뜻과 그래프
함수의 정의
함수의 그래프
일대일대응

합성함수와 역함수
합성함수
역함수의 정의와 성질
역함수의 그래프

유리함수와 무리함수
유리식과 유리함수
유리함수의 그래프
무리식과 무리함수
무리함수의 그래프

찾아보기

고등수학사전

지은이 | 최수일

초판 1쇄 발행일 2021년 9월 17일
개정판 1쇄 발행일 2024년 7월 19일

발행인 | 한상준
편집 | 김민정·강탁준·손지원·최정휴·김영범
삽화 | 김재훈
디자인 | 김경희·조경규·한서기획·이우현
마케팅 | 이상민·주영상
관리 | 양은진

발행처 | 비아에듀(ViaEdu Publisher)
출판등록 | 제313-2007-218호(2007년 11월 2일)
주소 | 서울시 마포구 월드컵북로 6길 97(연남동 567-40) 2층
전화 | 02-334-6123 전자우편 | crm@viabook.kr
홈페이지 | viabook.kr

ⓒ 최수일, 2021
ISBN 979-11-92904-78-8 03410

100% Charged